屋面工程技术规范理解与应用

（GB 50345—2004）

王寿华　编著

中国建筑工业出版社

图书在版编目（CIP）数据

屋面工程技术规范理解与应用（GB 50345—2004）/王寿华编著. —北京：中国建筑工业出版社，2005
ISBN 7-112-07534-3

Ⅰ.屋... Ⅱ.王... Ⅲ.屋顶-工程施工-建筑规范-中国 Ⅳ.TU765-65

中国版本图书馆 CIP 数据核字（2005）第 081595 号

本书详细介绍了《屋面工程技术规范》（GB 50345—2004）修订时所依据的基本原理；新旧规范之间的关系；重要条文的演变过程和技术内涵；重点介绍了一些已经列入规范中的新材料、新工艺、新技术。本书有助于工程技术人员对规范的理解与应用，可作为规范的辅导和培训教材。

* * *

责任编辑：周世明
责任设计：董建平
责任校对：刘　梅

屋面工程技术规范理解与应用
（GB 50345—2004）
王寿华　编著
*
中国建筑工业出版社出版、发行（北京西郊百万庄）
新　华　书　店　经　销
北京建筑工业印刷厂印刷
*
开本：787×1092毫米　1/16　印张：14　字数：340千字
2005年8月第一版　　2006年2月第二次印刷
印数：3,001—5,000册　　定价：**30.00**元
ISBN 7-112-07534-3
(13488)

本社网址:http://www.china-abp.com.cn
网上书店:http://www.china-building.com.cn

前　　言

《屋面工程技术规范》GB 50345—2004，自2004年9月份实施以来，建设部和一些省、市曾先后举办了新规范的培训班，为满足广大学员的要求，将编者在培训班上的讲稿正式整理出版。

为了使用方便，并能与规范的内容相衔接，本书的大框架与《屋面工程技术规范》GB 50345—2004的章节划分大体一致。并有以下一些特点：

1. 全面系统的介绍《屋面工程技术规范》的历史演变和时代背景，阐明了新规范与《屋面工程质量验收规范》GB 50207—2002之间的关系。

2. 本书紧紧扣住《屋面工程技术规范》GB 50345—2004中的重要条文，用新、旧规范对比的方法，具体阐明这些条文的演变过程和技术内涵。

3. 对在《屋面工程技术规范》GB 50345—2004中早已为人们所熟知的条文，在本书中不过多的叙述。

4. 在本书中，还重点介绍了一些已经列入规范中的新材料、新工艺、新技术。

5. 本书还按GB 50345—2004规范附录A.0.1中所列的全部防水保温材料标准项目，将其中的类型规格、外观质量、物理力学性能摘录汇总在第二章中，以方便设计、施工人员使用。

6. 本书还附录了《屋面工程技术规范》GB 50345—2004，以便读者查阅时使用。

7. 本书中所述“2004规范”系指《屋面工程技术规范》（GB 50345—2004）；“2002规范”系指《屋面工程质量验收规范》（GB 50207—2002）；“94规范”系指已废止的《屋面工程技术规范》（GB 50207—94）。

本书在编写过程中，一些单位和个人提供了大量的资料和帮助，在此一并表示感谢。另外由于本人水平所限，加之时间较紧，疏漏之处在所难免，敬请有关专家指正。

编者

2005年6月18日

前言

目　　录

1 概 述

1.1 我国屋面工程技术发展综述

改革开放以来，随着我国经济建设的蓬勃发展，尤其是石油、化工、建材工业的技术进步，使屋面防水材料打破了过去单一品种的局面，形成了多品种、多类型的格局；防水施工技术也由过去的单一做法向多种施工工艺发展；屋面防水设计也由过去单一的“三毡四油”过渡到多种类、多层次、多道设防的复合防水屋面。

近年来，屋面工程遵循着“材料是基础，设计是前提，施工是关键，管理是保证”的技术路线，严格执行规程规范，屋面渗漏率有了较大幅度的下降，全国一些城市相继出现了一批无渗漏小区，我国的屋面工程已进入了一个崭新的发展阶段。

1.1.1 建筑防水理论的探索

随着建筑技术的发展，人们在屋面工程实践中已逐渐认识到要提高屋面工程的技术水平，就必须把屋面当作一个系统工程来进行研究，建立起一个屋面工程技术内在规律的理论分析体系，以指导屋面工程技术的发展。

我国目前在建筑防水方面，一些防水专家从不同的角度，对建筑防水理论进行了探索，提出了以下一些观点。

1. 匹配理论：即怎样确定防水体系内部与防水对象之间最佳状态的认识理论。用匹配理论指导屋面工程的防水设计和施工，在满足工程综合防水要求的前提下，使防水体系能达到最佳的整体防水效果，而且在经济上也是最合理的。

2. 约束理论：即防水体系自身，以及防水体系与防水对象之间的约束条件。也就是防水层与其他相关功能性构造之间是何种约束状态，哪一种约束状态对防水对象的综合防水效果最佳。

3. 动态平衡理论：按照物质是运动的哲学思维方法，认为屋面工程受各种因素的作用，变形变化是绝对的，其平衡是相对的。用动态平衡理论来研究防水体系与防水对象之间的运动状态，如屋面工程受阳光紫外线照射，臭氧或酸雨作用，温差变形以及其他动、静荷载的影响等，都有可能使屋面发生变形变化，用动态平衡理论来研究防水体系能否适应这些变形变化。

研究这些理论的目的，是在于更好地指导屋面工程的设计与施工，以达到最佳的防水状态。当然，应该说目前对这些理论仅仅处于探索阶段，还需要广大防水工作者做进一步的科学研究，才能建立起建筑防水的理论。

1.1.2 屋面设计形式的变化

我国在20世纪80年代以前的民用建筑大多为平屋面，工业建筑大多采用小坡度的屋面体系。但是随着人们对屋面功能要求的提高及建筑材料的发展，提出了屋面形式要多样化、立体化，现在的建筑设计已把屋面作为第五个立面来考虑。从建筑物的整体造型、屋面保温、节能、屋面生态环境效果等方面提出了更高的要求，突破了过去千篇一律的平屋面形式。

1. 坡屋面：坡屋面本是过去一种传统的屋面形式，这种屋面充分体现了“排防结合”的原则，有利于减少屋面的渗漏。对于屋面工程而言，排水重于防水，屋面雨水能迅速排走，就减少了渗漏的可能。同时坡屋面的建筑有利于导风、减少日光辐射、降低室内温度，而且更主要的是提供了多种多样的屋面造型，满足了装饰效果的要求，克服了“屋顶一条线，千楼一个面”的单一形式。建设部近期在全国已搞的104个试点住宅小区中，坡屋面建筑约占60%，这些建筑渗漏率、维修率都低于平屋面，而且建筑造型活泼，整体环境优美，给人以美的感受。

2. 拱形屋面：由于生产工艺要求，使一些工业厂房的跨度越来越大，一些大型民用建筑也要求有大的空间来适应使用功能的需要，传统的钢筋混凝土屋架、钢屋架已不能适应这一新的要求。因此，对于此类屋盖系统采用了适于大跨度的彩色压型钢板、防水保温一体化的复合夹芯板等拱形屋面体系。

3. 壳形屋面：过去曾用钢筋混凝土建筑小跨度的薄壳屋面，但随着公用建筑功能需要的变化，要求壳形屋面的跨度愈来愈大，因此出现了以钢网架为屋盖体系的大跨度壳形屋面。

4. 锥形屋面：为适应不同建筑风格的要求，满足建筑物整体与局部之间协调的需要，将整个或局部屋面坡度加大，做成圆形或多角形的锥体。

5. 膜结构屋面：20世纪50年代，膜结构建筑作为别开生面的建筑形式在国际上开始出现。我国80年代开始用于体育场馆、展厅、商业市场等建筑。膜结构屋面按结构形式可分为轻钢结构、张拉结构及充气结构。膜结构使用膜材，重量仅为传统建筑屋面的1/30，克服了传统建筑难以实现大跨度的困难，而且还可结合自然条件及民族风情，创造出传统屋面难以实现的曲线及造型。

1.1.3 屋面防水材料的发展

近年来，我国建筑防水材料行业的技术水平、生产能力、推广应用和产业化工作均有较大的发展。建筑防水材料的品种和产量，基本满足建筑行业发展的需要。我国建筑防水材料的发展目标和技术路线是大力发展弹性体（SBS）、塑性体（APP）改性沥青防水卷材；积极推广高分子防水卷材，努力发展环保型防水涂料，研究开发高档建筑密封材料，限制发展和使用沥青复合胎防水卷材、聚乙烯丙纶复合防水卷材和石油沥青纸胎油毡，淘汰焦油类防水材料和用高碱玻纤制成的复合胎基材料。增加高中档防水材料的市场占有率，实现防水材料产品系列化、配套化和应用技术系统化，提高我国建筑防水技术的整体水平。

尤其是在最近建设部发布了《建设部推广应用和限制禁止使用技术》公告后，在我国防水行业中淘汰了一批技术落后的建筑防水产品，限制了一些建筑防水材料的使用范围。重点扶持了一批技术与工艺条件好，且年生产能力超过500万 m^2SBS和APP改性沥青防水卷材、100万 m^2 高分子防水卷材和1000t聚氨酯防水涂料的大中型企业，促进规模化、专业化发展，成为我国防水行业的骨干企业。

在防水材料的品种方面，一些防水企业不断研制生产了一些新的品种。如在原有

SBS、APP改性沥青防水卷材的基础上又出现了自粘橡胶沥青防水卷材、自粘聚合物改性沥青防水卷材、改性沥青聚乙烯胎防水卷材。在高分子卷材方面也不断推出一些新的品种，如EVA防水卷材（乙烯—醋酸乙烯）、TPO防水卷材（热塑性防水卷材）等。在防水涂料方面除了有常见的单组分、双组分、水固化聚氨酯、丙烯酸防水涂料外，近年来又出现了热熔型改性沥青防水涂料、聚合物水泥防水涂料等新品种。在屋面瓦的生产方面。随着屋面形式的多样化、装饰化、功能化，一些新型的瓦也应运而生，除了传统的黏土烧结瓦外，出现了重量轻、强度高、色彩鲜艳的塑料瓦；用于坡屋面上有较好防水和观感效果的彩色油毡瓦；以及作为坡屋面上的装饰瓦等。在板材屋面方面出现了厚度仅为0.6～2mm的双向拉伸聚氯乙烯板；使用于大跨度厂房、仓库屋面工程的彩色压型钢板、复合夹芯板；还有最近已在国内一些大型公用建筑屋面工程中使用的聚碳酸酯板，这种板材具有轻质、高强、耐冲击、不易破碎、防水、隔热、透光、隔声、阻燃等特点。

但是，在建筑防水材料蓬勃发展的同时，也存在一批防水材料生产规模小，数量多，低水平重复建设和浪费资源的严重局面，致使低档防水材料仍占据着很大的市场份额，假冒伪劣产品仍很猖獗，无证生产现象局部泛滥，整个防水行业呈先进与落后并存的局面。

1.1.4 防水施工工艺的改进

过去很长一段时间，我国屋面卷材粘贴都是采用传统的“满粘法”，认为卷材与找平屋粘贴的愈牢靠，防水层的质量就愈好。但是，随着大量工程实践，人们认识到由于满粘的结果，使卷材防水层不能适应基层变形的要求，从而导致防水层开裂、渗漏。为了提高卷材防水层的施工质量，出现了以下一些新的施工工艺。

1. 条粘法：即在铺贴防水卷材时，卷材与基层采用条状粘结的施工方法。每幅卷材与基层粘结面不少于两条，每条宽度不小于150mm。

2. 点粘法：即铺贴防水卷材时，卷材或打孔卷材与基层采用点状粘结的施工方法。每1m^2粘结点不少于5点，每点面积100mm×100mm。

3. 空铺法：铺贴防水卷材时，卷材与基层仅在四周一定宽度内粘结，其余部分不粘结的施工方法。

4. 机械固定法：铺贴防水卷材时，卷材与基层在一定部位使用配套的锚固件固定的施工方法。这种方法由于操作简单，功效高，所以近年来已在卷材防水屋面工程中推广应用。

5. 其他施工工艺：对于用合成高分子防水卷材铺贴的屋面，在卷材的搭接缝施工方面出现了双面胶带粘合工艺，以及双焊缝等新的施工工艺。这些新的施工工艺，不仅操作方便，而且有利于确保卷材防水层的工程质量，所以已开始在一些屋面工程中推广应用。

1.1.5 屋面保温做法的创新

在屋面工程的保温层方面，按照规范规定分为松散材料保温层，板状材料保温层和整体现浇保温层三个系列。

1. 松散材料保温层：一般是指干铺的矿渣、水渣等，但此类保温层一般适用于平屋面，并且由于其本身压缩变形大，常导致找平层开裂，而且导热系数大，保温效果差，下雨后水分不易排除，从而导致卷材防水层起鼓，所以现在已很少采用。

2. 板状保温材料：过去用得比较多的是以水泥或沥青做胶结材料的膨胀珍珠岩或膨胀蛭石板，由于此类保温材料价格偏低，人们容易接受，所以20世纪70～80年代在屋面工程中使用较多。但是，此类保温材料的表观密度较大（约 600 ~ 800kg/m^3），导热系数也较大（约 0.1 ~ 0.26W/m · K），所以铺设厚度也大。到了 90 年代，开始使用表观密度小，导热系数小的聚苯乙烯泡沫塑料板做屋面保温层，此种板的导热系数仅为（0.03 ~ 0.04W/m · K），表观密度仅为 15 ~ 30kg/m^3，不仅大大减小了保温层的厚度，减轻了屋面的荷载，而且由于吸水率极低，不易导致防水层起鼓，所以在全国广泛推广应用。

3. 整体现浇保温层：常用的整体现浇保温层多为现浇水泥膨胀蛭石和现浇水泥膨胀珍珠岩，这种保温层由于施工方便，价格低廉，所以曾在工程中得到广泛应用。但是由于这种保温层在施工过程中要加入大量的水来拌和，这些水分又很难排除，当气温升高时一部分水分变为蒸汽，导致卷材屋面起鼓，防水层破坏而使屋面出现渗漏。所以在《屋面工程技术规范》GB 50345—2004 中删除了此种做法。目前在国内推广应用的现浇硬质发泡聚氨酯保温层，不仅重量轻，导热系数小，保温效果好，施工方便，而且由于这种保温层施工完后，吸水率非常低，有利于解决防水层的鼓泡问题，是一种较理想的现浇保温层。

1.2 屋面规范的历史演变和时代背景

1.2.1 屋面规范的历史演变

我国在解放前没有屋面工程的技术规范。解放初期，为适应大规模基本建设的需要，开始翻译原苏联在工程建设方面的规范，作为施工及验收的依据。屋面工程技术规范的历史演变如图 1-1。

1.2.2 “56 规范”

主要是翻译原苏联国家建设委员会在 1955 年批准实施的《建筑安装工程施工及验收技术规范》中第七篇“屋面和隔绝工程”的全部条文，并酌加补充而成。

这本规范的特点：

1. 是我国解放后的第一本在工程建设方面有关屋面、隔绝工程的技术法规，使屋面、隔绝工程走上了有章可循的轨道。

2. 这本规范的内容主要是以平屋面、三毡四油防水层为主。

1.2.3 “66 规范”（GBJ 16—66）

1961 年开始由建工部会同冶金、化工、第一、二、三机械工业部进行，对 56 规范进行修订。

这次修订时根据我国第一、第二个五年计划中的工程实践经验，对规范的内容进行了充实和修改。

这本规范的特点：

1. 补充了我国当时的屋面做法如铁皮屋面、波形屋面、平瓦、小青瓦、石灰炉渣、青灰屋面等。

2. 增加了“地下防水”的内容。

3. 进行了文字处理，如将玛瑞脂改为沥青胶结材料等。

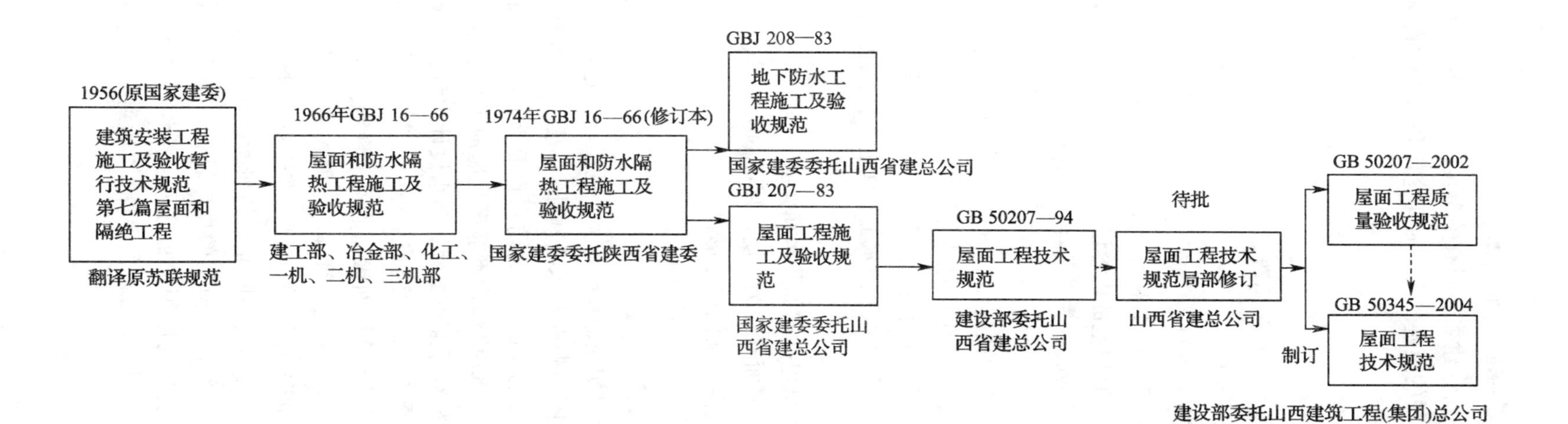

图 1-1　屋面规范的历史演变

1.2.4 “66 规范”（GBJ 16—66）（修订本）

1972 年由原国家建委委托陕西省建委会同有关单位，对规范进行了“再版审查”，加了毛主席语录，删去了一些前苏联的痕迹。由于时间仓促和当时的具体条件，不可能进行全面调研和试验工作。

这本规范的特点：

1. 仅对少数条文进行了修改。
2. 增加了“铁皮檐口”等少量的细部构造。
3. 在条文的个别文字上作了修改。

1.2.5 “83 规范”（GBJ 207—83）

20 世纪 70 年代后期，我国建筑业在工业与民用建筑方面已积累了较丰富的经验，新技术、新材料、新工艺不断涌现，原规范的内容已不能适应客观形势发展的需要。原国家建委要求总结建国以来建筑施工及验收的先进的经验，修订出一套能适合我国国情的施工及验收规范。

根据原国家建委的统一安排，由山西省建工局为主编单位，会同有关省市的 10 余个参编单位于 1979 年成立了规范修订组，进行了全国范围内的调研，广泛征求了意见，提出了送审稿、报批稿。1982 年在湖北荆州召开了审批定稿会，会上确定将其分为两本，即《屋面工程施工及验收规范》GBJ 207—83 和《地下防水工程施工及验收规范》GBJ 208—83。

这本规范的特点：

1. 将原规范一分为二，内容只包括屋面防水和保温工程。
2. 首次提出了油膏嵌缝涂料屋面（作为自防水屋面的附加层）。
3. 提出了蓄水屋面，种植屋面等新的屋面形式。
4. 明确了卷材屋面空铺、花铺、条铺的施工工艺。

1.2.6 “94 规范”（GB 50207—94）

20 世纪 80 年代末期和 90 年代初期，在改革大潮的推动下建筑业有了较快的发展，技术水平不断提高，在学习和引进国外先进技术的基础上，建筑防水材料有了迅猛的发展，打破了过去石油沥青卷材一统天下的局面，各种防水施工新工艺大量涌现，屋面形式也出现了不同的形式和做法，GBJ 207—83 已远远不能满足屋面工程技术发展的需要。加之当时防水材料市场比较混乱，防水材料标准不配套；防水设计力量相对薄弱，施工队伍技术素质下降，致使屋面工程渗漏严重，已成为建筑工程中最为突出的质量问题之一。为此，建设部于 1991 年连续下达了《关于治理屋面渗漏的若干规定》和《关于提高防水工程质量的若干规范》，要求由设计、材料、施工、管理等方面入手，对屋面工程进行综合治理，由技术立法的角度对屋面工程质量进行严格的控制。在这一个时代背景下，受建设部委托于 1991 年由山西省建总公司为主编单位会同北京建研所，建设部建筑设计院等 10 个单位，本着“安全适用，技术先进，经济合理”的指导思想，按“材料是基础，设计是前提，施工是关键，管理维护要加强”的原则，制订了包括设计、施工、材料等一体化的《屋面工程技术规范》，在审查会上对这本规范的评价：“达到国内先进水平，部分内容达到国际 20 世纪 80 年代的水平”。

这本规范的特点：

1. 体现了综合治理的原则；
2. 实现了设计施工一体化；
3. 划分了屋面防水等级；
4. 规定了屋面防水层耐用年限；
5. 引进了复合防水屋面做法；
6. 归纳了屋面防水材料系列；
7. 明确了对防水材料的要求；
8. 总结了屋面施工新技术；
9. 删去了陈旧落后的内容；
10. 增加了管理和屋面维修。

1.2.7 局部修订（GB 50207—94）

1994 规范实施以来对确保屋面工程质量，解决屋面渗漏问题，促进屋面工程的技术发展起了积极的作用。屋面渗漏率大幅度下降，全国一些城市相继出现了一批无渗漏小区。但是进入 21 世纪后，我国大量防水、保温新材料蓬勃发展；一些保温、防水材料的行标和国标相继出台；施工工艺不断改进和完善，致使 94 规范中的一些内容已不适应客观形势发展的要求；急需对规范进行局部修订，以满足当时屋面工程设计和施工的需要。

根据这一情况，由山西省建总公司组织原规范修编组的 10 名专家，本着“框架基本不动，条文补充删改”的原则，确定局部修订的重点是“完善指标，增加新材，补充工艺，淘汰落后”。并对原规范中的 37 条条文，涉及内容 61 处进行了“局部修订”。并于 2001 年 4 月 16 日通过了局部修订审查会，同年 5 月上报建设部待批。

但是由于当时建设部正按“验评分离，强化验收，完善手段，过程控制”的十六字方针，进行工程建设施工规范体系的改革，重点抓了 14 本施工质量验收规范的编制和审查工作。所以局部修订的报批稿暂未批复。而是以《屋面工程质量验收规范》GB 50207—2002 来进行屋面工程的质量验收。

1.2.8 “2002 规范”（GB 50207—2002）

随着国家工程建设标准体系的改革，根据“验评分离，强化验收，完善手段，过程控制”的十六字方针，建设部重点抓了 14 本规范的修订工作，由原来的“施工及验收规范”修订为“工程质量验收规范”，其中《屋面工程技术规范》GB 50207—94，也要根据建设部《关于印发（2000 年～2001 年度工程建设国家标准制定、修订计划）》（建标［2001］87 号）文的要求，并指令由山西建筑工程（集团）总公司会同北京市建筑工程研究院、浙江工业大学、中国建筑标准设计研究所等 7 个单位进行将其修订的《屋面工程质量验收规范》修订工作。

在修订过程中，规范修编组开展了专题研究，进行了比较广泛的调查研究，总结了多年来建筑屋面工程材料、施工的经验，按照建设部制定的十六字方针，开展了修订工作。这本规范，主要以屋面工程的质量检查、验收为主线，删去了 94 规范中有关设计要点、细部构造及管理等内容。同时由确保屋面工程质量出发，明确规定了“主控项目”和“一般项目”，并根据条文的重要程度提出了 11 条强制性条文。

修编组于 2001 年 6 月提出了送审稿，于 2001 年 7 月 5 日～8 日在太原召开了有全国 28 名专家参加的审查会，修订组根据审查会意见进行了必要的修改，于 2001 年 9 月提出报批稿。

这本规范的特点：

1．明确了屋面工程质量的强制性条文；

2．充分体现了强化验收的内容和手段；

3．按现行材料标准，修订了一些材料的技术指标；

4．删去了设计、施工工艺、管理等方面的内容。

1.2.9 “2004 规范”（GB 50345—2004）

由于在《屋面工程质量验收规范》中，使用了原技术规范的编号，并在建标［2002］77 号通知中指出：“原《屋面工程技术规范》GB 50207—94 于 2002 年 10 月 1 日废止”。

这样就涉及到原《屋面工程技术规范》废止后，在屋面工程设计方面就无规范可以遵循。而在新出台的《屋面工程质量验收规范》GB 50207—2002 中对每个章节的主控项目中又都提出“必须符合设计要求”，而屋面工程设计本身已没有规范可遵循，这就给实际操作中带来了一定的困难。同时现已出台的国家和地方的屋面工程标准图集也都是按原《屋面工程技术规范》编制的，如果技术规范废止，那么这些标准图集是相应废止，还是可继续使用，无法得到一个明确的界定。鉴于以上这些问题，一些设计单位、施工单位、监理单位曾向有关部门提出急需出台一本屋面工程技术规范，以适应当前屋面工程设计和施工的需要。

为了处理好质量验收规范与技术规范之间的关系问题，由原规范管理组于 2002 年 8 月 30 日向省建设厅、建设部，提出了重新编制《屋面工程技术规范》的报告，建设部标准定额司于 2002 年 9 月 26 日以建标标函［2002］44 号“关于请组织编制国家标准《屋面工程技术规范》的函”指示，规范的名称不变，重新给编号，由山西省建设厅为主编部门，山西建筑工程（集团）总公司为主编单位，着手进行《屋面工程技术规范》的编制工作，并列入 2003 年工程建设标准制（修）订计划，要求尽快完成新规范的编制任务，以适应当前屋面工程设计和施工的急需。

2002 年 12 月 17 日至 19 日，在太原市召开了第一次编制工作会议，会上成立了由山西建筑工程（集团）总公司为主编单位，北京市建筑工程研究院、中国建筑设计研究院、浙江工业大学、太原理工大学、中国建筑标准设计研究所、四川省建筑科学研究所、中国化学建材公司苏州防水材料研究设计所等为参编单位的规范编制组，确定了规范的目次和内容，安排了规范编制工作计划，进行了编制内容的分工。

2003 年 3 月，规范编制组完成了征求意见稿，并发到全国有关设计、科研、施工单位和大专院校广泛征求意见。2003 年 4 月 15 日至 19 日在苏州召开了第二次编制工作会议。参编人员参考了有关单位提出意见，对征求意见稿进行了逐条讨论，并初步通过了送审稿条文的具体内容。2003 年 5 月，由主编单位汇总和整理完成送审稿。2003 年 8 月 6 日至 7 日，在北京召开了《屋面工程技术规范》审查会，出席会议的有关领导、专家代表和规范编制组成员共 32 人，与会专家认为《屋面工程技术规范》的编制质量在总体上达到国际先进水平。规范编制组根据审查会意见，对送审稿进行了修改，并于 2003 年 10 月 10 日提出了报批稿。

这本规范的特点：

1．突出了屋面工程设计的条文

为了便于设计人员使用，本规范将在各种屋面工程有共性的内容集中起来单独做为一章，其内容包括一般规定、设计构造和材料选用等各种屋面设计中有共性的做法和要求。另外，由于在屋面工程中所采用的防水材料不同，构造各异，不同种类的屋面工程在设计时，各有独特的做法和要求，所以在本规范的各章中仍然保持不同屋面工程的设计做法和构造要求。

2. 修改了防水保温材料的技术指标

在21世纪初，我国陆续编制和修订了一些防水、保温材料标准，这些新出台的材料标准的技术指标有较大的变动。而在《房面工程质量验收规范》GB 50207—2002中提出的一些要求材料达到的指标，与现行的材料标准有较大的出入，为避免在工程建设中使用时发生矛盾，所以在这次制订规范时，根据屋面工程的技术要求，结合新出台的部分材料标准，明确提出了此类材料在屋面工程上使用时的技术指标要求。

3. 增加了新型屋面的内容

随着建筑材料的发展和施工技术水平的提高，在《屋面工程技术规范》GB 50345—2004中增加了一些新的内容。譬如增加了“钢纤维混凝土防水层施工”，这是因为钢纤维混凝土具有较高的抗拉、抗剪、抗折强度和抗裂、抗疲劳、抗冲击等优良性能，所以国外已将其用于建筑、交通及地下工程，我国于20世纪末也开始在建筑工程中使用，取得了较好的技术经济效果，所以在本规范中增加了“钢纤维混凝土防水层施工”的条文。又如20世纪90年代，我国在屋面工程中开始应用现浇硬质聚氨酯泡沫塑料做保温层，取代了过去落后的现浇水泥膨胀蛭石、现浇水泥膨胀珍珠岩等做法，收到了良好的效果。所以，这些新型屋面的防水、保温做法，在新规范中均有了明确的技术规定。

4. 完善了屋面防水工程施工工艺

为适应不同屋面型式和不同材料的技术要求，施工工艺也不断改进和完善。如过去一提到SBS、APP改性沥青防水卷材，就是一律采用“热熔法”施工，但是对于厚度小于3mm的高聚物改性沥青防水卷材，也采用“热熔法”施工，导致卷材被烧穿失去了防水功能。新规范强调3mm厚度以下的高聚物改性沥青防水卷材严禁采用热熔法施工，于是就出现了“热粘法”铺贴高聚物改性沥青防水卷材的做法。

在涂膜防水屋面中，高聚物改性沥青防水涂膜、合成高分子防水涂膜均是采用冷施工工艺，薄涂多遍。而现在出现了“热熔型”改性沥青防水涂料，可将涂料加热熔化后，一次涂抹完成。另外如聚合物水泥防水涂料，目前已在屋面防水工程中推广应用，故在本规范中也增加了有关施工要求的条文。

5. 淘汰了禁止使用的材料

近年来，国家陆续出台了有关环境保护的规定，严格禁止污染环境、影响人们身体健康的材料在建筑工程中使用。所以在制订本规范时，将对人体有害的防水材料，如焦油系列的防水卷材，焦油系列的防水涂料，焦油系列的密封材料全部删除，明确规定焦油系列的防水材料严禁在建筑工程中使用。

6. 删去了屋面工程中的落后做法

在原《屋面工程技术规范》GB 50207—94中，曾保留了现浇水泥膨胀蛭石、现浇水泥膨胀珍珠岩保温层的做法。但大量工程实践证明，由于此类保温层在施工时要加入大量的水来进行拌和，致使保温层的含水量增大，这不仅加大了导热系数，降低了保温效果，而且由于保温层中的水分不易排出，往往导致防水层鼓泡，严重降低了防水工程的质量，所以在制订本规范时将其删去。

再如在刚性防水屋面中，原规范根据当时的具体情况，纳入了“块体刚性防水屋面”的条文。但此种屋面要使用大量的黏土砖，不符合我国的技术政策，而且此类屋面自身重量大，加大了屋面结构的承载能力，所以在本规范中将其删去。

1.2.10 GB 50207—2002 与 GB 50345—2004 之间的关系

1. 这两本规范在内容上是相互呼应的，但侧重面各有不同，前者以质量验收为主；后者则侧重于设计要求和施工工艺要点。

2. 在一些具体内容要求上，两本规范基本上是一致的，对一些用语、严格程度，条文提法上，力求做到相同，尽量避免矛盾，以便于规范的执行。

3. 由于防水、保温材料标准在近一、两年内进行了较大的修订，一些技术指标也有较大变化，加之涌现出了一些新型材料，所以“2004 规范”所提出的一些材料品种和技术指标，是根据新变化的材料标准制订的，与“2002 规范”个别有所差异。故在材料指标上，应以“2004 规范”的材料技术指标为主。

4. “2004 规范”中新增加的一些条文（如钢纤维混凝土防水层施工）在“2002 规范”中尚未列入。所以对这些部分的质量验收，建议参照“2002 规范”中相似的质量验收条文执行。

5. 屋面工程设计时，必须按“2004 规范”提出的对材料质量要求及屋面防水、保温做法进行设计、屋面工程验收时则应按“2002 规范”中的“主控项目”及“一般项目”的规定进行检查，验收。

6. 关于两本规范中强制性条文不一致的问题。在《屋面工程质量验收规范》GB 50207—2002 与《屋面工程技术规范》GB 50345—2004 中，确实存在有的条文内容完全相同，但前者是强制性条文，后者为非强制性条文；或前者是非强制性条文，而后者为强制性条文，这是因为 GB 50207—2002 是以施工质量验收为主，是由确保屋面工程施工质量这一出发点而制订的。其中的强制性条文，是针对施工单位对工程质量必须确保的规定，是工程质量验收的主要依据。而其中涉及到设计、构造方面的条文，则应由相关的设计规范来确定哪些是设计时必须遵守的强制性条文。

GB 50345—2004 是一本包括设计、材料、施工内容的屋面工程技术规范，在其中的“基本规定”、“屋面工程设计”以及各章中的“设计要点”、“细部构造”等则是由屋面工程设计及构造的角度出发而制订的，并提出了设计人员在进行屋面工程设计时应严格执行的一些设计方面的强制性条文。

如进场防水材料的抽检，设计人员只按 GB 50345—2004 的规定，在屋面工程设计图中明确规定所用防水材料的品种、规格和设计要求，但设计人员不会去检查材料的合格证或进行现场抽检，所以未定为强制性条文。而 GB 50207—2002 中则要求施工人员、监理按规定去核验材料质量合格证及现场抽样复验，将材料质量具体落实到工程上，而这一点又往往被现场施工人员所忽视，甚至将不合格的材料使用到屋面工程上，所以为确保屋面工程的质量，必须在施工验收时强制执行。这说明了这两本规范既相互联系又各有侧重，不存在强制性条文不一致的问题。

1.3 “2004 规范”编制的依据和原则

1.3.1 “2004 规范”编制的依据

根据《工程建设国家标准管理办法》（建设部令第 24 号）成立了规范编制组，着手进行《屋面工程技术规范》的编制工作，在编制时的依据重点如下：

1. 以原《屋面工程技术规范》GB 50207—94 作为基础，在此基础上适当调整章节划分，突出设计内容，删去验收和管理部分，补充完善新的施工工艺和新材料，修改充实有关技术参数。

2. 要与《屋面工程质量验收规范》GB 50207—2002 的内容相适应，对其中的有关术语、数据、表格、提法等应一致，不能与之矛盾。

3. 在确定屋面工程对防水、保温材料的技术要求时，应根据最新出台的有关材料标准进行核定。并根据其适用范围，确定屋面工程使用时要求的技术参数。

4. 在编制过程中，如涉及到已颁发的国家有关工程建设标准时，应与其协调解决。

5. “2004 规范”，在 2001 年局部修订的条文（报批稿），因当时未正式批准，但此部分的修订条文曾于 2001 年 4 月 6 日在北京召开了有 16 名专家参加的审查会，会议给予通过，修订组按审查会议精神修改完成了报批稿，所以这一部分内容仍有较高的参考价值，可以作为本次编制工作依据之一。

1.3.2 “2004 规范”编制的原则

建设部要求这本规范的编制工作，要在 2003 年完成报批稿，规范编制的时间最多仅有一年左右，时间非常紧张，加上参编人员及经费等具体情况，要将“94 规范”推倒重来，另起炉灶，客观上是难以做到的。因此本次编制时仍以“94 规范”和局部修订条文为基础，在大框架上做适当的调整，在具体编制工作中，本着“增、删、留、改”的原则进行。

增：对已经成熟并已大量推广使用的新材料、新工艺、新技术，应增加到新规范的条文中。

删：对原“94 规范”中已经落后或已被淘汰或禁止使用的一些防水、保温材料，或已经不使用的屋面做法、细部构成，编制时应予删除。

留：对原“94 规范”中的条文，目前仍然有效，不需进行任何修改的则在新规范中予以保留。

改：对原“94 规范”中的一些条文虽仍然有效，但其中的部分内容、数据或文字与现行标准、规范有抵触或原条文局部不妥者，则在编制时应对该条文进行必要的修改。

2 屋面防水、保温材料

2.1 常用高分子材料的名称及代号

2.1.1 常用塑料的名称及代号

常用塑料名称及代号见表2-1。

常用塑料名称及代号　　表2-1

项　次	名　称	代　号
1	苯乙烯——丁二烯——苯乙烯	SBS
2	无规聚丙烯	APP
3	乙烯——醋酸乙烯	EVA
4	聚氯乙烯	PVC
5	聚乙烯	PE
6	聚乙烯醇	PVA
7	高密度聚乙烯	HDPE
8	聚丙烯	PP
9	聚异丁烯	PIB
10	聚氯乙烯——醋酸乙烯酯	PVCA
11	丙烯酸酯——丙烯腈——苯乙烯	AAS
12	丙烯腈——丁二烯——苯乙烯	ABS
13	苯乙烯——丙烯腈共聚物	PSB
14	苯乙烯——丙烯腈	SAN
15	环氧树脂	EP
16	二甲基乙酰胺	DMA
17	甲基丙烯酸甲酯	MMA
18	三聚氰胺甲醛树脂	MF
19	丙烯腈——氯化聚乙烯——苯乙烯	ACS
20	丙烯腈——苯乙烯——丙烯酸	ASA
21	邻苯二甲酸二烯丙酯	DAP

2.1.2 常用橡胶名称及代号、特点

常用橡胶名称及代号、特点见表2-2。

常用橡胶名称、代号及特点　表 2-2

名称	代号	特点
乙丙橡胶	EPM (EPDM)	二元乙丙橡胶（EPM）是乙烯和丙烯的共聚物，三元乙丙橡胶（EPDM）是乙烯、丙烯和少量二烯烃的共聚物。乙丙橡胶耐臭氧性好、耐候性好，耐热、耐寒，耐老化、耐化学腐蚀性好，弹性大。但粘着性差，硫化速度慢，耐油性不好
丁苯橡胶	SBR	是丁二烯和苯乙烯的共聚物。耐热、耐磨、耐老化性能优于天然橡胶，但弹性、耐撕裂性、自粘性差，硫化速度较慢
丁基橡胶	IIR (BU)	是异丁烯与少量异戊二烯（或丁二烯）的共聚体。透气性小，耐臭氧老化性能佳，耐候性、耐寒性、耐热性好，但弹性低，硫化速度慢，粘着性和耐油性能不好
氯丁橡胶	CR	是氯丁二烯的弹性高聚物。耐臭氧、耐热、耐老化、耐油、耐溶剂较好，粘着性、不透气性优于天然橡胶，但弹性较低，不耐浓硫酸和浓硝酸
丁腈橡胶	NBR	是丁二烯与丙烯腈的弹性共聚物。是一种很好的耐油橡胶，耐热、耐老化、耐磨性能好，抗水性好，但耐寒性差，强度及抗撕裂性能低
氯化聚乙烯橡胶	CPE (CM)	是聚乙烯经氯化而制成的一种弹性材料。其耐候性、耐臭氧性、耐热性优良，但耐油性、弹性、压缩变形性能稍差
氯磺化聚乙烯橡胶	CSPE (CSM)	是聚乙烯经氯化、磺化而制成的一种弹性体，具有优越的耐候性、耐热性、耐低温性、耐燃性及耐腐蚀性，是一种综合性能良好的合成弹性材料
硅橡胶	SR	是指分子在链中含有硅氧结构的合成橡胶，由环状有机硅氧烷开环聚合或以适当的比例共聚而制得。其最大的特点是耐热性好，能耐 300℃ 高温，-90℃ 也不失去弹性，同时还具有良好的耐候性、耐臭氧性
聚硫橡胶	PS	为分子主链中含有硫的一种橡胶。可分为液体和固体两类。其特点是耐油、耐溶剂、耐臭氧性能优良，但强度较差
丙烯酸酯橡胶	AC	是以丙烯酸烷基酯为主体，与其他不饱和单体的乳液共聚物，具有优越的耐油性，耐热、耐臭氧、耐气候性良好，但耐寒性差，不耐水及水蒸气，弹性、耐磨性、贮存稳定性差
聚氨酯橡胶（聚氨甲基酸酯橡胶）	PU	是由聚酯或聚醚和异氰酸盐反应而得。有优良的耐磨性、强度和弹性，延伸性好，还具有良好的耐油、耐低温及耐臭氧老化等性能

2.2 常用防水材料的特点及适用范围

2.2.1 常用防水卷材的特点及适用范围

常用防水卷材的特点及适用范围见表 2-3。

常用防水卷材的特点及适用范围 **表 2-3**

卷材类别	卷材名称	特　点	适用范围	施工工艺
沥青防水卷材	石油沥青纸胎油毡	是我国传统的防水材料，目前在屋面工程中仍占主导地位。但低温柔性差，防水层合理使用年限较短，但价格较低	三毡四油、二毡三油叠层铺设的屋面工程	热玛琋脂、冷玛琋脂粘贴施工
	玻璃布沥青油毡	抗拉强度高，胎体不易腐烂，材料柔性好，耐久性比纸胎油毡提高一倍以上	多用作纸胎油毡的增强附加层，和突出部位的防水层	热玛琋脂、冷玛琋脂粘贴施工
	玻纤毡沥青油毡	有良好的耐水性、耐腐蚀性和耐久性，柔性也优于纸胎沥青油毡	常用作屋面或地下防水工程	热玛琋脂、冷玛琋脂粘贴施工
	黄麻胎沥青油毡	抗拉强度高，耐水性好，但胎体材料易腐烂	常用作屋面增强附加层	热玛琋脂、冷玛琋脂粘贴施工
	铝箔胎沥青油毡	有很高的阻隔蒸汽的渗透能力，防水功能好，且具有一定的抗拉强度	与带孔玻纤毡配合或单独使用，宜用于隔汽层	热玛琋脂粘贴
高聚物改性沥青防水卷材	SBS 改性沥青防水卷材	耐高、低温性能有明显提高，卷材的弹性和耐疲劳性明显改善	单层铺设的屋面防水工程或复合使用	冷施工或热熔铺贴
	APP 改性沥青防水卷材	具有良好的强度、延伸性、耐热性、耐紫外线照射及耐老化性能	单层铺设，适合于紫外线辐射强烈及炎热地区屋面使用	热熔法或冷粘法铺设
	再生胶改性沥青防水卷材	有一定的延伸性，且低温柔性较好，有一定的防腐蚀能力，价格低廉，属低档防水卷材	变形较大或档次较低的屋面防水工程	热沥青粘贴
	废橡胶粉改性沥青防水卷材	比普通石油沥青纸胎油毡的抗拉强度、低温柔性均明显改善	叠层使用于一般屋面防水工程，宜在寒冷地区使用	热沥青粘贴
合成高分子防水卷材	三元乙丙橡胶防水卷材	防水性能优异，耐候性好，耐臭氧性好，耐化学腐蚀性佳，弹性和抗拉强度大，对基层变形开裂的适应性强，重量轻，使用温度范围宽，寿命长，但价格高，粘结材料尚需配套完善	屋面防水技术要求较高、防水层合理使用年限要求长的工业与民用建筑，单层或复合使用	冷粘法或自粘法
	丁基橡胶防水卷材	有较好的耐候性、抗拉强度和延伸率，耐低温性能稍低于三元乙丙防水卷材	单层或复合使用于要求较高的屋面防水工程	冷粘法施工

续表

卷材类别	卷材名称	特点	适用范围	施工工艺
合成高分子防水卷材	氯化聚乙烯防水卷材	具有良好的耐候、耐臭氧、耐热老化、耐油、耐化学腐蚀及抗撕裂的性能	单层或复合使用，宜用于紫外线强的炎热地区	冷粘法施工
	氯磺化聚乙烯防水卷材	延伸率较大，弹性较好，对基层变形开裂的适应性较强，耐高、低温性能好，耐腐蚀性能优良，有很好的难燃性	适合于有腐蚀介质影响及在寒冷地区的屋面工程	冷粘法施工
	聚氯乙烯防水卷材	具有较高的拉伸和撕裂强度，延伸率较大，耐老化性能好，原材料丰富，价格便宜，容易粘结	单层或复合使用于外露或有保护层的屋面防水	冷粘法或热风焊接法施工
	氯化聚乙烯—橡胶共混防水卷材	不但具有氯化聚乙烯特有的高强度和优异的耐臭氧、耐老化性能，而且具有橡胶特有的高弹性、高延伸性以及良好的低温柔性	单层或复合使用，尤宜用于寒冷地区或变形较大的屋面	冷粘法施工
	三元乙丙橡胶—聚乙烯共混防水卷材	是热塑性弹性材料，有良好的耐臭氧和耐老化性能，使用寿命长，低温柔性好，可在负温条件下施工	单层或复合使用于外露的防水屋面，宜在寒冷地区使用	冷粘法施工
	聚乙烯丙纶防水卷材	由聚乙烯树脂经挤出、压延与丙纶长丝一次复合而成。具有优良的防水抗渗性和耐老化性能，应用聚合物水泥防水胶结材料作粘结剂，卷材与粘结层复合成为一道防水层	可在潮湿的基面上施工，可用作Ⅰ、Ⅱ、Ⅲ级屋面的一道防水层	冷粘法施工，应用满粘法铺贴

2.2.2 常用防水涂料的特点及适用范围

常用防水涂料的特点及适用范围见表2-4。

常用防水涂料的特点及适用范围 **表 2-4**

涂料类别	防水涂料名称	特点	适用范围	施工工艺
高聚物改性沥青防水涂料	水乳型氯丁橡胶沥青防水涂料	为阳离子型，具有成膜较快、强度高、耐候性好、无毒、不污染环境、抗裂性好、操作方便等性能	可用于Ⅱ、Ⅲ级的屋面，厚度不小于3mm；用于Ⅳ级时厚度不小于2mm	涂刮法冷施工
	溶剂型氯丁橡胶沥青防水涂料	具有较好的耐高、低温性能，粘结性好，干燥成膜快，操作方便		
	水乳型再生橡胶沥青涂料	具有一定的柔韧性及耐寒、耐热、耐老化性能，无毒，无污染，操作方便，原料来源方便，价格低		冷施工，但气温低于5℃时不宜施工
	溶剂型再生橡胶沥青防水涂料	有良好的耐水性、抗裂性，高温不流淌，低温不易脆裂，弹塑性良好，操作方便，干燥速度快		冷施工，且可在负温度下操作
	SBS改性沥青防水涂料	有良好的防水性、耐湿热、耐低温、抗裂性及耐老化性，无毒，无污染，是中档的防水涂料	适于寒冷地区的Ⅱ、Ⅲ级屋面使用	冷施工
合成高分子防水涂料	非焦油基聚氨酯防水涂料	具有橡胶状弹性，延伸性好，抗拉强度和撕裂强度高，有优异的耐候、耐油、耐磨、不燃烧性能及一定的耐酸碱及阻燃性，与各种基层的粘结性优良，涂膜表面光滑，施工简便，使用温度区间为-30～80℃	宜用于Ⅰ、Ⅱ、Ⅲ级的屋面防水，单独使用时厚度不小于2.0mm，复合使用时厚度不小于1.5mm	反应型，冷施工
	石油沥青聚氨酯防水涂料	有较好的弹性和延伸性，有良好的粘结性和憎水性，耐老化性能好、质量稳定，污染性小	宜用于Ⅰ、Ⅱ、Ⅲ级屋面防水，单独使用时厚度不小于2.0mm；复合使用时厚度不小于1.5mm	冷施工
	丙烯酸酯防水涂料	涂膜有良好的粘结性、防水性、耐候性、柔韧性和弹性，无污染，无毒，不燃，以水为稀释剂，施工方便，且可调制成多种颜色，但成本较高	宜涂覆于水乳型橡胶沥青防水层上，适用于有不同颜色要求的屋面	冷施工，可刮，可涂，可喷，但温度需高于4℃时才能成膜
	有机硅防水涂料	具有良好的渗透性、防水性、成膜性、弹性、粘结性和耐高、低温性能，适应基层变形能力强，成膜速度快，可在潮湿基层上施工，无毒、无味、不燃，可配制成各种颜色，但价格较高	用于Ⅰ、Ⅱ级屋面防水	冷施工，可涂刷或喷涂
聚合物水泥防水涂料	以聚合物与水泥复合成的双组份防水涂料，具有有机材料弹性高又有无机材料耐久性好的优点。且无毒、无污染，施工简单		能在潮湿的基面上施工，在立面、斜面上施工不流淌，可用做Ⅰ、Ⅱ、Ⅲ级屋面中的一道防水设防	冷施工，用滚子或刷子涂覆

2.2.3 常用防水密封材料的特点及适用范围

常用防水密封材料的特点及适用范围见表2-5。

常用防水密封材料的特点及适用范围 表2-5

密封材料类别	密封材料名称	特点	适用范围	施工工艺
改性沥青密封材料	建筑防水沥青嵌缝油膏	以塑料为主，延伸性好，回弹性差，有较好的耐久性、粘结性和防水性，70℃不流淌，-10℃不脆裂，施工简便，价格低廉	一般要求的屋面接缝密封防水、防水层收头处理	冷施工
	聚氯乙烯建筑防水接缝材料	具有良好的粘结性、防水性和弹性，回弹率达80%以上，适应振动，沉降、拉伸引起的变形要求，-20~30℃不脆不裂，并有较好的耐腐蚀性和耐老化性	适合各地区气候条件和各种坡度的屋面	聚氯乙烯胶泥（热塑型）热嵌施工，塑料油膏（热熔型）热溶浇灌
	橡胶沥青防水嵌缝油膏	以石油沥青为基料，加入橡胶改性材料及填充料等，经混合加工而成。具有优良的防水、抗渗性能、粘结性能好、延伸率高，且耐高低温性能好、老化缓慢	可用作屋面预制构件四周嵌缝，也可用于刚性防水屋面的嵌缝	冷施工用刮刀批刮溜干溜平
	SBS改性沥青弹性密封膏	用SBS热塑弹性体改性沥青，加入软化剂、防老剂配制而成。具有较好的粘结性能和延伸性能	可用于屋面分格缝嵌缝及预制构件四周嵌缝	热施工，用喷灯或焊枪加热
合成高分子密封材料	水乳型丙烯酸建筑密封膏	具有良好的粘结性、延伸性、施工性、耐热性及抗大气老化性及优异的低温柔性，无毒，无溶剂污染，不燃，操作方便，并可与基层配色，调制成各种颜色	用于刚性防水层屋面混凝土或金属板缝的密封	冷施工，以水为稀释剂，且可在潮湿基层上施工
	氯磺化聚乙烯建筑密封膏	优良的弹性，高的内聚力，粘结性和难燃性、耐臭氧、耐紫外线、耐湿热、耐候、耐老化性能突出，使用寿命长，-20~100℃下保持柔韧性，可配制成各种颜色	能适应一般基层伸缩变形的需要，并可用作相容卷材的搭接缝及收头密封	冷施工，基层必须干净、干燥
	聚氨酯建筑密封膏	具有模量低、延伸率大、弹性高、粘结性好、耐低温、耐水、耐油、耐酸碱、耐疲劳及使用年限长等优点，价格适中	可用于中、高要求的屋面接缝密封防水	双组分，应按配合比拌合，避免在高温环境及潮湿基层上施工
	聚硫密封膏	具有良好的耐候、耐油、耐湿热、耐水和耐低温性能，使用范围为-40~90℃，抗撕裂性强，粘结性好，不用溶剂，施工性好	适合屋面接缝活动量大的部位	双组分型，按规定配合比混合均匀使用，要避免直接接触皮肤
	有机硅橡胶密封膏	具有优异的耐高低温性、柔韧性、耐疲劳性，粘结力强，延伸率大，耐腐蚀，耐老化，并能长期保持弹性，是一种高档密封材料，但价格昂贵	中等模量（醇型）的密封膏，可用于屋面各种接缝的密封处理	被粘结物表面温度不得高于70℃

2.3　建设部推广应用和限制禁止使用的防水材料

2.3.1　防水卷材

1. 推荐使用的防水卷材

（1）SBS、APP 改性沥青防水卷材

1）物理性能应符合 GB 18242—2000（弹性体改性沥青防水卷材）和 GB 18243—2000（塑性体改性沥青防水卷材）。

2）优点：拉伸强度高、尺寸稳定性好、耐腐蚀、耐霉变和耐候性能好。

3）SBS 改性沥青防水卷材适用于寒冷地区的建筑工程（低温柔性好）；APP 改性沥青防水卷材适用于较炎热地区的建筑工程（耐热度高、耐紫外线照射）。

4）SBS、APP 的伪劣产品泛滥，应特别注意：包括胎体材料、卷材厚度、耐热度、低温柔性等。

（2）三元乙丙橡胶（硫化型）防水卷材

1）物理性能应符合 GB 18173.1—2000（高分子防水材料第一部分片材）。

2）综合性能优越、耐老化、使用寿命长、延伸率大，对基层开裂变形的适应能力强，接缝技术要求高。

3）适用于耐久性、耐腐蚀性和适应变形要求高，防水等级为Ⅰ、Ⅱ级的屋面。

（3）聚氯乙烯防水卷材（Ⅱ型）

1）技术性能应符合《聚氯乙烯防水卷材》GB 12952—2003 的要求；

2）优点是拉伸强度高，延伸率大，抗穿刺性能好，使用寿命长。

3）适用于建筑屋面，也适用于种植屋面作防水层。

2. 限制使用的卷材

（1）石油沥青纸胎油毡

1）建设部 27 号公告《关于发布化学建材技术与产品公告》。

2）即三毡四油，不得用于屋面防水等级为Ⅰ、Ⅱ级的屋面，在Ⅲ级屋面上使用时必须三层叠加成一道防水层。

（2）沥青复合胎柔性防水卷材

因为：这种卷材的胎体是在再生破布的纸胎上复合玻璃纤维“增强”网格布制成，再浸涂沥青而成。

弊病：

1）所谓增强玻璃纤维，全部是用国家明令禁止的陶土坩锅工艺生产的高碱玻纤。而高碱玻纤易水化分解，耐久性极差，根本不能作为增强材料。玻纤行业将其淘汰，现又转移到防水领域。高碱玻纤网格强度锐减后，该产品的性能仅似于纸胎油毡。

2）复合胎由于其成本低，成为众多假冒伪劣防水卷材生产者的首选，并大量冒充 APP、SBS 改性沥青防水卷材，并且全部单层施工，造成防水工程失败（国家标准规定 APP、SBS 改性沥青防水材料的胎体只有聚酯胎、玻纤胎两种）。

3）复合胎防水卷材严重破坏了防水材料生产、经营和施工市场的秩序。据“中国建筑防水材料工业协会”调查。在2001年复合胎防水卷材产量已达2.5亿m^2，是正规SBS、APP卷材的3.6倍，占全国防水材料总量的42%。

4）复合胎国家标准GB/T 18840—2002已经正式颁布，该标准中规定“只能用无碱或中碱玻璃纤维做增强材料”，不得使用高碱玻纤和陶土坩锅生产工艺。但目前全国95%以上都是用陶土坩锅工艺生产的高碱玻纤。由于其价格低廉，质量低劣，仅用该标准尚不能完全从生产领域中约束数以亿计的复合胎产品。

限制：不得用于Ⅰ、Ⅱ级屋面，在三级屋面上必须三层叠加构成一道防水层。

（3）聚乙烯丙纶复合防水卷材

是以土工专用的聚乙烯土工为基材膜，双面复以丙纶无纺布而成。

正品的聚乙烯丙纶复合防水卷材，应以聚乙烯树脂为原料，经过挤出——复合工艺一次成型，其中聚乙烯膜的厚度，应按国家标准GB 18173.1—2000（高分子防水材料第一部分卷材）要求是0.5mm以上。

问题：市场上该产品大多数以再生聚乙烯为原料，以吹塑成型的0.1~0.2mm厚的农用薄膜为基材，两面经过二次加热复合以丙纶无纺布而成。全国产量超过5000万m^2，且全部以水泥为胶粘剂，大量用于屋面和地下防水工程。

弊病：

1）以旧再生塑料为原料，耐久性极差。

2）0.1~0.2mm厚不能作为永久性建筑的防水层。

3）二次加热会加速聚乙烯膜的老化，严重影响产品寿命。

会议：

2003年8月5日由中国标准化协会建筑防水委员会召开了厂家、专家的座谈会，就聚乙烯丙纶能否在建筑工程中使用进行了讨论，问题集中在聚乙烯膜的厚度、聚乙烯与胶结材料复合防水、卷材接缝防水性能等几个问题上。

一致认为：

1）聚乙烯膜厚度必需在0.5mm以上（0.5mm，已考虑了粘结层的防水作用）。

2）卷材接缝部位的防水性能需作大量的试验来证明。

3）专门编制“聚乙烯丙纶应用技术规程”。

建设部和全国化学建材协调组联合印发《关于加强建筑防水材料生产与应用管理工作的意见》（建料（2003）227号）规定：

“聚乙烯膜层厚度在0.5mm以下的聚乙烯丙纶复合防水卷材应限制使用”。

“凡在屋面工程中选用聚乙烯丙纶复合卷材时，必须采用一次成型工艺生产，且聚乙烯膜厚度在0.5mm（含0.5mm）以上的，并应满足屋面工程技术规范的要求”。

从2004年7月1日起执行。

3. 禁止使用的卷材

（1）采用二次加热复合成型工艺生产的聚乙烯丙纶复合防水卷材（2004年7月1日执行）。

（2）S型聚氯乙烯防水卷材。

依据建设部印发的《关于发布化学建材技术与产品公告》27号从2001年7月4日起禁止使用于建筑物的防水工程。

2.3.2　防水涂料

1．推荐使用的防水涂料

（1）聚氨酯防水涂料

1）应符合《聚氨酯防水涂料》GB/T 19250—2003 的指标［原标准为 JC 500—92（1996）］。

2）特点：在形状复杂的基层上形成连续、弹性、无缝、整体的防水层。具有拉伸强度高，延伸率大和耐高温、低温性能好，对基层开裂变形的适应能力强等特点。

（2）聚合物水泥防水涂料

1）应符合 JC/T 894—2001 标准。

2）特点：水性涂料、产生、应用符合环保要求，能在潮湿基层上面施工，操作简要。

3）用于非暴露型屋面。

2．禁止使用的防水涂料

（1）焦油型聚氨酯防水涂料

1）有毒，影响人体健康，不符合环保要求。

2）建设部 27 号公告，明确禁止使用。

（2）水性聚氯乙烯焦油防水涂料

同上。

2.3.3　密封材料

1．推荐使用的密封材料

（1）建筑用硅酮密封胶：

1）符合 GB 16776—2004 的标准。

2）耐紫外线、耐臭氧、耐候性好、粘结力强、寿命长。

3）用于幕墙和石材等密封工程。

（2）聚硫建筑密封膏 JC 483—92，用于中空玻璃、门窗。

（3）聚氨酯建筑密封膏 JC 842—92，用于混凝土接缝、墙体、屋面、地下室。

（4）丙烯酸密封胶 JC 484—92，室内混凝土板、钢铝窗洞口等。

2．禁止使用的密封材料

聚氯乙烯建筑防水接缝材料（焦油型），污染环境、危害人体健康。

2.4　各类防水保温材料的规格和技术性能

在《屋面工程技术规范》GB 50345—2004 的附录“A”中，表 A.0.1 列出了现行的防水材料标准共 32 项；在表 A.0.2 中列出了现行的保温隔热材料标准共 6 项。表中虽然给出了材料标准的名称、编号，但是在使用时要去找其中的某一项材料标准，却往往很难找到。

为了满足广大设计、施工人员的需要，本书按表 A.0.1、表 A.0.2 所列材料标准的项目及表中尚未列入的其他一些防水、保温材料标准，将各种防水、保温材料标准中的“类型规格”、“外观质量”、“物理力学性能”摘录出来，以便于让广大设计、施工人员能随时随地的迅速查找到所用防水、保温材料的规格、外观和物理力学性能。

2.4.1 沥青与沥青玛琋脂的技术性能

1. 沥青的技术性能见表2-6。

沥青的技术性能 **表2-6**

种类	标号	针入度（25℃，100g）（1/10mm）不小于	延度（25℃）（cm）不小于	软化点（环球法）（℃）不低于	溶解度（三氯甲烷、四氯化碳或苯）（%）不小于
建筑石油沥青（GB 494—85）	30	25～40	3.0	70	99.5
	10	10～25	1.5	95	99.5
普通石油沥青（SYB 1665—77）	75	75	2.0	60	98
	65	65	1.5	80	98
	55	55	1.0	100	98
道路石油沥青（SYB 1661—85）	100甲	91～120	90	40～50	99
	100乙	81～120	60	42	99
	60甲	51～80	70	40～50	98
	60乙	41～80	40	45	98

2. 玛琋脂的技术性能见表2-7。

沥青玛琋脂的质量要求 **表2-7**

指标名称 \ 标号	S-60	S-65	S-70	S-75	S-80	S-85
耐热度	用2mm厚的沥青玛琋脂粘合两张沥青油纸，在不低于下列温度（℃）中，在1∶1坡度上停放5h后，沥青玛琋脂不应流淌，油纸不应滑动					
	60	65	70	75	80	85
柔韧性	涂在沥青油纸上的2mm厚的沥青玛琋脂层，在（18±2）℃时围绕下列直径（mm）的圆棒，用2s的时间以均衡速度弯成半圆，沥青玛琋脂不应有裂纹					
	10	15	15	20	25	30
粘结力	用手将两张粘贴在一起的油纸慢慢地一次撕开，从油纸和沥青玛琋脂粘贴面的任何一面的撕开部分，应不大于粘贴面积的1/2					

注：本表摘自GB 50207—2002《屋面工程质量验收规范》。

3. 冷玛琋脂的技术性能见表2-8。

冷玛琋脂技术性能 **表2-8**

项目	指标
耐热度	85℃，2h，1∶1坡度无流淌、滑动
柔度	-5℃，2h，绕ϕ20mm圆棒无裂纹
粘结力	揭开面不大于1/3

2.4.2 防水卷材的规格和技术性能

1．石油沥青纸胎油毡

（1）规格和卷重

油毡规格：幅宽分为915mm、1000mm 两种；

标　　号：分为200号、350号、500号三种；

卷　　重：应符合表2-9的规定。

表2-9

标　号	200号		350号		500号	
品　种	粉毡	片毡	粉毡	片毡	粉毡	片毡
重量（kg）不小于	17.5	20.5	28.5	31.5	39.5	42.5

面积：每卷油毡总面积为（20±0.3）m^2。

（2）外观

1）成油毡宜卷紧、卷齐，卷筒两端厚度差不得超过5mm，端面里进外出不得超过10mm；

2）成卷油毡在环境温度10～45℃时，应易于展开，不应有破坏毡面长度为10mm以上的粘结和距卷芯1000mm以外长度在10mm以上的裂纹；

3）纸胎必须浸透，不应有未被浸透的浅色斑点；涂盖材料宜均匀密致地涂盖油纸两面，不应有油纸外露和涂油不均。

4）毡面不应有孔洞、硌（楞）伤，长度20mm以上的疙瘩、浆糊状粉浆或水渍、距卷芯1000mm以外长度100mm以上的折纹、折皱；20mm以内的边缘裂口或长50mm、深20mm以内的缺边不应超过4处。

5）每卷油毡中允许有一处接头，其中较短的一段长度不应少于2500mm，接头处应剪切整齐，并加长150mm备作搭接。优等品中有接头的油毡卷数不得超过批量的3%。

（3）物理性能（表2-10）

表2-10

指标名称	标号	200号			350号			500号		
	等级	合格	一等	优等	合格	一等	优等	合格	一等	优等
单位面积浸涂材料总量（g/m^2）不小于		600	700	800	1000	1050	1110	1400	1450	1500
不透水性	压力　不小于（MPa）	0.05			0.10			0.15		
不透水性	保持时间　不小于(min)	15	20	30	30		45	30		
吸水率（真空法）不大于（%）	粉毡	1.0			1.0			1.5		
吸水率（真空法）不大于（%）	片毡	3.0			3.0			3.0		
耐热度（℃）		85±2		90±2	85±2		90±2	85±2		90±2
耐热度（℃）		受热2h涂盖层应无滑动和集中性气泡								
拉力（25±2）℃时纵向　不小于（N）		240	270		340	370		440	470	
柔　度		(18±2)℃			(18±2)℃	(16±2)℃	(14±2)℃	(18±2)℃		(14±2)℃
柔　度		绕ϕ20mm圆棒或弯板无裂纹						绕ϕ25mm圆棒或弯板无裂纹		

上述内容摘自 GB 326—89《石油沥青纸胎油毡、油纸》。

2. 石油沥青玻璃纤维胎油毡见表 2-11。

（1）规格和卷重

幅宽：玻纤胎油毡幅宽为 1000mm；

标号：分为 15 号、25 号、35 号三种；

卷重：应符合表 2-11 的规定；

表 2-11

标　号	15 号			25 号			35 号		
上表面材料	PE 膜	粉	砂	PE 膜	粉	砂	PE 膜	粉	砂
标称卷重（kg）	30			25			35		
卷重（kg）不小于	25.0	26.0	28.0	21.0	22.0	24.0	31.0	32.0	34.0

面积：15 号为（20 ±0.2）m^2；25 号、35 号为（10 ±0.1）m^2。

（2）外观

1）成卷油毡应卷紧卷齐，卷筒两端厚度差不得超过 5mm，端面里进外出不得超过 10mm。

2）成卷油毡在环境温度 5 ~45℃时应易于展开，不得有破坏毡面长度 10mm 以上的粘结和距卷芯 1000mm 以外长度 10mm 以上的裂纹。

3）胎基必须均匀浸透，并与涂盖材料紧密粘结。

4）油毡表面必须平整，不允许有孔洞，硌（楞）伤，以及长度 20mm 以上的疙瘩和距卷芯 1000mm 以外长度 100mm 以上的折纹、折皱。20mm 以内的边缘裂口或长 50mm、深 20mm 以内的缺边不应超过 4 处。

5）撒布材料的颜色和粒度应均匀一致，并紧密地粘附于油毡表面。

6）每卷油毡接头不应超过一处，其中较短的一段不得少于 2500mm，接头处应剪切整齐，并加长 150mm。

（3）物理性能（表 2-12）

石油沥青玻璃纤维胎油毡物理性能　　表 2-12

序号	标　号		15 号			25 号			35 号		
	指标名称 \ 等级		优等品	一等品	合格品	优等品	一等品	合格品	优等品	一等品	合格品
1	可溶物含量（g/m^2）不小于		800		700	1300		1200	2100		2000
2	不透水性	压力（MPa）	0.1			0.15			0.2		
		时间（min）	30			30			30		
3	耐热度（℃）		85 ±2 受热 2h 涂盖层应无滑动								
4	拉力（N）不小于	纵　向	300	250	200	400	300	250	400	320	270
		横　向	200	150	130	300	200	180	300	240	200
5	柔度	温度（℃）不高于	0	5	10	0	5	10	0	5	10
		弯曲半径	绕 r = 15mm 弯板无裂纹						绕 r = 25mm 弯板无裂纹		

续表

<table>
<tr><th rowspan="2">序号</th><th colspan="2">标　号</th><th colspan="3">15号</th><th colspan="3">25号</th><th colspan="3">35号</th></tr>
<tr><th colspan="2">等级 / 指标名称</th><th>优等品</th><th>一等品</th><th>合格品</th><th>优等品</th><th>一等品</th><th>合格品</th><th>优等品</th><th>一等品</th><th>合格品</th></tr>
<tr><td rowspan="3">6</td><td rowspan="3">耐霉菌试验（8周）</td><td>外　观</td><td colspan="3">2级</td><td colspan="3">2级</td><td colspan="3">1级</td></tr>
<tr><td>重量损失率（%）不大于</td><td colspan="3">3.0</td><td colspan="3">3.0</td><td colspan="3">3.0</td></tr>
<tr><td>拉力损失率（%）不大于</td><td colspan="3">40</td><td colspan="3">30</td><td colspan="3">20</td></tr>
<tr><td rowspan="3">7</td><td rowspan="3">人工气候老化试验（27周期）</td><td>外　观</td><td colspan="9">无裂纹、无气泡等现象</td></tr>
<tr><td>失重率（%）不大于</td><td colspan="3">8.000</td><td colspan="3">5.500</td><td colspan="3">4.000</td></tr>
<tr><td>拉力变化率（%）</td><td colspan="3">+25～-20</td><td colspan="3">+25～-15</td><td colspan="3">+25～-10</td></tr>
</table>

上述内容摘自GB/T 14686—93《石油沥青玻璃纤维胎油毡》。

3. 石油沥青玻璃布油毡

（1）规格和卷重

幅宽：1000mm；

卷重：每卷重应不小于15kg（包括不大于0.5kg的硬质卷芯）；

面积：每卷油毡的面积为（20±0.3）m^2。

（2）外观

1）成卷油毡应卷紧；

2）成卷油毡在5～45℃的环境温度下应易于展开，不得有粘结和裂纹；

3）浸涂材料应均匀、致密地浸涂玻璃布胎基；

4）油毡表面必须平整，不得有裂纹、孔眼、扭曲折纹；

5）涂布或撒布材料均匀，致密地粘附于涂盖层两面；

6）每卷油毡的接头不应超过一处，其中较短一段不得少于2000mm，接头处应剪切整齐，并加长150mm备作搭接。

（3）物理性能（表2-13）

石油沥青玻璃布胎油毡物理性能　　**表2-13**

<table>
<tr><th colspan="2">等级 / 指标名称</th><th>一等品</th><th>合格品</th></tr>
<tr><td colspan="2">可溶物含量不小于（g/m^2）</td><td>420</td><td>380</td></tr>
<tr><td colspan="2">耐热度［（85+2）℃，2h］</td><td colspan="2">无滑动、起泡现象</td></tr>
<tr><td rowspan="2">不透水性</td><td>压力（MPa）</td><td>0.2</td><td>0.1</td></tr>
<tr><td>时间（min）</td><td colspan="2">15无渗漏</td></tr>
<tr><td colspan="2">拉力（25+2）℃时纵向不小于（N）</td><td>400</td><td>360</td></tr>
<tr><td rowspan="2">柔　度</td><td>温度（℃）不大于</td><td>0</td><td>5</td></tr>
<tr><td>弯曲直径（mm）</td><td colspan="2">30无裂纹</td></tr>
<tr><td rowspan="2">耐霉菌腐蚀性</td><td>重量损失不大于（%）</td><td colspan="2">2.0</td></tr>
<tr><td>拉力损失不大于（%）</td><td colspan="2">15</td></tr>
</table>

上述内容摘自 JC/T 84—1996《石油沥青玻璃布胎油毡》。

4．铝箔面油毡

（1）规格和卷重

幅宽：幅宽为 1000mm；

标号：铝箔面油毡按标称卷重分为 30 号、40 号两种；

厚度：30 号铝箔面油毡的厚度不小于 2.4mm；40 号铝箔面油毡的厚度不小于 3.2mm；

卷重：应符合表 2-14 的规定；

表 2-14

标号	30 号	40 号	标号	30 号	40 号
标称重量（kg）	30	40	最低重量（kg）	28.5	38.0

面积：油毡每卷面积（10 ±0.1）m^2。

（2）外观

1）成卷油毡应卷紧、卷齐。卷筒两端厚度差不得超过 5mm，端面里进外出不得超过 10mm。

2）成卷油毡在环境温度为 10～45℃时应易于展开，不得有距卷芯 1000mm 外、长度在 10mm 以上的裂纹。

3）铝箔与涂盖材料应粘结牢固，不允许有分层、气泡现象。

4）铝箔表面应洁净、花纹整齐，不得有污迹、折皱、裂纹等缺陷。

5）在油毡贴铝箔的一面上沿纵向留一条宽 50～100mm 无铝箔的搭接边，在搭接边上撒以细颗粒隔离材料或用 0.005mm 厚聚乙烯薄膜覆面，聚乙烯膜应粘结紧密，不得有错位或脱落现象。

6）每卷油毡接头不应超过一处，其中较短的一段不应少于 2500mm，接头处应裁接整齐，并加 150mm 备作搭接。

（3）物理性能（表 2-15）

表 2-15

项目 \ 等级 \ 标号	30 号			40 号		
	优等品	一等品	合格品	优等品	一等品	合格品
可溶物含量（g/m^2） 不小于	1600	1550	1500	2100	2050	2000
拉力（N） 纵横均不小于	500	450	400	550	500	450
断裂延伸率（%）纵横均不小于	2					
柔度（℃） 不高于	0	5	10	0	5	10
	绕半径 35mm 圆弧，无裂纹			绕半径 35mm 圆弧，无裂纹		
耐热度（℃）	80 ±2，受热 2h 涂盖层应无滑动					
分层	(50 ±2)℃，7d 无分层现象					

上述内容摘自 JC 504—92（1996）《铝箔面油毡》。

5．弹性体改性沥青防水卷材（SBS）

（1）类型

1）按胎基分为聚酯胎（PY）和玻纤胎（G）两类；

2）按上表面隔离材料分为聚乙烯膜（PE）、细砂（S）与矿物粒（片）料（M）三种；

3）按物理性能分为Ⅰ型和Ⅱ型；

4）卷材按不同胎基，不同上表面材料分为6个品种见表2-16。

卷 材 品 种 **表2-16**

上表面材料 \ 胎基	聚酯胎	玻纤胎
聚乙烯膜	PY-PE	G-PE
细 砂	PY-S	G-S
矿物粒（片）料	PY-M	G-M

（2）规格

幅度 1000mm。

厚度

聚酯胎卷材 3mm 和 4mm；

玻纤胎卷材 2mm、3mm 和 4mm。

卷重、面积及厚度

卷重、面积及厚度应符合表2-17 规定。

卷重、面积及厚度 **表2-17**

规格（公称厚度）（mm）		2		3			4					
上表面材料		PE	S	PE	S	M	PE	S	M	PE	S	M
面积（m^2/卷）	公称面积	15		10			10			7.5		
	偏差	±0.15		±0.10			±0.10			±0.10		
最低卷重（kg/卷）		33.0	37.5	32.0	35.0	40.0	42.0	45.0	50.0	31.5	33.0	37.5
厚度（mm）	平均值，≥	2.0		3.0		3.2	4.0		4.2	4.0		4.2
	最小单值	1.7		2.7		2.9	3.7		3.9	3.7		3.9

（3）外观

1）成卷卷材应卷紧卷齐，端面里进外出不得超过10mm。

2）成卷卷材在4～50℃任一产品温度下展开，在距卷芯1000mm长度外不应有10mm以上的裂纹或粘结。

3）胎基应浸透，不应有未被浸渍的条纹。

4）卷材表面必须平整，不允许有孔洞、缺边和裂口，矿物粒（片）料粒度应均匀一致并紧密地粘附于卷材表面。

5）每卷接头处不应超过1个，较短的一段不应少于1000mm，接头应剪切整齐，并加长150mm。

（4）物理力学性能

物理力学性能应符合表2-18 规定。

物理力学性能 **表 2-18**

序号	胎基			PY		G	
	型号			Ⅰ	Ⅱ	Ⅰ	Ⅱ
1	可溶物含量 g/m^2≥		2mm	—		1300	
			3mm	2100			
			4mm	2900			
2	不透水性	压力，MPa≥		0.3		0.2	0.3
		保持时间，min≥		30			
3	耐热度,℃			90	105	90	105
				无滑动、流淌、滴落			
4	拉力，N/50mm≥		纵向	450	800	350	500
			横向			250	300
5	最大拉力时延伸率,%≥		纵向	30	40	—	
			横向				
6	低温柔度,℃			-18	-25	-18	-25
				无裂纹			
7	撕裂强度，N≥		纵向	250	350	250	350
			横向			170	200
8	人工气候加速老化	外观		1级			
				无滑动、流淌、滴落			
		拉力保持率%≥	纵向	80			
		低温柔度,℃		-10	-20	-10	-20
				无裂纹			

注：表中1～6项为强制性项目。

上述内容摘自GB 18242—2000《弹性体改性沥青防水卷材》。

6. 塑性体改性沥青防水卷材（APP）

（1）类型

1）按胎基分为聚酯胎（PY）和玻纤胎（G）两类；

2）按上表面材料分为聚乙烯膜（PE）、细砂（S）与矿物粒（片）料（M）三种；

3）按物理力学性能分为Ⅰ型和Ⅱ型；

4）卷材不同胎基，不同上表面材料分6个品种见表2-19。

卷 材 品 种 **表 2-19**

胎基 / 上表面材料	聚酯胎	玻纤胎
聚乙烯膜		G-PE
细砂	PY-S	G-S
矿物粒（片）料	PY-M	G-M

（2）规格

1）幅宽　1000mm。

2）厚度

聚酯胎卷材　3mm 和 4mm；

玻纤胎卷材　2mm、3mm 和 4mm。

3）面积　每卷面积分为 15m²、10m² 和 7.5m²。

卷重、面积及厚度

卷重、面积及厚度应符合表 2-20 规定。

卷重、面积及厚度　　表 2-20

规格（公称厚度）（mm）		2		3			4					
上表面材料		PE	S	PE	S	M	PE	S	M	PE	S	M
面积（m²/卷）	公称面积	15		10			10			7.5		
	偏差	±0.15		±0.10			±0.10			±0.10		
最低卷重（kg/卷）		33.0	37.5	32.0	35.0	40.0	42.0	45.0	50.0	31.5	33.0	37.5
厚度（mm）	平均值≥	2.0		3.0		3.2	4.0		4.2	4.0		4.2
	最小单值	1.7		2.7		2.9	3.7		3.9	3.7		3.9

（3）外观

1）成卷卷材应卷紧卷齐，端面里进外出不得超过 10mm。

2）成卷卷材在 4～60℃任一产品温度下展开，在距卷芯 1000mm 长度外不应有 10mm 以上的裂纹或粘结。

3）胎基应浸透，不应有未被浸渍的条纹。

4）卷材表面必须平整，不允许有孔洞、缺边和裂口，矿物粒（片）料粒度应均匀一致并紧密地粘附于卷材表面。

5）每卷接头处不应超过 1 个，较短的一段不应少于 1000mm，接头应剪切整齐，并加长 150mm。

（4）物理力学性能

物理力学性能应符合表 2-21 规定。

物理力学性能　　表 2-21

序号	胎　基			PY		G	
	型　号			Ⅰ	Ⅱ	Ⅰ	Ⅱ
1	可溶物含量（g/m²）≥		2mm	—		1300	
			3mm	2100			
			4mm	2900			
2	不透水性	压力（MPa）≥		0.3		0.2	0.3
		保持时间（min）≥		30			
3	耐热度（℃[①]）			110	130	110	130
				无滑动、流淌、滴落			

续表

序号	胎基			PY		G	
	型号			Ⅰ	Ⅱ	Ⅰ	Ⅱ
4	拉力，N/50mm≥	纵向		450	800	350	500
		横向				250	300
5	最大拉力时延伸率（%）≥	纵向		25	40	—	
		横向					
6	低温柔度（℃）			-5	-15	-5	-15
				无裂纹			
7	撕裂强度，N≥	纵向		250	350	250	350
		横向				170	200
8	人工气候加速老化	外观		1级			
				无滑动、流淌、滴落			
		拉力保持率（%）≥	纵向	80			
		低温柔度（℃）		3	-10	3	-10
				无裂纹			

注：表中1~6项为强制性项目。

① 当需要耐热度超过130℃卷材时，该指标可由供需双方协商确定。

7. 改性沥青聚乙烯胎防水卷材

(1) 类型和规格

1) 类型

按基料分为改性氧化沥青防水卷材、丁苯橡胶改性氧化沥青防水卷材、高聚物改性沥青防水卷材三类。

a) 改性氧化沥青防水卷材

用增塑油和催化剂将沥青氧化改性后制成的防水卷材。

b) 丁苯橡胶改性氧化沥青防水卷材

用丁苯橡胶和塑料树脂将氧化沥青改性后制成的防水卷材。

c) 高聚物改性沥青防水卷材

用APP、SBS等高聚物将沥青改性后制成的防水卷材。

按上表面覆盖材料分为聚乙烯膜、铝箔两个品种。

按物理力学性能分为Ⅰ型和Ⅱ型。

卷材按不同基料，不同上表面覆盖材料分为五个品种，见表2-22。

卷材品种 **表2-22**

上表面覆盖材料	基料		
	改性氧化沥青	丁苯橡胶改性氧化沥青	高聚物改性沥青
聚乙烯膜 铝箔	OEE —	MEE MEAL	PEE PEAL

改性氧化沥青　　　　　　　　O（第一位表示）
丁苯橡胶改性氧化沥青　　　　M（第一位表示）
高聚物改性沥青　　　　　　　P（第一位表示）
高密度聚乙烯膜胎体　　　　　E（第二位表示）
高密度聚乙烯覆面膜　　　　　E（第三位表示）

2）规格

厚度：3mm、4mm。

幅宽：1100mm。

面积：每卷面积为 $11m^2$。

厚度、面积及卷重

厚度、面积及卷重应符合表 2-23 规定。

厚度、面积及卷重　　　　**表 2-23**

公称厚度（mm）		3		4	
上表面覆盖材料		E	AL	E	AL
厚度（mm）	平均值，≥	3.0		4.0	
	最小单值	2.7		3.7	
最低卷重（kg）		33	35	45	47
面积（m^2）	公称面积	11			
	偏差	±0.2			

（2）外观

1）成卷卷材应卷紧卷齐，端面里进外出差不得超过 20mm。胎体与沥青基料和覆面材料相互紧密粘结。

2）卷材表面应平整，不允许有可见的缺陷，如孔洞、裂纹、疙瘩等。

3）成卷卷材在 4℃ ~40℃任一产品温度下易于展开，在距卷芯 1000mm 长度外不应有 10mm 以上的裂纹或粘结。

4）成卷卷材接头不应超过一处，其中较短的一段不得少于 1000mm。接头处应剪切整齐，并加长 150mm，备作搭接。

（3）物理力学性能

物理力学性能应符合表 2-24 规定。

物理力学性能　　　　**表 2-24**

序号	上表面覆盖材料	E						AL			
	基料	O		M		P		M		P	
	型号	Ⅰ	Ⅱ	Ⅰ	Ⅱ	Ⅰ	Ⅱ	Ⅰ	Ⅱ	Ⅰ	Ⅱ
1	不透水性/MPa，≥	0.3									
		不透水									
2	耐热度（℃）	85		85	90	90	95	85	90	90	95
		无流淌，无起泡									

续表

<table>
<tr><td rowspan="3">序号</td><td colspan="2">上表面覆盖材料</td><td colspan="6">E</td><td colspan="4">AL</td></tr>
<tr><td colspan="2">基料</td><td colspan="2">O</td><td colspan="2">M</td><td colspan="2">P</td><td colspan="2">M</td><td colspan="2">P</td></tr>
<tr><td colspan="2">型号</td><td>Ⅰ</td><td>Ⅱ</td><td>Ⅰ</td><td>Ⅱ</td><td>Ⅰ</td><td>Ⅱ</td><td>Ⅰ</td><td>Ⅱ</td><td>Ⅰ</td><td>Ⅱ</td></tr>
<tr><td rowspan="2">3</td><td rowspan="2">拉力/（N/50mm）≥</td><td>纵向</td><td rowspan="2">100</td><td>140</td><td rowspan="2">100</td><td>140</td><td rowspan="2">100</td><td>140</td><td rowspan="2">200</td><td rowspan="2">220</td><td rowspan="2">200</td><td rowspan="2">220</td></tr>
<tr><td>横向</td><td>120</td><td>120</td><td>120</td></tr>
<tr><td rowspan="2">4</td><td rowspan="2">断裂延伸率（%）≥</td><td>纵向</td><td rowspan="2">200</td><td rowspan="2">250</td><td rowspan="2">200</td><td rowspan="2">250</td><td rowspan="2">200</td><td rowspan="2">250</td><td colspan="4" rowspan="2">—</td></tr>
<tr><td>横向</td></tr>
<tr><td rowspan="2">5</td><td colspan="2" rowspan="2">低温柔度（℃）</td><td colspan="2">0</td><td colspan="2">-5</td><td>-10</td><td>-15</td><td colspan="2">-5</td><td>-10</td><td>-15</td></tr>
<tr><td colspan="10">无裂纹</td></tr>
<tr><td rowspan="2">6</td><td rowspan="2">尺寸稳定性</td><td>℃</td><td colspan="2">85</td><td>85</td><td>90</td><td>90</td><td>95</td><td>85</td><td>90</td><td>90</td><td>95</td></tr>
<tr><td>%，≤</td><td colspan="10">2.5</td></tr>
<tr><td rowspan="4">7</td><td rowspan="4">热空气老化</td><td>外观</td><td colspan="6">无流淌，无起泡</td><td colspan="4" rowspan="4">—</td></tr>
<tr><td>拉力保持率（%）≥，纵向</td><td colspan="6">80</td></tr>
<tr><td rowspan="2">低温柔度（℃）</td><td colspan="2">8</td><td colspan="2">3</td><td>-2</td><td>-7</td></tr>
<tr><td colspan="6">无裂纹</td></tr>
<tr><td rowspan="4">8</td><td rowspan="4">人工气候加速老化</td><td>外观</td><td colspan="6" rowspan="4">—</td><td colspan="4">无流淌，无起泡</td></tr>
<tr><td>拉力保持率（%）≥，纵向</td><td colspan="4">80</td></tr>
<tr><td rowspan="2">低温柔度（℃）</td><td colspan="2">3</td><td>-2</td><td>-7</td></tr>
<tr><td colspan="4">无裂纹</td></tr>
</table>

注：表中1~5项为强制性的。

上述内容摘自GB 18967—2003《改性沥青聚乙烯胎防水卷材》。

8．沥青复合胎柔性防水卷材

（1）品种、规格和卷重

长：10m、7.5m

宽：1000mm、1100mm

厚：3mm、4mm

复合胎体材料代号：

聚酯毡、网格布　　PYK

玻纤毡、网格布　　GK

无纺布、网格布　　NK

玻纤毡、聚乙烯膜　　GPE

覆面材料：

细砂　　S

矿物粒（片）料　　M

聚酯膜　　PET

聚乙烯膜　　PE

卷材按复合胎体及覆面材料不同可分为16个品种，如表2-25。

品种代号 　　　　表2-25

上表面材料 \ 胎基	聚酯毡、网格布	玻纤毡、网格布	无纺布、网格布	玻纤毡、聚乙烯膜
细砂	PYK-S	GK-S	NK-S	GPE-S
矿物粒（片）料	PYK-M	GK-M	NK-M	GPE-M
聚酯膜	PYK-PET	GK-PET	NK-PET	GPE-PET
聚乙烯膜	PYK-PE	GK-PE	NK-PE	GPE-PE

其卷重与尺寸允许偏差见表2-26。

卷重与尺寸允许偏差 　　　　表2-26

项　目	厚度	上表面材料		
		细砂	矿物粒（片）料	聚酯膜、聚乙烯膜
单位面积标称重量（kg/m^2）	3mm	3.5	4.1	3.3
	4mm	4.7	5.3	4.5
标准卷重（$kg/10m^2$）	3mm	35	41	33
	4mm	47	53	45
最低卷重（$kg/10m^2$）	3mm	32	38	30
	4mm	42	48	40
长（mm）	±0.1			
宽（mm）	±15			
厚（mm）	3mm	平均值≥3.0，最小单值2.7		
	4mm	平均值≥4.0，最小单值3.7		

（2）外观

1）成卷卷材应卷紧、卷齐，端面里进外出差不得超过10mm，玻纤毡和聚乙烯膜复合胎卷材不超过30mm。胎体、沥青、覆面材料之间应紧密粘结，不应有分层现象。

2）卷材表面应平整，不允许有可见的缺陷，如孔洞、麻面、裂缝、褶皱、露胎等，卷材边缘应整齐、无缺口。不允许有距卷芯1000mm外、长度10mm以上的裂纹。

3）卷材在35℃下开卷不应发生粘结现象。在环境温度为柔度试验温度以上时，易于展开。

4）成卷卷材接头不超过1处，其中较短一段不得少于2500mm。接头处应剪切整齐，并加长150mm，备作搭接。一等品有接头的卷材数不得超过批量的3%。

（3）物理力学性能（表2-27）

物理力学性能 　　　　表2-27

项　目	聚酯毡、网格布		玻纤毡、网格布		无纺布、网络布		玻纤毡、聚乙烯膜	
	一等品	合格品	一等品	合格品	一等品	合格品	一等品	合格品
柔度（℃）	-10	-5	-10	-5	-10	-5	-10	-5
	3mm厚、$r=15mm$；4mm厚、$r=25mm$；3s、180°无裂纹							

续表

<table>
<tr><td colspan="3" rowspan="2">项　目</td><td colspan="2">聚酯毡、网格布</td><td colspan="2">玻纤毡、网格布</td><td colspan="2">无纺布、网络布</td><td colspan="2">玻纤毡、聚乙烯膜</td></tr>
<tr><td>一等品</td><td>合格品</td><td>一等品</td><td>合格品</td><td>一等品</td><td>合格品</td><td>一等品</td><td>合格品</td></tr>
<tr><td colspan="3" rowspan="2">耐热度（℃）</td><td>90</td><td>85</td><td>90</td><td>85</td><td>90</td><td>85</td><td>90</td><td>85</td></tr>
<tr><td colspan="8">加热 2h，无气泡，无滑动</td></tr>
<tr><td colspan="2" rowspan="2">拉力（N/50mm）　≥</td><td>纵向</td><td>600</td><td>500</td><td>650</td><td>400</td><td>800</td><td>550</td><td>400</td><td>300</td></tr>
<tr><td>横向</td><td>500</td><td>400</td><td>600</td><td>300</td><td>700</td><td>450</td><td>300</td><td>200</td></tr>
<tr><td colspan="2" rowspan="2">断裂延伸率（%）　≥</td><td>纵向</td><td rowspan="2">30</td><td rowspan="2">20</td><td colspan="2" rowspan="2">2</td><td colspan="2" rowspan="2">2</td><td rowspan="2">10</td><td rowspan="2">4</td></tr>
<tr><td>横向</td></tr>
<tr><td colspan="3" rowspan="2">不透水</td><td colspan="2">0.3MPa</td><td colspan="4">0.2MPa</td><td colspan="2">0.3MPa</td></tr>
<tr><td colspan="8">保持时间 30min，不透水</td></tr>
<tr><td rowspan="5">人工候化处理（30d）</td><td colspan="2">外观</td><td colspan="8">无裂纹、不起泡、不粘结</td></tr>
<tr><td rowspan="2">拉力保持率≥（%）</td><td colspan="2">纵向</td><td colspan="7">80</td></tr>
<tr><td colspan="2">横向</td><td colspan="7">70</td></tr>
<tr><td colspan="2" rowspan="2">柔度（℃）</td><td>-5</td><td>0</td><td>-5</td><td>0</td><td>-5</td><td>0</td><td>-5</td><td>0</td></tr>
<tr><td colspan="8">无裂纹</td></tr>
</table>

注：沥青玻纤毡和聚乙烯膜复合胎防水卷材为最大拉力时的延伸率。

上述内容摘自 JC/T 690—1998《沥青复合胎柔性防水卷材》。

9．自粘橡胶沥青防水卷材

（1）品种、规格和卷重

品种：分为聚乙烯膜（PE）、铝箔（AL）与无膜（N）三种自粘卷材；

规格：面积：$20m^2$、$10m^2$、$5m^2$；

幅度：920mm、1000mm；

厚：1.2mm、1.5mm、2.0mm。

卷重应符合表 2-28 的规定。

表 2-28

<table>
<tr><td colspan="2" rowspan="2">项　目</td><td colspan="3">表 面 材 料</td></tr>
<tr><td>PE</td><td>AL</td><td>N</td></tr>
<tr><td rowspan="3">标称卷重（$kg/10m^2$）</td><td>1.2mm</td><td>13</td><td>14</td><td>13</td></tr>
<tr><td>1.5mm</td><td>16</td><td>17</td><td>16</td></tr>
<tr><td>2.0mm</td><td>23</td><td>24</td><td>23</td></tr>
<tr><td rowspan="3">最低卷重（$kg/10m^2$）</td><td>1.2mm</td><td>12</td><td>13</td><td>12</td></tr>
<tr><td>1.5mm</td><td>15</td><td>16</td><td>15</td></tr>
<tr><td>2.0mm</td><td>22</td><td>23</td><td>22</td></tr>
</table>

尺寸允许偏差应符合表2-29规定。

尺寸允许偏差 **表2-29**

<table>
<tr><td colspan="2">面积（m^2/卷）</td><td>5±0.1</td><td>10±0.1</td><td>20±0.2</td></tr>
<tr><td rowspan="2">厚度（mm）</td><td>平均值≥</td><td>1.2</td><td>1.5</td><td>2.0</td></tr>
<tr><td>最小值</td><td>1.0</td><td>1.3</td><td>1.7</td></tr>
</table>

（2）外观

1）成卷卷材应卷紧、卷齐，端面里进外出差不得超过20mm。

2）卷材表面应平整，不允许有可见的缺陷，如孔洞、结块、裂纹、气泡、缺边与裂口等。

3）成卷卷材在环境温度为柔度规定的温度以上时应易于展开。

4）每卷卷材的接头不应超过1个。接头处应剪切整齐，并加长150mm。一批产品中有接头卷材不应超过3%。

（3）物理力学性能（表2-30）

物理力学性能 **表2-30**

<table>
<tr><td colspan="2" rowspan="2">项　目</td><td colspan="3">表　面　材　料</td></tr>
<tr><td>PE</td><td>AL</td><td>N</td></tr>
<tr><td rowspan="2">不透水性</td><td>压力（MPa）</td><td>0.2</td><td>0.2</td><td>0.1</td></tr>
<tr><td>保持时间（min）</td><td colspan="2">120，不透水</td><td>30，不透水</td></tr>
<tr><td colspan="2">耐热度</td><td>—</td><td>80℃，加热2h，无气泡，无滑动</td><td>—</td></tr>
<tr><td colspan="2">拉力（N/5cm）　≥</td><td>130</td><td>100</td><td>—</td></tr>
<tr><td colspan="2">断裂延伸率（%）　≥</td><td>450</td><td>200</td><td>450</td></tr>
<tr><td colspan="2">柔度</td><td colspan="3">−20℃，ϕ20mm，3s，180°无裂纹</td></tr>
<tr><td rowspan="2">剪切性能（N/mm）</td><td>卷材与卷材　≥</td><td colspan="2" rowspan="2">2.0或粘合面外断裂</td><td rowspan="2">粘合面外断裂</td></tr>
<tr><td>卷材与铝板　≥</td></tr>
<tr><td colspan="2">剥离性能（N/mm）　≥</td><td colspan="2">1.5或粘合面外断裂</td><td>粘合面外断裂</td></tr>
<tr><td colspan="2">抗穿孔性</td><td colspan="3">不渗水</td></tr>
<tr><td rowspan="3">人工候化处理</td><td>外观</td><td rowspan="3">—</td><td>无裂纹，无气泡</td><td rowspan="3">—</td></tr>
<tr><td>拉力保持率（%）≥</td><td>80</td></tr>
<tr><td>柔度</td><td>−10℃，ϕ20mm，3s，180°无裂纹</td></tr>
</table>

上述内容摘自JC 840—1999《自粘橡胶沥青防水卷材》。

10. 自粘聚合物改性沥青聚酯胎防水卷材

（1）类型和规格

1）分类

按物理力学性能分为Ⅰ型和Ⅱ型。

按上表面材料分为聚乙烯膜（PE）、细砂（S）、铝箔（AL）三种。

2）规格

面积：10m^2、15m^2。

幅宽：1000mm。

厚度：

a）聚乙烯膜面与细砂：1.5mm、2mm、3mm；

b）铝箔面：2mm、3mm。

其他规格可由供需双方协商。

卷重、厚度及面积

卷重、厚度及面积应符合表2-31规定。

卷重、厚度及面积　　表2-31

规格（公称厚度）(mm)		1.5				2						3		
上表面材料		PE	S	PE	S	PE	AL	S	PE	AL	S	PE	AL	S
面积 (m^2/卷)	公称面积	15		10		15			10			10		
	偏差	±0.15		±0.10		±0.15			±0.10			±0.10		
最低卷重（kg/卷）		23.0	24.5	15.5	16.5	31.5	33.0		21.0	22.0		31.0	32.0	
厚度 (mm)	平均值≥	1.5				2.0						3.0		
	最小单值	1.3				1.7						2.7		

（2）外观

1）成卷卷材应卷紧卷齐，端面里进外出不得超过20mm。

2）成卷卷材在4℃～45℃任一产品温度下展开不应有粘结，在距卷芯1000mm长度外不应有10mm以上的裂纹。

3）胎基应浸透，不应有未被浸渍的条纹。

4）卷材表面应平整，不允许有孔洞、缺边和裂口，细砂应均匀一致并紧密地粘附于卷材表面。

5）每卷卷材接头不应超过一个，较短的一段长度不应少于1000mm，接头应剪切整齐，并加长150mm。

（3）物理力学性能

物理力学性能应符合表2-32规定。

物理力学性能　　表2-32

序号	型号			Ⅰ			Ⅱ	
	厚度（mm）			1.5	2	3	2	3
1	可溶物含量（g/m^2）		≥	800	1300	2100	1300	2100
2	不透水性	压力（MPa）	≥	0.2	0.3			
		保持时间（min）	≥	30				
3	耐热度（℃）	PE、S		70无滑动、流淌、滴落				
		AL		80无滑动、流淌、滴落				
4	拉力（N/50mm）		≥	200	350		450	
5	最大拉力时延伸率（%）		≥	30				
6	低温柔度（℃）			-20			-30	

续表

<table>
<tr><td rowspan="2">序号</td><td colspan="2">型　号</td><td colspan="3">Ⅰ</td><td colspan="2">Ⅱ</td></tr>
<tr><td colspan="2">厚度（mm）</td><td>1.5</td><td>2</td><td>3</td><td>2</td><td>3</td></tr>
<tr><td rowspan="2">7</td><td rowspan="2">剪切性能（N/mm）≥</td><td>卷材与卷材</td><td rowspan="2">2.0或粘合面外断裂</td><td colspan="4" rowspan="2">4.0或粘合面外断裂</td></tr>
<tr><td>卷材与铝板</td></tr>
<tr><td>8</td><td colspan="2">剥离性能（N/mm）　≥</td><td colspan="5">1.5或粘合面外断裂</td></tr>
<tr><td>9</td><td colspan="2">抗穿孔性</td><td colspan="5">不渗水</td></tr>
<tr><td>10</td><td colspan="2">撕裂强度（N）　≥</td><td>125</td><td colspan="2">200</td><td colspan="2">250</td></tr>
<tr><td>11</td><td colspan="2">水蒸气透湿率①，g/（m²·s·Pa）　≤</td><td colspan="5">5.7×10^{-9}</td></tr>
<tr><td rowspan="5">12</td><td rowspan="5">人工气候加速老化②</td><td>外观</td><td rowspan="5">—</td><td colspan="4">1级</td></tr>
<tr><td>拉力保持率，%</td><td colspan="4">无滑动、流淌、滴落</td></tr>
<tr><td rowspan="3">低温柔度，℃</td><td colspan="4">80</td></tr>
<tr><td colspan="2">−10</td><td colspan="2">−20</td></tr>
</table>

① 水蒸气透湿率性能在用于地下工程时要求。

② 聚乙烯膜面、细砂面卷材不要求人工加速气候老化性能。

上述内容摘自JC 898—2002《自粘聚合物改性沥青聚酯胎防水卷材》。

11. 聚氯乙烯防水卷材

（1）类型和规格

1）分类

产品按有无复合层分类，无复合层的为N类、用纤维单面复合的为L类、织物内增强的为W类。每类产品按理化性能分为Ⅰ型和Ⅱ型。

2）规格

卷材长度规格为10m、15m、20m。

厚度规格为：1.2mm、1.5mm、2.0mm。

其他长度、厚度规格可由供需双方商定，厚度规格不得小于1.2mm。

3）尺寸偏差

长度、宽度不小于规定值的99.5%。

厚度偏差和最小单值见表2-33。

厚度（mm）　表2-33

厚　度	允许偏差	最小单值
1.2	±0.10	1.00
1.5	±0.15	1.30
2.0	±2.20	1.70

（2）外观

1）卷材的接头不多于一处，其中较短的一段长度不少于1.5m，接头应剪切整齐，并加长150mm。

2）卷材表面应平整、边缘整齐，无裂纹、孔洞、粘结、气泡和疤痕。

（3）理化性能

N类无复合层的卷材理化性能应符合表2-34规定。

L类纤维单面复合及W类织物内增强的卷材应符合表2-35的规定。

N类卷材理化性能 **表2-34**

序号	项目			Ⅰ型	Ⅱ型
1	拉伸强度（MPa）		≥	8.0	12.0
2	断裂伸长率（%）		≥	200	250
3	热处理尺寸变化率（%）		≤	3.0	2.0
4	低温弯折性			-20℃无裂纹	-25℃无裂纹
5	抗穿孔性			不渗水	
6	不透水性			不透水	
7	剪切状态下的粘合性（N/mm）		≥	3.0或卷材破坏	
8	热老化处理	外观		无起泡、裂纹、粘结和孔洞	
		拉伸强度变化率/%		±25	±20
		断裂伸长率变化率/%			
		低温弯折性		-15℃无裂纹	-20℃无裂纹
9	耐化学侵蚀	拉伸强度变化率/%		±25	±20
		断裂伸长率变化率/%			
		低温弯折性		-15℃无裂纹	-20℃无裂纹
10	人工气候加速老化	拉伸强度变化率/%		±25	±20
		断裂伸长率变化率/%			
		低温弯折性		-15℃无裂纹	-20℃无裂纹

注：非外露使用可以不考核人工气候加速老化性能。

L类及W类卷材理化性能 **表2-35**

序号	项目			Ⅰ型	Ⅱ型
1	拉力（N/cm）		≥	100	160
2	断裂伸长率（%）		≥	150	200
3	热处理尺寸变化率（%）		≤	1.5	1.0
4	低温弯折性			-20℃无裂纹	-25℃无裂纹
5	抗穿孔性			不渗水	
6	不透水性			不透水	
7	剪切状态下的粘合性（N/mm）≥	L类		3.0或卷材破坏	
		W类		6.0或卷材破坏	
8	热老化处理	外观		无起泡、裂纹、粘结和孔洞	
		拉力变化率/%		±25	±20
		断裂伸长率变化率/%			
		低温弯折性		-15℃无裂纹	-20℃无裂纹
9	耐化学侵蚀	拉力变化率/%		±25	±20
		断裂伸长率变化率/%			
		低温弯折性		-15℃无裂纹	-20℃无裂纹
10	人工气候加速老化	拉力变化率/%		±25	±20
		断裂伸长率变化率/%			
		低温弯折性		-15℃无裂纹	-20℃无裂纹

注：非外露使用可以不考核人工气候加速老化性能。

上述内容摘自 GB 12952—2003《聚氯乙烯防水卷材》。

12. 氯化聚乙烯防水卷材

（1）类型和规格

1）分类

产品按有无复合层分类，无复合层的为 N 类，用纤维单面复合的为 L 类、织物内增强的为 W 类。每类产品按理化性能分为Ⅰ型和Ⅱ型。

2）规格

卷材长度规格为 10m、15m、20m。

厚度规格为 1.2mm、1.5mm、2.0mm。见表 2-36。

其他长度、厚度规格可由供需双方商定，厚度规格不得低于 1.2mm。

厚度（mm） **表 2-36**

厚　度	允许偏差	最小单值
1.2	±0.10	1.00
1.5	±0.15	1.30
2.0	±0.20	1.70

（2）外观

1）卷材的接头不多于一处，其中较短的一段长度不小于 1.5m，接头应剪切整齐，并加长 150mm。

2）卷材表面应平整、边缘整齐，无裂纹、孔洞和粘结，不应有明显气泡、疤痕。

（3）理化性能

N 类无复合层的卷材理化性能应符合表 2-37 规定。

L 类纤维单面复合及 W 类织物内增强的卷材应符合表 2-38 的规定。

N 类卷材理化性能 **表 2-37**

序号	项　目		Ⅰ型	Ⅱ型
1	拉伸强度（MPa）　≥		5.0	8.0
2	断裂伸长率（%）　≥		200	300
3	热处理尺寸变化率（%）　≤		3.0	纵向 2.5 横向 1.5
4	低温弯折性		−20℃无裂纹	−25℃无裂纹
5	抗穿孔性		不渗水	
6	不透水性		不透水	
7	剪切状态下的粘合性（N/mm）　≥		3.0 或卷材破坏	
8	热老化处理	外观	无起泡、裂纹、粘结和孔洞	
		拉伸强度变化率/%	+50 −20	±20
		断裂伸长率变化率/%	+50 −30	±20
		低温弯折性	−15℃无裂纹	−20℃无裂纹
9	耐化学侵蚀	拉伸强度变化率/%	±30	±20
		断裂伸长率变化率/%	±30	±20
		低温弯折性	−15℃无裂纹	−20℃无裂纹

续表

序号	项目		Ⅰ型	Ⅱ型
10	人工气候加速老化	拉伸强度变化率/%	+50 -20	±20
		断裂伸长率变化率/%	+50 -30	±20
		低温弯折性	-15℃无裂纹	-20℃无裂纹

注：非外露使用可以不考核人工气候加速老化性能。

L类及W类理化性能 **表2-38**

序号	项目			Ⅰ型	Ⅱ型
1	拉力（N/cm）		≥	70	120
2	断裂伸长率（%）		≥	125	250
3	热处理尺寸变化率（%）		≤	1.0	
4	低温弯折性			-20℃无裂纹	-25℃无裂纹
5	抗穿孔性			不渗水	
6	不透水性			不透水	
7	剪切状态下的粘合性（N/mm） ≥	L类		3.0或卷材破坏	
		W类		6.0或卷材破坏	
8	热老化处理	外观		无起泡、裂纹、粘结与孔洞	
		拉力（N/cm）	≥	55	100
		断裂伸长率（%）	≥	100	200
		低温弯折性		-15℃无裂纹	-20℃无裂纹
9	耐化学侵蚀	拉力（N/cm）	≥	55	100
		断裂伸长率（%）	≥	100	200
		低温弯折性		-15℃无裂纹	-20℃无裂纹
10	人工气候加速老化	拉力（N/cm）	≥	55	100
		断裂伸长率（%）	≥	100	200
		低温弯折性		-15℃无裂纹	-20℃无裂纹

注：非外露使用可以不考核人工气候加速老化性能。

上述内容摘自GB 12953—2003《氯化聚乙烯防水卷材》。

13. 氯化聚乙烯——橡胶共混防水卷材

（1）类型和规格

1）类型

按物理力学性能分为S型、N型两种类型。

2）规格

规格尺寸见表2-39。

规格尺寸 **表2-39**

厚度（mm）	宽度（mm）	长度（m）
1.0，1.2，1.5，2.0	1000，1100，1200	20

（2）外观质量

1）表面平整，边缘整齐。

2）表面缺陷应不影响防水卷材使用，并符合表2-40规定。

外观质量 **表2-40**

项目	外观质量要求
折痕	每卷不超过2处，总长不大于20mm
杂质	不允许有大于0.5mm颗粒
胶块	每卷不超过6处，每处面积不大于$4mm^2$
缺胶	每卷不超过6处，每处不大于$7mm^2$，深度不超过卷材厚度的30%
接头	每卷不超过1处，短段不得少于3000mm，并应加长150mm备作搭接

（3）尺寸偏差

应符合表2-41的规定。

尺寸偏差 **表2-41**

厚度允许偏差（%）	宽度与长度允许偏差
+15 -10	不允许出现负值

（4）物理力学性能

应符合表2-42的规定。

物理力学性能 **表2-42**

序号	项目			指标	
				S型	N型
1	拉伸强度（MPa）		≥	7.0	5.0
2	断裂伸长率（%）		≥	400	250
3	直角形撕裂强度（kN/m）		≥	24.5	20.0
4	不透水性，30min			0.3MPa不透水	0.2MPa不透水
5	热老化保持率（80±2℃，168h）	拉伸强度（%）	≥	80	
		断裂伸长率（%）	≥	70	
6	脆性温度		≤	-40℃	-20℃
7	臭氧老化500pphm，168h×40℃，静态			伸长率40%无裂纹	伸长率20%无裂纹
8	粘结剥离强度（卷材与卷材）	kN/m	≥	2.0	
		浸水168h，保持率（%）	≥	70	
9	热处理尺寸变化率（%）		≤	+1 -2	+2 -4

以上内容摘自《氯化聚乙烯——橡胶共混防水卷材》JC/T 684—1997。

14．合成高分子防水卷材

（1）合成高分子防水卷材的分类见表2-43。

片材的分类 **表 2-43**

分类		代号	主要原材料
均质片	硫化橡胶类	JL1	三元乙丙橡胶
		JL2	橡胶（橡塑）共混
		JL3	氯丁橡胶、氯磺化聚乙烯、氯化聚乙烯等
		JL4	再生胶
	非硫化橡胶类	JF1	三元乙丙橡胶
		JF2	橡塑共混
		JF3	氯化聚乙烯
	树脂类	JS1	聚氯乙烯等
		JS2	乙烯醋酸乙烯、聚乙烯等
		JS3	乙烯醋酸乙烯改性沥青共混等
复合片	硫化橡胶类	FL	乙丙、丁基、氯丁橡胶、氯磺化聚乙烯等
	非硫化橡胶类	FF	氯化聚乙烯，乙丙、丁基、氯丁橡胶，氯磺化聚乙烯等
	树脂类	FS1	聚氯乙烯等
		FS2	聚乙烯等

（2）合成高分子防水卷材的规格（表 2-44）及允许偏差（表 2-45）。

片材的规格尺寸 **表 2-44**

项目	厚度（mm）	宽度（m）	长度（m）
橡胶类	1.0，1.2，1.5，1.8，2.0	1.0，1.1，1.2	20 以上
树脂类	0.5 以上	1.0，1.2，1.5，2.0	

注：橡胶类片材在每卷 20m 长度中允许有 1 处接头，且最小块长度应不小于 3m，并应加长 15cm 备作搭接；树脂类片材在每卷至少 20m 长度内不允许有接头。

允许偏差 **表 2-45**

项目	厚度	宽度	长度
允许偏差（%）	−10 ~ +15	> −1	不允许出现负值

（3）卷材的外观质量要求

1）表面应平整，边缘整齐，不能有裂纹、机械损伤、折痕、穿孔及异常粘着部分等影响使用的缺陷；

2）卷材在不影响使用的条件下表面缺陷应符合下列规定：

凹痕：深度不得超过卷材厚度的 30%；树脂类卷材不得超过 5%；

杂质：每 $1m^2$ 不得超过 $9mm^2$；

气泡：深度不得超过卷材厚度的 30%，每 $1m^2$ 不得超过 $7mm^2$，但树脂类卷材不允许。

（4）卷材的物理力学性能

均质片应符合表 2-46 的规定；复合片应符合表 2-47 的规定。

均质片的物理性能 **表 2-46**

项　　目		指　标									
		硫化橡胶类				非硫化橡胶类			树脂类		
		JL1	JL2	JL3	JL4	JF1	JF2	JF3	JS1	JS2	JS3
断裂拉伸强度（MPa）	常温≥	7.5	6.0	6.0	2.2	4.0	3.0	5.0	10	16	14
	60℃≥	2.3	2.1	1.8	0.7	0.8	0.4	1.0	4	6	5
扯断伸长率（%）	常温≥	450	400	300	200	450	200	200	200	550	500
	-20℃≥	200	200	170	100	200	100	100	15	350	300
撕裂强度（kN/m）≥		25	24	23	15	18	10	10	40	60	60
不透水性，30min 无渗漏		0.3 MPa	0.3 MPa	0.2 MPa	0.2 MPa	0.3 MPa	0.2 MPa	0.2 MPa	0.3 MPa	0.3 MPa	0.3 MPa
低温弯折（℃）≤		-40	-30	-30	-20	-30	-20	-20	-20	-35	-35
加热伸缩量（mm）	延伸＜	2	2	2	2	2	4	4	2	2	2
	收缩＜	4	4	4	4	4	6	10	6	6	6
热空气老化（8°×168h）	断裂拉伸强度保持率（%）≥	80	80	80	80	90	60	80	80	80	80
	扯断伸长率保持率（%）≥	70	70	70	70	70	70	70	70	70	70
	100%伸长率外观	无裂纹	无裂纹	无裂纹	无裂纹	无裂纹	无裂纹	无裂纹	无裂纹	无裂纹	无裂纹
耐碱性［10% Ca（OH）$_2$ 常温×168h］	断裂拉伸强度保持率（%）≥	80	80	80	80	80	70	70	80	80	80
	扯断伸长率保持率（%）≥	80	80	80	80	90	80	70	80	90	90
臭氧老化（40℃×168h）	伸长率 40%，500pphm	无裂纹	—	—	—	无裂纹	—	—	—	—	—
	伸长率 20%，500pphm	—	无裂纹	—	—	—	—	—	—	—	—
	伸长率 20%，200pphm	—	—	无裂纹	—	—	—	—	无裂纹	无裂纹	无裂纹
	伸长率 20%，100pphm	—	—	—	无裂纹	—	无裂纹	无裂纹	—	—	—

续表

项目		指标									
		硫化橡胶类				非硫化橡胶类			树脂类		
		JL1	JL2	JL3	JL4	JF1	JF2	JF3	JS1	JS2	JS3
人工候化	断裂拉伸强度保持率（%）≥	80	80	80	80	80	70	80	80	80	80
	扯断伸长率保持率（%）≥	70	70	70	70	70	70	70	70	70	70
	100%伸长率外观	无裂纹	无裂纹	无裂纹	无裂纹	无裂纹	无裂纹	无裂纹	无裂纹	无裂纹	无裂纹
粘合性能	无处理	自基准线的偏移及剥离长度在5mm以下，且无有害偏移及异状点									
	热处理										
	碱处理										

注：人工候化和粘合性能项目为推荐项目。

复合片的物理性能 **表2-47**

项目		种类			
		硫化橡胶类FL	非硫化橡胶类FF	树脂类	
				FS1	FS2
断裂拉伸强度（N/cm）	常温≥	80	60	100	60
	60℃≥	30	20	40	30
胶断伸长率（%）	常温≥	300	250	150	400
	-20℃≥	150	50	10	10
撕裂强度（N）≥		40	20	20	20
不透水性，30min无渗漏		0.3MPa	0.3MPa	0.3MPa	0.3MPa
低温弯折（℃）<		-35	-20	-30	-20
加热伸缩量（mm）	延伸<	2	2	2	2
	收缩<	4	4	2	4
热空气老化（80℃×168h）	断裂拉伸强度保持率（%）≥	80	80	80	80
	胶断伸长率保持率（%）≥	70	70	70	70
耐碱性[10% $Ca(OH)_2$ 常温×168h]	断裂拉伸强度保持率（%）≥	80	60	80	80
	胶断伸长率保持率（%）≥	80	60	80	80
臭氧老化（40℃×168h），200pphm		无裂纹	无裂纹	无裂纹	无裂纹
人工候化	断裂拉伸强度保持率（%）≥	80	70	80	80
	胶断伸长率保持率（%）≥	70	70	70	70
粘合性能	无处理	自基准线的偏移及剥离长度在5mm以下，且无有害偏移及异状点			
	热处理				
	碱处理				

注：人工候化和粘合性能项目为推荐项目，带织物加强层的复合片不考核粘合性能。

上述表摘自 GB 18173.1—2000《高分子防水材料》第一部分片材。

15．聚乙烯丙纶卷材

（1）聚乙烯丙纶卷材的规格

聚乙烯丙纶卷材的规格见表 2-48。

聚乙烯丙纶卷材规格 **表 2-48**

项目	规格		允许偏差（%）
长度（m）	100	50	+0.05
宽度（m）	≥1.0		+0.05
厚度（mm）	0.5 0.6 0.7 0.8	0.9 1.0 1.2 1.5	+8 −4

（2）聚乙烯丙纶卷材的外观质量

聚乙烯丙纶卷材的外观质量见表 2-49。

聚乙烯丙纶卷材外观质量 **表 2-49**

项目	质量要求
折痕	每卷不超过两处，总长度不超过 20mm
孔洞	不允许
僵丝（块）	最大直径不大于 10mm，每平方米不应超过 2 个，每百平方米不应超过 15 个
丙纶与聚乙烯粘结	粘结牢固，不得有剥离现象
卷材表面	应平整
每卷卷材的接头	长度为 100m 的卷材，不允许超过 5 个，长度为 50m 的卷材不允许超过 2 个

（3）聚乙烯丙纶卷材的物理性能

聚乙烯丙纶卷材的物理性能见表 2-50。

聚乙烯丙纶卷材物理性能指标 **表 2-50**

项目		指标
断裂拉伸强度（N/cm）	纵向	≥60
	横向	≥60
胶断伸长率（%）	纵向	≥400
	横向	≥400
不透水性	30min 无渗漏	0.3MPa
低温弯折性（℃）	−20	无裂纹
加热伸缩量（mm）	延伸	<2
	收缩	<4
撕裂强度（N）		≥20

注：1. 带织物加强层的复合片材，其主体材料厚度小于 0.8mm 时，不考核胶断伸长率。

2. 厚度小于 0.8mm 的性能允许达到规定性能的 80% 以上。

以上内容摘自《聚乙烯丙纶卷材复合防水技术规程》。

2.4.3 防水涂料的技术性能

1．水性沥青基防水涂料

水性沥青基薄质防水涂料的技术性能（包括氯丁胶乳沥青、水乳性再生胶沥青涂料、用化学乳化剂配制的乳化沥青）见表 2-51。

水性沥青基薄质防水涂料技术性能 表 2-51

项目		质量指标	
		一等品	合格品
外观		搅拌后为黑色或蓝褐色匀质液体，搅拌棒上不粘附任何颗粒	搅拌后为黑色或蓝褐色液体，搅拌棒上不粘附明显颗粒
固体含量（%）不小于		43	
延伸性（mm）不小于	无处理	6.0	4.5
	处理后	4.5	3.5
柔韧性		(−15±1)℃	(−10±1)℃
		无裂纹、断裂	
耐热性（℃）		无流淌、起泡和滑动	
粘结性（MPa）不小于		0.2	
不透水性		不渗水	
抗冻性		20次无开裂	

注：本表摘自《水性沥青基防水涂料》JC 408—91。

2．聚氨酯防水涂料

（1）分类

产品按组分分为单组分（S）、多组分（M）两种。

产品按拉伸性能分为Ⅰ、Ⅱ两类。

（2）外观

产品为均匀粘稠体，无凝胶、结块。

（3）物理力学性能

单组分聚氨酯防水涂料物理力学性能应符合表2-52的规定，多组分聚氨酯防水涂料物理力学性能应符合表2-53的规定。

单组分聚氨酯防水涂料物理力学性能 表 2-52

序号	项目		Ⅰ	Ⅱ
1	拉伸强度（MPa）	≥	1.9	2.45
2	断裂伸长率（%）	≥	550	450
3	撕裂强度（N/mm）	≥	12	14
4	低温弯折性（℃）	≤	−40	
5	不透水性 0.3MPa 30min		不透水	
6	固体含量（%）	≥	80	
7	表干时间（h）	≤	12	
8	实干时间（h）	≤	24	
9	加热伸缩率（%）	≤	1.0	
		≥	−4.0	
10	潮湿基面粘结强度[①]（MPa）	≥	0.50	

续表

序　号	项　目			Ⅰ	Ⅱ
11	定伸时老化	加热老化		无裂纹及变形	
		人工气候老化②		无裂纹及变形	
12	热处理	拉伸强度保持率（%）		80～150	
		断裂伸长率（%）	≥	500	400
		低温弯折性（℃）	≤	-35	
13	碱处理	拉伸强度保持率（%）		60～150	
		断裂伸长率（%）	≥	500	400
		低温弯折性（℃）	≤	-35	
14	酸处理	拉伸强度保持率（%）		80～150	
		断裂伸长率（%）	≥	500	400
		低温弯折性（℃）	≤	-35	
15	人工气候老化②	拉伸强度保持率（%）		80～150	
		断裂伸长率（%）	≥	500	400
		低温弯折性（℃）	≤	-35	

① 仅用于地下工程潮湿基面时要求。

② 仅用于外露使用的产品。

多组分聚氨酯防水涂料物理力学性能　　**表 2-53**

序　号	项　目			Ⅰ	Ⅱ
1	拉伸强度（MPa）		≥	1.9	2.45
2	断裂伸长率（%）		≥	450	450
3	撕裂强度（N/mm）		≥	12	14
4	低温弯折性（℃）		≤	-35	
5	不透水性 0.3MPa 30min			不透水	
6	固体含量（%）		≥	92	
7	表干时间（h）		≤	8	
8	实干时间（h）		≤	24	
9	加热伸缩率（%）		≤	1.0	
			≥	-4.0	
10	潮湿基面粘结强度①（MPa）		≥	0.50	
11	定伸时老化	加热老化		无裂纹及变形	
		人工气候老化②		无裂纹及变形	
12	热处理	拉伸强度保持率（%）		80～150	
		断裂伸长率（%）	≥	400	
		低温弯折性（℃）	≤	-30	
13	碱处理	拉伸强度保持率（%）		60～150	
		断裂伸长率（%）	≥	400	
		低温弯折性（℃）	≤	-30	

续表

序　号	项　目		I	II
14	酸处理	拉伸强度保持率（%）	80～150	
		断裂伸长率（%）　≥	400	
		低温弯折性（℃）　≤	-30	
15	人工气候老化②	拉伸强度保持率（%）	80～150	
		断裂伸长率（%）　≥	400	
		低温弯折性（℃）　≤	-30	

① 仅用于地下工程潮湿基面时要求。

② 仅用于外露使用的产品。

以上内容摘自 GB/T 19250—2003《聚氨酯防水涂料》。

3．溶剂型橡胶沥青防水涂料

溶剂型橡胶沥青防水涂料的外观为黑色、粘稠状、细腻、均匀的胶体液体，其技术性能见表 2-54。

表 2-54

项　目		技术指标	
		一等品	合格品
固体含量（%）　≥		48	
抗裂性	基层裂缝（mm）	0.3	0.2
	涂膜状态	无裂纹	
低温柔性，ϕ10mm，2h		-15℃	-10℃
		无裂纹	
粘结性（MPa）　≥		0.20	
耐热性，80℃，5h		无流淌、鼓泡、滑动	
不透水性，0.2MPa，30min		不渗水	

注：本表摘自 JC/T 852—1999《溶剂型橡胶沥青防水涂料》。

4．SBS 改性沥青防水涂料

SBS 改性沥青防水涂料的技术性能见表 2-55。

SBS 改性沥青防水涂料技术性能　　**表 2-55**

项目名称	指　标
外观	黑色粘稠液体
固体性	≥50%
粘结性	与水泥砂浆粘结强度≥0.3MPa
耐热性	(80±2)℃，5h 垂直放置，不起泡、起层、脱落
抗裂性	(-20±2)℃涂膜厚 0.3～0.4mm，涂膜不裂的基层裂缝宽≥1mm
不透水性	动水压：0.2MPa，30min，不透水 静水压：ϕ60mm 玻管，水柱高 40mm，100d，不透水
人工老化	水冷氙灯照射 300h，无异常
耐酸性	(20±2)℃，1% H_2SO_4 溶液浸泡 30d，无异常
耐碱性	(20±2)℃饱和 Ca（OH）$_2$ 溶液浸 30d，无异常
耐湿性	湿度 90%，温度 35～40℃，100d 无异常

5. 聚氯乙烯弹性防水涂料

（1）类型

1）PVC 防水涂料按施工方式分为热塑型（J 型）和热熔型（G 型）两种类型。

2）PVC 防水涂料按耐热和低温性能分为 801 和 802 两个型号。

“80”代表耐热温度为 80℃，“1”、“2”代表低温柔性温度分别为“－10℃”、“－20℃”。

（2）外观

1）J 型防水涂料应为黑色均匀粘稠状物，无结块、无杂质。

2）G 型防水涂料应为黑色块状物，无焦渣等杂物，无流淌现象。

（3）物理力学性能

PVC 防水涂料的物理力学性能应符合表 2-56 的规定。

表 2-56

序　号	项　　目		技术指标	
			801	802
1	密度（g/cm³）		规定值① ±0.1	
2	耐热性，80℃，5h		无流淌、起泡和滑动	
3	低温柔性（℃）ϕ20mm		－10	－20
			无裂纹	
4	断裂延伸率（%）不小于	无处理	350	
		加热处理	280	
		紫外线处理	280	
		碱处理	280	
5	恢复率（%）不小于		70	
6	不透水性，0.1MPa，30min		不渗水	
7	粘结强度（MPa）不小于		0.20	

① 规定值是指企业标准或产品说明所规定的密度值。

上述内容摘自 JC/T 674—1997《聚氯乙烯弹性防水涂料》

6. 聚合物乳液建筑防水涂料

聚合物乳液建筑防水涂料的技术性能见表 2-57。

表 2-57

序号	试　验　项　目		指　　标	
			Ⅰ类	Ⅱ类
1	拉伸强度（MPa）	≥	1.0	1.5
2	断裂延伸率（%）	≥	300	300
3	低温柔性　绕 ϕ10mm 棒		－10℃，无裂纹	－20℃，无裂纹
4	不透水性　0.3MPa，0.5h		不透水	
5	固体含量（%）	≥	65	

续表

序号	试验项目		指标	
			Ⅰ类	Ⅱ类
6	干燥时间（h）	表干时间 ≤	4	
		实干时间 ≤	8	
7	老化处理后的拉伸强度保持率（%）	加热处理 ≥	80	
		紫外线处理 ≥	80	
		碱处理 ≥	60	
		酸处理 ≥	40	
8	老化处理后的断裂延伸率（%）	加热处理 ≥	200	
		紫外线处理 ≥	200	
		碱处理 ≥	200	
		酸处理 ≥	200	
9	加热伸缩率（%）	伸长 ≤	1.0	
		缩短 ≤	1.0	

注：本表摘自JC/T 864—2000《聚合物乳液建筑防水涂料》。

7. 聚合物水泥防水涂料

(1) 类型

产品分为Ⅰ型和Ⅱ型两种

Ⅰ型：以聚合物为主的防水涂料；

Ⅱ型：以水泥为主的防水涂料。

(2) 外观

产品的两组份经分别搅拌后，其液体组份应为无杂质、无凝胶的均匀乳液；固体组份应为无杂质、无结块的粉末。

(3) 物理力学性能

产品物理力学性能应符合表2-58的要求。

物理力学性能　　表2-58

序号	试验项目		技术指标	
			Ⅰ型	Ⅱ型
1	固体含量（%） ≥		65	
2	干燥时间	表干时间（h） ≤	4	
		实干时间（h） ≤	8	
3	拉伸强度	无处理（MPa） ≥	1.2	1.8
		加热处理后保持率（%） ≥	80	80
		碱处理后保持率（%） ≥	70	80
		紫外线处理后保持率（%） ≥	80	80[①]

续表

序号	试验项目		技术指标	
			Ⅰ型	Ⅱ型
4	断裂伸长率	无处理（%） ≥	200	80
		加热处理（%） ≥	150	65
		碱处理（%） ≥	140	65
		紫外线处理（%） ≥	150	65①
5	低温柔性，ϕ10mm 棒		-10℃无裂纹	—
6	不透水性，0.3MPa，30min		不透水	不透水①
7	潮湿基面粘结强度（MPa） ≥		0.5	1.0
8	抗渗性（背水面）②（MPa） ≥		—	0.6

① 如产品用于地下工程，该项目可不测试。

② 如产品用于地下防水工程，该项目必须测试。

以上内容摘自《聚合物水泥防水涂料》JC/T 894—2001。

8. 有机硅防水涂料

有机硅防水涂料的技术性能见表2-59。

有机硅防水涂料技术性能 **表2-59**

项目名称	指标
外观	白色或其浅色
含固量	66%
抗渗性	迎水面1.1~1.5MPa，背水面0.3~0.5MPa
渗透性	可渗入基底约0.3mm左右
抗裂性	4.5~6mm（涂膜厚0.4~0.5mm）
延伸率	640%~1000%
低温柔性	-30℃合格
粘结强度	0.57MPa
扯断强度	2.2MPa
耐热性	（100±1）℃，6h，不起鼓、不脱落
耐老化	人工老化168h，不起皱、不起鼓、不脱落，延伸率达530%

2.4.4 防水密封材料的技术性能

1. 建筑防水沥青嵌缝油膏

建筑防水沥青嵌缝油膏的技术性能见表2-60。

表 2-60

序号	项　目			技 术 指 标	
				702	801
1	密度（g/cm^3）			规定值 ±0.1	
2	施工度（mm）		≥	22.0	20.0
3	耐热性	温度（℃）		70	80
		下垂值（mm）		4.0	
4	低温柔性	温度（℃）		−20	−10
		粘结状况		无裂纹和剥离现象	
5	拉伸粘结性（%）		≥	125	
6	浸水后拉伸粘结性（%）		≥	125	
7	渗出性	渗出幅度（mm）	≤	5	
		渗出张数（张）	≤	4	
8	挥发性（%）		≤	2.8	

注：1. 规定值由厂方提供或供需双方商定；
　　2. 本表摘自 JC/T 207—1996《建筑防水沥青嵌缝油膏》。

2. 聚氨酯建筑密封膏

聚氨酯建筑密封膏的技术性能见表 2-61。

聚氨酯建筑密封膏技术性能　　表 2-61

序号	项　目			技 术 指 标		
				优等品	一等品	合格品
1	密度（g/cm^3）			规定值 ±0.1		
2	适用期（h）		不小于	3		
3	表干时间（h）		不大于	24	48	
4	渗出性指数		不大于	2		
5	流变性	下垂度（N 型）（mm）	不大于	3		
		流平性（L 型）		5℃自流平		
6	低温柔性（℃）			−40	−30	
7	拉伸粘结性	最大拉伸强度（MPa）	不小于	0.200		
		最大伸长率（%）	不小于	400	200	
8	定伸粘结性（%）			200	160	
9	恢复率（%）		不小于	95	90	85
10	剥离粘结性	剥离强度（N/mm）	不小于	0.9	0.7	0.5
		粘结破坏面积（%）	不大于	25	25	40
11	拉伸-压缩循环性能	级别		9030	8020	7020
		粘结和内聚破坏面积（%）	不大于	25		

注：本表摘自《聚氨酯建筑密封膏》JC 482—92（1996）。

3. 丙烯酸酯建筑密封膏

丙烯酸酯建筑密封膏的技术性能见表 2-62。

丙烯酸酯建筑密封膏技术性能 **表 2-62**

序号	项目			技术要求		
				优等品	一等品	合格品
1	密度（g/cm^3）			规定值 ±0.1		
2	挤出性（mL/min）		不小于	100		
3	表干时间（h）		不大于	24		
4	渗出性指数		不大于	3		
5	下垂度（mm）		不大于	3		
6	初期耐水性			未见浑浊液		
7	低温贮存稳定性			未见凝固、离析现象		
8	收缩率%		不大于	30		
9	低温柔性（℃）			-40	-30	-20
10	拉伸粘结性	最大拉伸强度（MPa）		0.02～0.15		
		最大伸长率（%）	不小于	400	250	150
11	恢复率（%）		不小于	75	70	65
12	拉伸-压缩循环性能	级别		7020	7010	7005
		平均破坏面积（%）	不大于	25		

注：本表摘自《丙烯酸酯建筑密封膏》JC 484—92（1996）。

4. 聚氯乙烯建筑防水接缝材料

聚氯乙烯建筑防水接缝材料的技术性能见表 2-63。

表 2-63

序号	项目			技术要求	
				801	802
1	密度（g/cm^3）①			规定值 ±0.1①	
2	下垂度（mm）80℃		不大于	4	
3	低温柔性	温度（℃）		-10	-20
		柔性		无裂缝	
4	拉伸粘结性	最大抗拉强度（MPa）		0.02～0.15	
		最大延伸率（%）	不小于	300	
5	浸水拉伸粘结性	最大抗拉强度（MPa）		0.02～0.15	
		最大延伸率（%）	不小于	250	
6	恢复率（%）		不小于	80	
7	挥发率（%）②		不大于	3	

① 规定值是指企业标准或产品说明书所规定的密度值。

② 挥发率仅限于 G 型 PVC 接缝材料。

注：1. G 型 PVC 接缝材料为均匀粘稠状物，无结块，无杂质；

J 型 PVC 接缝材料为黑色块状物，无焦渣等杂物、无流淌现象；

2. 本表摘自 JC/T 798—1997《聚氯乙烯建筑防水接缝材料》。

5．聚硫建筑密封膏

聚硫建筑密封膏的技术性能见表2-64。

聚硫建筑密封膏技术性能 **表2-64**

序号	指标 / 试验项目		等级	A类		B类		
				一等品	合格品	优等品	一等品	合格品
1	密度（g/cm^3）			规定值±0.1				
2	适用期（h）			2~6				
3	表干时间（h）		不大于	24				
4	渗出性指数		不大于	4				
5	流变性	下垂度（N型）（mm）	不大于	3				
		流平性（L型）		光滑平整				
6	低温柔性（℃）			-30		-40	-30	
7	拉伸粘接性	最大拉伸强度（MPa）	不小于	1.2	0.8	0.2		
		最大伸长率（%）	不小于	100		400	300	200
8	恢复率（%）		不小于	90		80		
9	拉伸-压缩循环性能	级别		8020	7010	9030	8020	7010
		粘接破坏面积（%）	不大于	25				
10	加热失重（%）		不大于	10		6	10	

注：本表摘自《聚硫建筑密封膏》JC 483—92（1996）。

6．单组分有机硅橡胶密封膏

单组分有机硅橡胶密封膏的技术性能见表2-65。

单组分有机硅橡胶密封膏技术性能 **表2-65**

指标 / 类别 / 项目名称	高模量		中模量	低模量
	醋酸型	醇型	醇型	酰胺型
颜色	透明，白，黑，棕，银灰	透明，白，黑，棕，银灰	白，黑，棕，银灰	
稠度	不流动，不坍塌	不流动，不坍塌	不流动，不坍塌	
操作时间（h）	7~10	20~30	30	
指触干时间（min）	30~60	120		
完全硫化（h）	7	7	2	
拉伸强度（MPa）	2.5~4.5	2.5~4.0	1.5~4.0	1.5~2.5
延伸率（%）	100~200	100~200	200~600	
硬度（邵氏A）	30~60	30~60	15~45	
永久变形率（%）	<5	<5	<5	

注：本表数据为成都有机硅应用研究中心的产品性能。

7．双组分有机硅橡胶密封膏

双组分有机硅橡胶密封膏的技术性能见表2-66。

双组分有机硅橡胶密封膏技术性能　　　　表2-66

项目名称	指标		
	QD231	QD233	X—1
外观	无色透明	白（可调色）	白（可调色）
流动性	流动性好	不流动	不流动
抗拉强度（MPa）	4~5	4~6	1.2~1.8
伸长率（%）	200~250	350~500	400~600
硬度（邵氏A）	40~50	50	
模量	高	高	低
粘附性	良好	良好	良好

注：本表数据为北京化工二厂产品性能。

2.4.5　各类瓦的规格和技术性能

1．烧结瓦

（1）品种

烧结瓦的品种见表2-67。

常用烧结瓦类型及简图　　　　表2-67

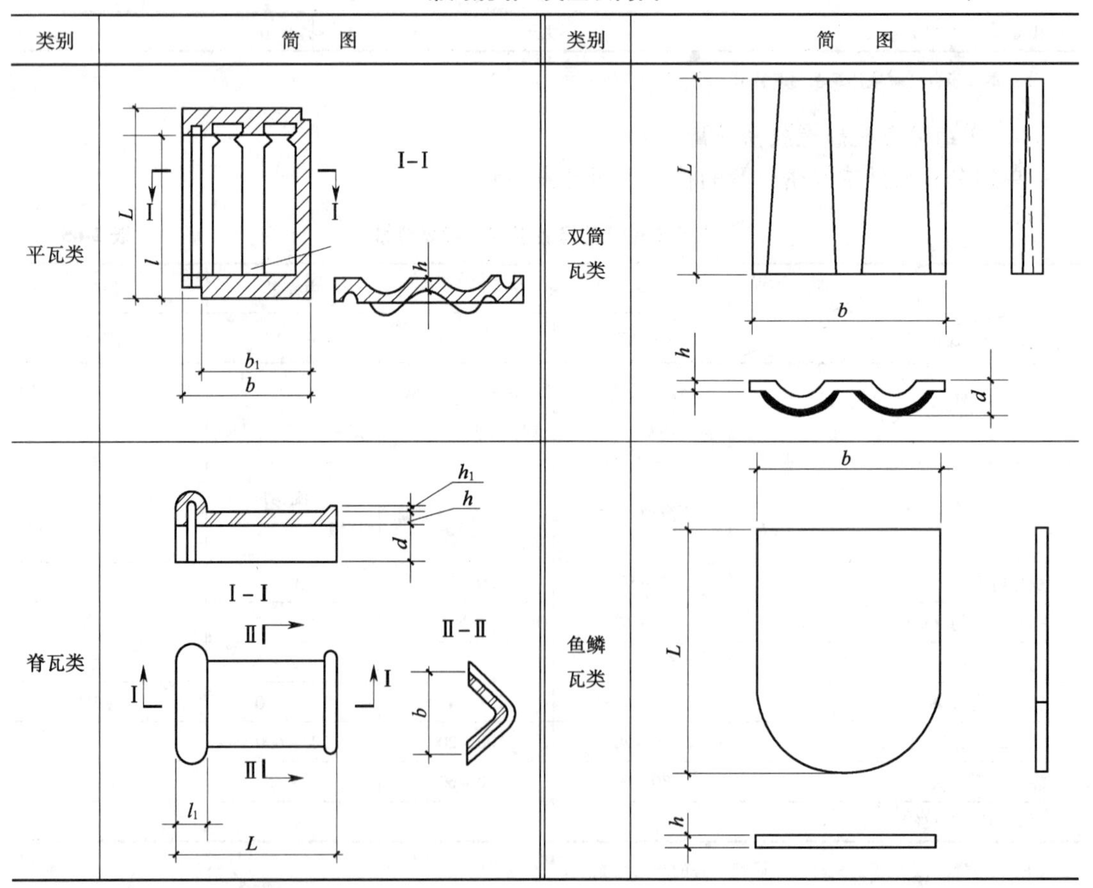

续表

类别	简图	类别	简图
三曲瓦类	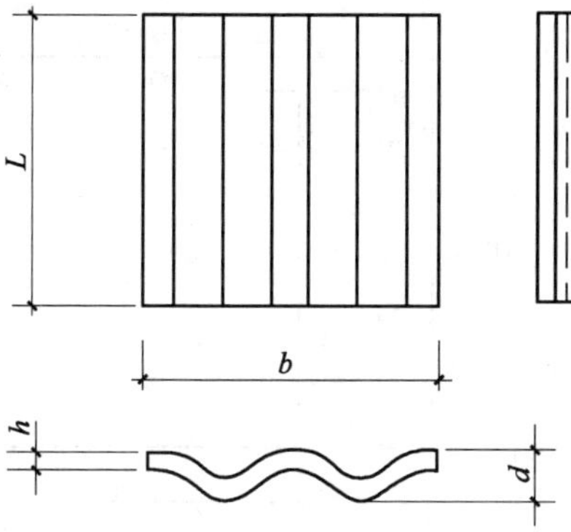	牛舌瓦类	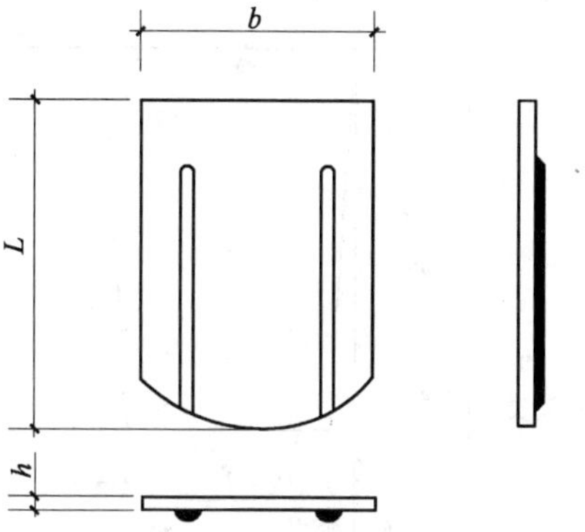
板瓦类	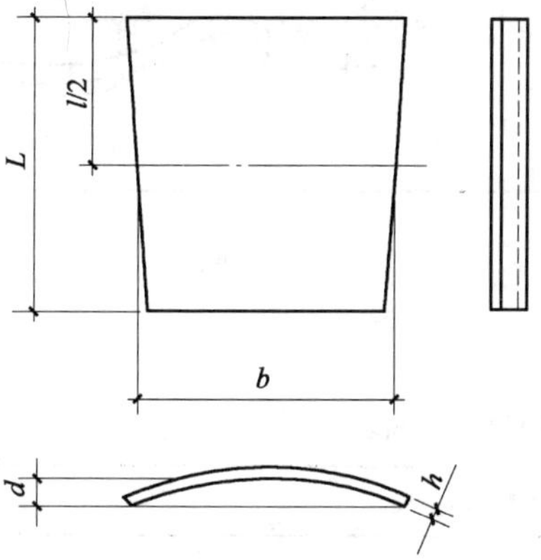	滴水瓦类	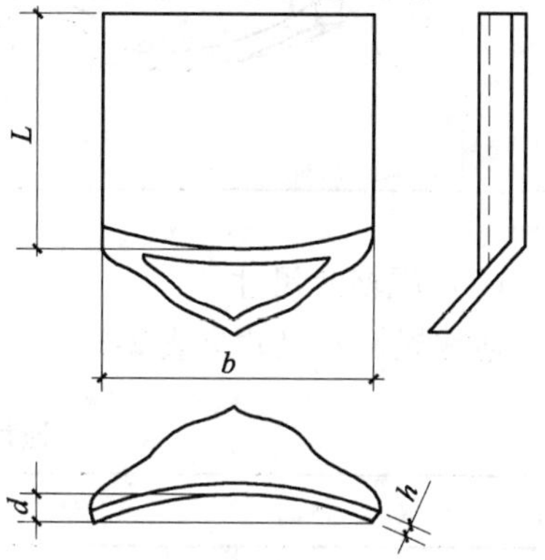
筒瓦类	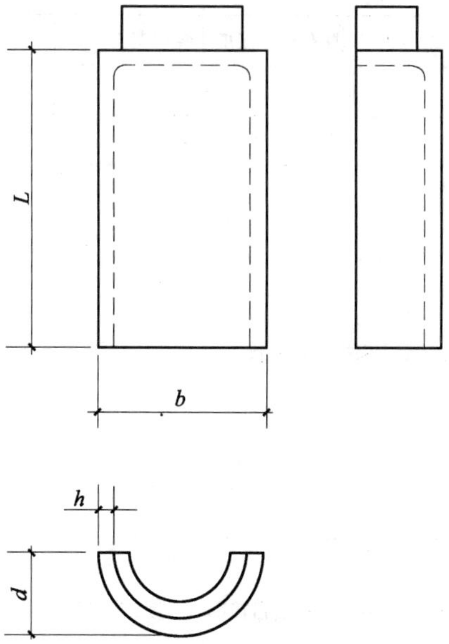	沟头瓦类	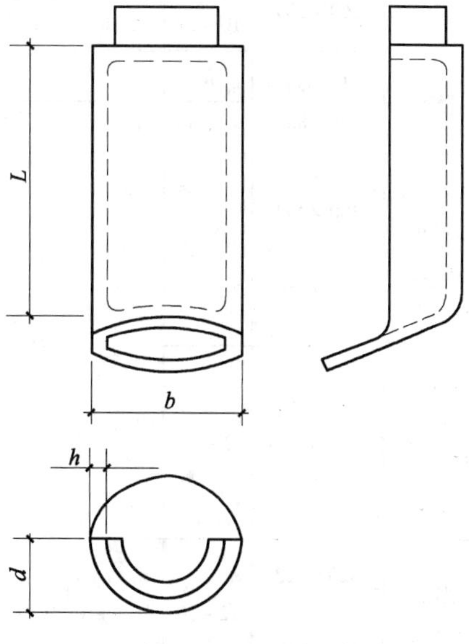

续表

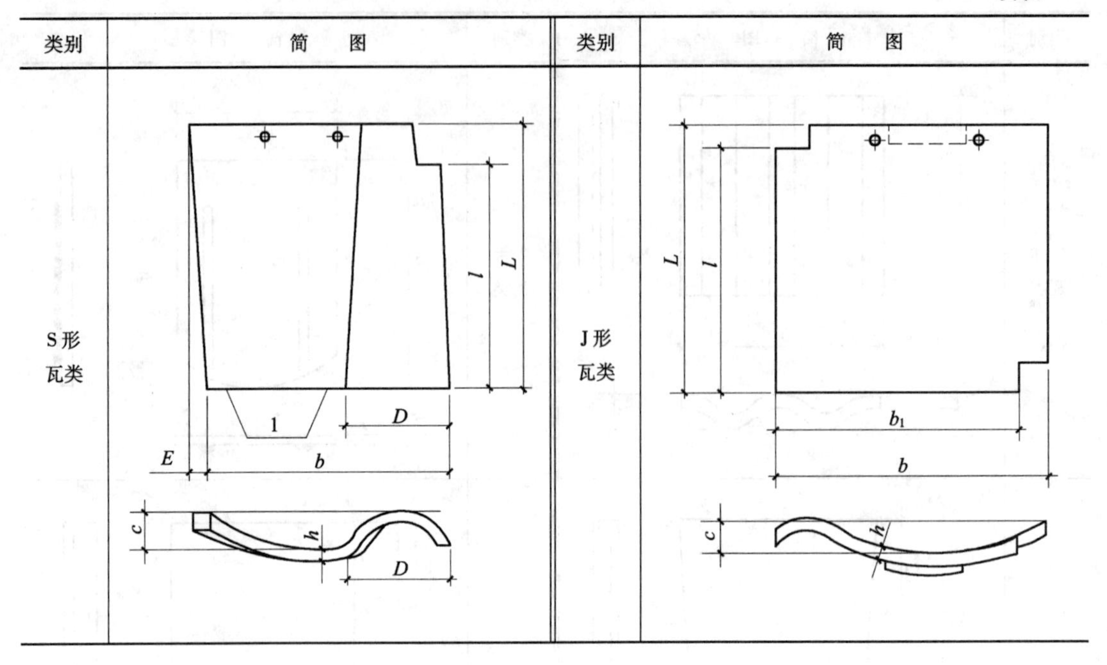

(2) 规格及尺寸

通常规格及尺寸见表2-68。

通常规格及主要结构尺寸(mm) **表2-68**

产品类型	规格	基本尺寸							
		厚度	瓦槽深度	边筋高度	搭接部分长度		瓦爪		
					头尾	内外槽	压制瓦	挤出瓦	后爪有效高度
平瓦	400×240 ~ 360×220	10~20	≥10	≥3	50~70	25~40	具有4个瓦爪	保证两个后爪	≥5
脊瓦	$L \geqslant 300$ $b \geqslant 180$	h	l_1				d		h_1
		10~20	25~35				$>b/4$		≥5
三曲瓦、双筒瓦、鱼鳞瓦、牛舌瓦	300×200 ~ 150×150	8~12	同一品种、规格瓦的曲度或弧度应保持基本一致						
板瓦、筒瓦、滴水瓦、沟头瓦	430×350 ~ 110×50	8~16							
J形瓦、S形瓦	320×320 ~ 250×250	12~20	谷深c≥35,头尾搭接部分长度50~70,左右搭接部分长度30~50						

尺寸允许偏差见表2-69。

尺寸允许偏差（mm）　　　**表2-69**

外形尺寸范围	优等品	一等品	合格品
L（b）≥350	±5	±6	±8
250≤L（b）<350	±4	±5	±7
200≤L（b）<250	±3	±4	±5
L_1（b）<200	±2	±3	±4

（3）外观质量

1）表面质量应符合表2-70的规定。

表 面 质 量　　　**表2-70**

缺 陷 项 目		优等品	一等品	合格品
有釉类瓦	无釉类瓦			
缺釉、斑点、落脏、棕眼、熔洞、图案缺陷、烟熏、釉缕、釉泡、釉裂	斑点、起包、熔洞、麻面、图案缺陷、烟熏	距1m处目测不明显	距2m处目测不明显	距3m处目测不明显
色差、光泽差	色差	距3m处目测不明显		

2）变形：最大允许变形应符合表2-71的规定。

最大允许变形（mm）　　　**表2-71**

产 品 类 别			优等品	一等品	合格品
平瓦　≤			3	4	5
三曲瓦、双筒瓦、鱼鳞瓦、牛舌瓦　≤			2	3	4
脊瓦、板瓦、筒瓦、滴水瓦、沟头瓦、J形瓦、S形瓦　≤	最大外形尺寸	L（b）≥350	6	8	10
		250<L（b）<350	5	7	9
		L（b）≤250	4	6	8

3）裂纹：裂纹长度允许范围应符合表2-72的规定。

裂缝长度允许范围（mm）　　　**表2-72**

产品类别	裂纹分类	优等品	一等品	合 格 品
平　瓦	未搭接部分的贯穿裂纹	不允许		
	边筋断裂	不允许		
	搭接部分的贯穿裂纹	不允许		不得延伸至搭接部分的1/2处
	非贯穿裂纹	不允许	≤30	≤50
脊　瓦	未搭接部分的贯穿裂纹	不允许		
	搭接部分的贯穿裂纹	不允许		不得延伸至搭接部分的1/2处
	非贯穿裂纹	不允许	≤30	≤50

续表

产品类别	裂纹分类	优等品	一等品	合格品
三曲瓦、双筒瓦、鱼鳞瓦、牛舌瓦	贯穿裂纹	不允许		≤5
	非贯穿裂纹	不允许		不得超过对应边长的6%
板瓦、筒瓦、滴水瓦、沟头瓦、J形瓦、S形瓦	未搭接部分的贯穿裂纹	不允许		
	搭接部分的贯穿裂纹	不允许		≤15
	非贯穿裂纹	不允许	≤30	≤50

4）磕碰、釉粘：磕碰、釉粘的允许范围应符合表2-73的规定。

磕碰、釉粘的允许范围（mm） **表2-73**

产品类别	破坏部位	优等品	一等品	合格品
平瓦、脊瓦、板瓦、筒瓦、滴水瓦、沟头瓦、J形瓦、S形瓦	可见面	不允许	破坏尺寸不得同时大于10×10	破坏尺寸不得同时大于15×15
	隐蔽面	破坏尺寸不得同时大于12×12	破坏尺寸不得同时大于18×18	破坏尺寸不得同时大于24×24
三曲瓦、双筒瓦、鱼鳞瓦、牛舌瓦	正面	不允许		
	背面	破坏尺寸不得同时大于5×5	破坏尺寸不得同时大于10×10	破坏尺寸不得同时大于15×15
平瓦	边筋	不允许		残留高度不小于2
	后爪	不允许		残留高度不小于3

5）石灰爆裂：石灰爆裂允许范围应符合表2-74的规定。

石灰爆裂允许范围（mm） **表2-74**

缺陷项目	优等品	一等品	合格品
石灰爆裂	不允许	破坏尺寸不大于5	破坏尺寸不大于8

6）欠火、分层：各等级的瓦均不允许有欠火、分层缺陷存在。

（4）物理性能

1）抗弯曲性能

平瓦、脊瓦类的弯曲破坏荷重不小于1020N；板瓦、筒瓦、滴水瓦、沟头瓦类的弯曲破坏荷重不小于1170N，其中青瓦类的弯曲破坏荷重不小于850N；J形瓦、S形瓦类的弯曲破坏荷重不小于1600N；三曲瓦、双筒瓦、鱼鳞瓦、牛舌瓦类的弯曲强度不小于8.0MPa。

2）抗冻性能

经15次冻融循环不出现剥落、掉角、掉棱及裂纹增加现象。

3）耐急冷急热性

经3次急冷急热循环不出现炸裂、剥落及裂纹延长现象。

此项要求只适用于有釉类瓦。

4）吸水率

有釉类瓦的吸水率不大于 12.0%，无釉类瓦的吸水率不大于 21.0%。

5）抗渗性能

经 3h 瓦背面无水滴产生。

此项要求只适用于无釉类瓦。若其吸水率符合 4）中有釉类瓦的吸水率规定时，取消抗渗性能要求，否则必须进行抗渗试验并符合本条规定。

上述内容摘自《烧结瓦》JC 709—1998。

2. 混凝土瓦

（1）品种及规格

品种：包括有筋槽屋面瓦、无筋槽屋面瓦以及混凝土配件瓦（脊瓦、封头瓦、排水沟瓦、檐口瓦、弯角瓦、三向脊瓦、四向脊瓦）等。

规格：长×宽一般为 420mm×330mm。

允许偏差：屋面瓦和脊瓦的长度允许偏差 ±4mm；宽度允许偏差 ±3mm。

（2）外观

混凝土瓦不允许有裂缝、裂纹（包括龟裂）、孔洞、表面夹杂物；瓦的正表面不允许有高于 5mm 的突出料渣；瓦的外观缺陷不得超过表 2-75 的规定。

混凝土瓦外形缺陷允许范围　　表 2-75

项　目	指　标
掉角　在瓦角上造成的破坏尺寸不得同时大于	10mm
瓦爪残缺	允许一爪有缺，但不大于爪高的 1/3
边筋残缺：边筋坍塌或外槽外缘边筋断裂	不允许
擦边长度不得超过（在瓦面上造成的破坏宽度小于 5mm 者不计）	30mm

（3）物理性能

1）质量偏差

质量不超过 2kg 的瓦，质量偏差应在生产厂家给定值的 ±0.2kg 以内。

质量超过 2kg 的瓦，一等品和合格品的质量偏差应在生产厂家给定值的 ±10% 以内；优等品应在生产厂家给定值的 ±5% 以内。

2）承载力

屋面瓦的承载力标准值应符合表 2-76 的规定。

混凝土屋面瓦的承载力标准值　　表 2-76

<table>
<tr><th colspan="2" rowspan="2">项　目</th><th colspan="6">有筋槽屋面瓦</th><th rowspan="2">无筋槽屋面瓦</th></tr>
<tr><th colspan="4">波型屋面瓦</th><th colspan="2">平屋面瓦</th></tr>
<tr><td colspan="2">瓦脊高度 d（mm）</td><td colspan="2">$d>20$</td><td colspan="2">$20\geqslant d\geqslant 5$</td><td colspan="2">$d<5$</td><td>—</td></tr>
<tr><td colspan="2">遮盖宽度 b_1（mm）</td><td>≥300</td><td>≤200</td><td>≥300</td><td>≤200</td><td>≥300</td><td>≤200</td><td>—</td></tr>
<tr><td rowspan="3">承载力
标准值 F_c（N）</td><td>优等品</td><td>2000</td><td>1400</td><td>1400</td><td>1000</td><td rowspan="3">1200</td><td rowspan="3">800</td><td rowspan="3">550</td></tr>
<tr><td>一等品</td><td>1800</td><td>1200</td><td>1200</td><td>900</td></tr>
<tr><td>合格品</td><td>1500</td><td>1000</td><td>1000</td><td>800</td></tr>
</table>

注：对遮盖宽度在 200～300mm 之间的有筋槽屋面瓦，其承载力标准值应按表中所列的值用线性内插法确定。

3）吸水率

单块混凝土瓦的吸水率应符合表2-77规定。

混凝土瓦的吸水率　　表2-77

项　目	优等品	一等品	合格品
吸水率（%）	≤10		≤12

4）抗渗性能

屋面瓦、脊瓦、排水沟瓦经抗渗性能检验，每块瓦的背面不得出现水滴现象。

5）抗冻性

屋面瓦经抗冻性检验后，应满足承载力和抗渗性能的要求。同时，外观质量应符合《混凝土瓦》（JC 746—1999）的要求且表面涂层不得出现剥落现象。

上述内容摘自JC 746—1999《混凝土瓦》。

3. 油毡瓦

（1）规格和尺寸

油毡瓦的规格为1000mm，333mm，厚度不小于2.8mm，如图2-1。

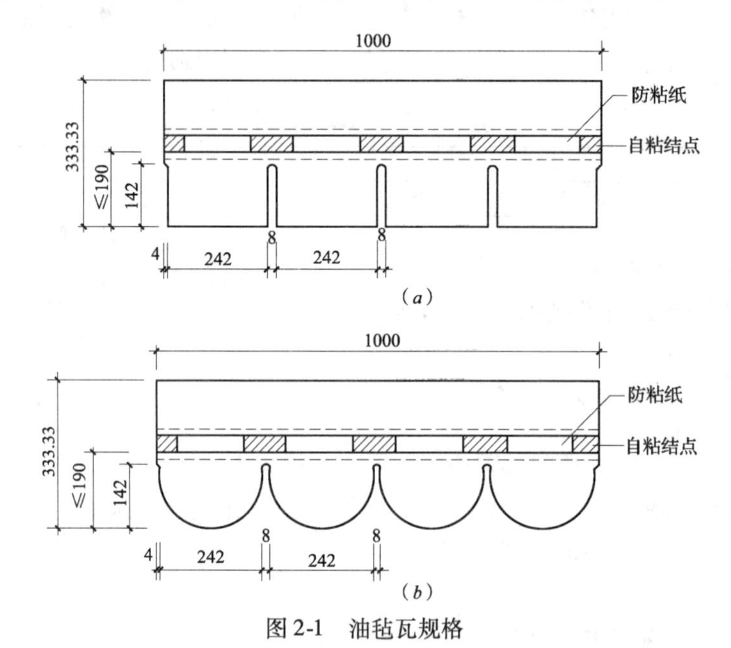

图2-1　油毡瓦规格

（2）油毡瓦的布钉位置（图2-2）

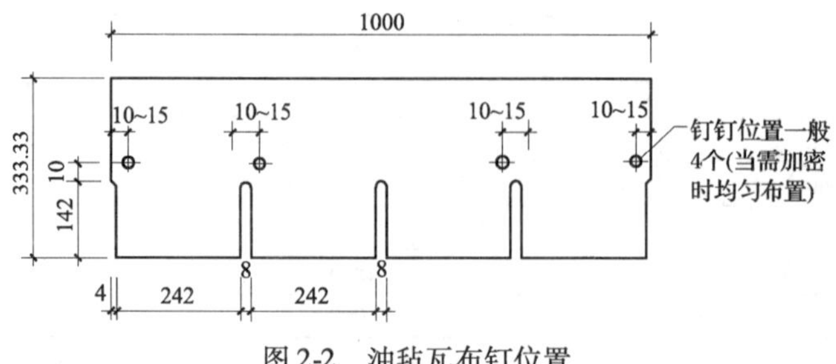

图2-2　油毡瓦布钉位置

（3）物理力学性能（表2-78）

油毡瓦技术性能 **表2-78**

项目	等级	
	优等品	合格品
可溶物含量（g/m^2）	1900	1450
拉力［（25±2）℃纵向］（N）不小于	340	300
耐热度（℃）	85±2	
	受热2h涂盖层应无滑动和集中性气泡	
柔度（℃）不大于	10	
	绕 $r=35$mm 圆棒或弯板无裂纹	

注：本表摘自《油毡瓦》JC 503—92（1996）。

4．聚氯乙烯瓦

（1）规格和重量

1）主瓦的规格为

波形瓦（流畅型）：长×宽×厚：820mm×3000mm×2.5mm

仿古瓦型（典雅型）：长×宽×厚：670mm×3000mm×2.5mm

棱线型（装饰瓦板）：长×宽×厚：210mm×2000mm×2.5mm

2）面积和重量

面积：流畅型——2.46m^2

典雅型——2.01m^2

装饰瓦板型——0.42m^2

重量：3kg/m^2

（2）聚氯乙烯瓦的物理性能（表2-79）

聚氯乙烯瓦的物理性能 **表2-79**

序号	项目		指标
1	拉伸强度（纵/横）（MPa）	≥	22/20
2	断裂伸长率（纵/横）（%）	≥	45/35
3	低温落锤冲击（-10℃，1m，0.5kg）		冲不破
4	高低温反复尺寸变化率（%）	≤	0.15
5	氧指数（%）	≥	40
6	耐燃烧性		FV—0
7	耐钉性		目测无可见裂纹
8	维卡软化温度（℃）	≥	80
9	抗折荷重（N）	≥	1000
10	吸水率（%）	≤	0.15
11	冻融循环		25次无破损、开裂

上述内容摘自 Q/DDX · J · 001—1999《塑料彩瓦》。

2.4.6 各类保温材料的规格和技术性能

1．硬质聚氨酯泡沫塑料

（1）规格：应符合表 2-80 的要求，厚度应符合表 2-81 的要求。

硬质聚氨酯泡沫塑料规格（mm） **表 2-80**

基本尺寸	尺寸偏差	对角线差
<1000	±5	5
1000～2000	±7	7
2000～4000	±10	13
>4000	+不限 -10	—

硬质聚氨酯泡沫塑料厚度（mm） **表 2-81**

<table>
<tr><th>厚　度</th><th>偏　差</th></tr>
<tr><td><50</td><td>±2</td></tr>
<tr><td>50～75</td><td rowspan="2">±3</td></tr>
<tr><td>75～100</td></tr>
<tr><td>>100</td><td>供需双方商定</td></tr>
</table>

（2）外观：板材表面基本平整，无严重凸凹不平。

（3）物理性能：应符合表 2-82 的规定。

硬质聚氨酯泡沫塑料物理性能 **表 2-82**

<table>
<tr><th colspan="5" rowspan="3">指标 / 分类
项　目</th><th colspan="4">类　型</th></tr>
<tr><th colspan="2">Ⅰ</th><th colspan="2">Ⅱ</th></tr>
<tr><th>A</th><th>B</th><th>A</th><th>B</th></tr>
<tr><td colspan="4">密度（kg/m³）</td><td>不小于</td><td>30</td><td>30</td><td>30</td><td>30</td></tr>
<tr><td colspan="4">压缩性能　屈服点时或形变10%时的压缩应力（kPa）</td><td>不小于</td><td>100</td><td>100</td><td>150</td><td>150</td></tr>
<tr><td colspan="4">导热系数［W/（m·K）］</td><td>不大于</td><td>0.022</td><td>0.027</td><td>0.022</td><td>0.027</td></tr>
<tr><td colspan="4">尺寸稳定性（70℃，48h）（%）</td><td>不大于</td><td>5</td><td>5</td><td>5</td><td>5</td></tr>
<tr><td colspan="4">水蒸气透湿系数［（23±2）℃/0%至85%RH］［ng/（Pa·m·s）］</td><td>不大于</td><td colspan="2">6.5</td><td colspan="2">6.5</td></tr>
<tr><td colspan="4">吸水率 V/V（%）</td><td>不大于</td><td colspan="2">4</td><td colspan="2">3</td></tr>
<tr><td rowspan="5">燃烧性</td><td rowspan="2">1级</td><td rowspan="2">垂直燃烧法</td><td>平均燃烧时间（s）</td><td>不大于</td><td colspan="2">30</td><td colspan="2">30</td></tr>
<tr><td>平均燃烧高度（mm）</td><td>不大于</td><td colspan="2">250</td><td colspan="2">250</td></tr>
<tr><td rowspan="2">2级</td><td rowspan="2">水平燃烧法</td><td>平均燃烧时间（s）</td><td>不大于</td><td colspan="2">90</td><td colspan="2">90</td></tr>
<tr><td>平均燃烧范围（mm）</td><td>不大于</td><td colspan="2">50</td><td colspan="2">50</td></tr>
<tr><td>3级</td><td colspan="3">非阻燃型</td><td colspan="2">无要求</td><td colspan="2">无要求</td></tr>
</table>

上述内容摘自《建筑物隔热用硬质聚氨酯泡沫塑料》GB 10800—89。

2. 膨胀珍珠岩绝热制品

(1) 品种和形状

1) 按产品密度分为200号、250号、350号。

2) 按产品有无憎水性分为普通型和憎水型（用Z表示）。

3) 产品按用途分为建筑物用膨胀珍珠岩绝热制品（用J表示）；设备及管道、工业炉窑用膨胀珍珠岩绝热制品（用S表示）。

4) 形状按制品外形分为平板（用P表示）、弧形板（用H表示）和管壳（用G表示）。

5) 等级膨胀珍珠岩绝热制品按质量分为优等品（用A表示）和合格品（用B表示）。

(2) 尺寸、尺寸偏差及外观质量

1) 尺寸

a) 平板：长度400mm ~ 600mm；宽度200mm ~ 400mm；厚度40mm ~ 100mm。

b) 弧形板：长度400mm ~ 600mm；内径 > 1000mm；厚度40mm ~ 100mm。

c) 管壳：长度400mm ~ 600mm；内径57mm ~ 1000mm；厚度40mm ~ 100mm。

d) 特殊规格的产品可按供需双方的合同执行，但尺寸偏差及外观质量应符合表2-83的规定。

2) 膨胀珍珠岩绝热制品的尺寸偏差及外观质量应符合表2-83的要求。

尺寸偏差及外观质量 **表2-83**

项目		指标			
		平板		弧形板、管壳	
		优等品	合格品	优等品	合格品
尺寸允许偏差	长度（mm）	±3	±5	±3	±5
	宽度（mm）	±3	±5	—	—
	内径（mm）	—	—	+3 +1	+5 +1
	厚度（mm）	+3 −1	+5 −2	+3 −1	+5 −2
外观质量	垂直度偏差（mm）	≤2	≤5	≤5	≤8
	合缝间隙（mm）	—	—	≤2	≤5
	裂纹	不允许			
	缺棱掉角	优等品：不允许。 合格品：1. 三个方向投影尺寸的最小值不得大于10mm，最大值不得大于投影方向边长的1/3 2. 三个方向投影尺寸的最小值不大于10mm、最大值不大于投影方向边长1/3的缺棱掉角总数不得超过4个 注：三个方向投影尺寸的最小值不大于3mm的棱损伤不作为缺棱，最小值不大于4mm的角损伤不作为掉角			
	弯曲度（mm）	优等品：≤3，合格品：≤5			

（3）物理性能

1）膨胀珍珠岩绝热制品的物理性能应符合表2-84的规定。

物理性能要求 **表2-84**

项目		指标				
		200号		250号		350号
		优等品	合格品	优等品	合格品	合格品
密度（kg/m^3）		≤200		≤250		≤350
导热系数 W/（m·K）	298K±2K	≤0.060	≤0.068	≤0.068	≤0.072	≤0.087
	623K±2K（S类要求此项）	≤0.10	≤0.11	≤0.11	≤0.12	≤0.12
抗压强度（MPa）		≥0.40	≥0.30	≥0.50	≥0.40	≥0.40
抗折强度（MPa）		≥0.20	—	≥0.25	—	—
质量含水率（%）		≤2	≤5	≤2	≤5	≤10

2）S类产品923K（650℃）时的匀温灼烧线收缩率应不大于2%，且灼烧后无裂纹。

3）憎水型产品的憎水率应不小于98%。

4）当膨胀珍珠岩绝热制品用于奥氏体不锈钢材料表面绝热时，其浸出液的氯离子、氟离子、硅酸根离子、钠离子含量应符合GB/T 17393的要求。

5）掺有可燃性材料的产品，用户有不燃性要求时，其燃烧性能级别应达到GB 8624中规定的A级（不燃材料）。

以上内容摘自《膨胀珍珠岩绝热制品》GB/T 10303—2001。

3. 膨胀蛭石制品

（1）品种和形状

1）品种：按胶粘剂不同分为：水泥膨胀蛭石制品；水玻璃膨胀蛭石制品；沥青膨胀蛭石制品。

2）型式按制品外形分为板、砖、管壳、异形砖。

3）公称尺寸

砖　230mm×113mm×65mm；240mm×115mm×53mm。

板　长度：200，250，300，400mm；

　　宽度：200，250，300，500mm；

　　厚度；40，50，60，65，70，80，100，120，150，200mm。

4）标记顺序为产品名称；品种、型式、长度×宽度（内径）×厚度；标准号。

5）胶粘剂为水泥、水玻璃、沥青，依次用S、B、L表示；平板、砖用P表示；管壳用G表示。

（2）物理性能

水泥膨胀蛭石制品的物理性能指标应符合表2-85的规定。

物理性能指标　　表2-85

项目 \ 指标 \ 等级		优等品	一等品	合格品
压缩强度（MPa）	≥	0.4	0.4	0.4
密度（kg/m^3）	≤	350	480	550
含水率（%）	≤	4	5	6
导热系数（平均温度25±5℃）（W/m·K）	≤	0.090	0.112	0.142

水玻璃膨胀蛭石制品、沥青膨胀蛭石制品的各项物理性能指标由供需双方协议确定。

(3) 外观质量和尺寸允许偏差

板、砖的外观质量与尺寸允许偏差应符合表2-86的规定。

外观质量与尺寸允许偏差　　表2-86

项目			产品等级		
			优等品	一等品	合格品
外形尺寸	长度（mm）		±3	±4	±5
	宽度（mm）		±3	±4	±5
	厚度（mm）		±3	±4	±5
	对角线之差（mm）	≤	6	8	10
棱边弯曲（mm）		≤	2	3	4
面的平整度（mm）		≤	2	3	4
缺棱缺角	长度（mm）	≤	30	40	50
	深度（mm）	≤	10	15	20
	缺棱个数		1	2	3
	缺角个数		1	2	3
裂缝	长度（mm）	≤	100	150	200
	条数		1	2	3
	其他		贯穿裂缝不允许		

上述内容摘自《膨胀蛭石制品》JC 442—91。

4. 泡沫玻璃

(1) 规格及代号

平板：代号P

密度：≤150kg/m^3　　代号150

151~180kg/m^3　　代号180

制品常用规格尺寸：

长度：300mm、400mm、500mm
宽度：200mm、250mm、300mm、350mm、400mm
厚度：40mm、50mm、60mm、70mm、80mm、90mm、100mm
（2）外观
长度允许偏差：±4mm
宽度允许偏差：±4mm
厚度允许偏差：+3mm
对角线差：5mm
最大弯曲值：5mm
不得有对其应用有不良影响的可见缺陷。
（3）物理性能
物理性能应符合表2-87的规定。

泡沫玻璃物理性能 **表2-87**

项目	分类	150			180	
	等级	优等	一等	合格	一等	合格
密度（kg/m^3）	最大值	150	150	150	180	180
抗压强度（MPa）	最小值	0.5	0.4	0.3	0.5	0.4
抗折强度（MPa）	最小值	0.4	0.4	0.4	0.5	0.5
吸水率体积（%）	最大值	0.5	0.5	0.5	0.5	0.5
透湿系数［ng/（Pa·s·m）］	最大值	0.007	0.007	0.05	0.007	0.05
导热系数［W/（m·k）］ 最大值 平均温度						
308K（35℃）		0.058	0.062	0.066	0.062	0.066
213K（-40℃）		0.046	0.050	0.054	0.050	0.054

上述内容摘自JC/T 647—1996《泡沫玻璃绝热制品》。
5. 绝热用模塑聚苯乙烯泡沫塑料
（1）分类
1）绝热用模塑聚苯乙烯泡沫塑料按密度分为Ⅰ、Ⅱ、Ⅲ、Ⅳ、Ⅴ、Ⅵ类，其密度范围见表2-88。

绝热用模塑聚苯乙烯泡沫塑料密度范围（kg/m^3） **表2-88**

类别	密度范围	类别	密度范围
Ⅰ	≥15～<20	Ⅳ	≥40～<50
Ⅱ	≥20～<30	Ⅴ	≥50～<60
Ⅲ	≥30～<40	Ⅵ	≥60

2）绝热用模塑聚苯乙烯泡沫塑料分为阻燃型和普通型。

（2）规格尺寸和允许偏差

规格尺寸由供需双方商定，允许偏差应符合表2-89的规定。

规格尺寸和允许偏差（mm）　　表2-89

长度、宽度尺寸	允许偏差	厚度尺寸	允许偏差	对角线尺寸	对角线差
<1000	±5	<50	±2	<1000	5
1000～2000	±8	50～75	±3	1000～2000	7
>2000～4000	±10	>75～100	±4	>2000～4000	13
>4000	正偏差不限，-10	>100	供需双方决定	>4000	15

（3）外观要求

1）色泽：均匀，阻燃型应掺有颜色的颗粒，以示区别。

2）外形：表面平整，无明显收缩变形和膨胀变形。

3）熔结：熔结良好。

4）杂质：无明显油渍和杂质。

（4）物理性能

物理机械性能应符合表2-90要求。

物理机械性能　　表2-90

项目			单位	性能指标					
				Ⅰ	Ⅱ	Ⅲ	Ⅳ	Ⅴ	Ⅵ
表观密度		不小于	kg/m^3	15.0	20.0	30.0	40.0	50.0	60.0
压缩强度		不小于	kPa	60	100	150	200	300	400
导热系数		不大于	W/（m·K）	0.041		0.039			
尺寸稳定性		不大于	%	4	3	2	2	2	1
水蒸气透过系数		不大于	ng/（Pa·m·s）	6	4.5	4.5	4	3	2
吸水率（体积分数）		不大于	%	6	4	2			
熔结性①	断裂弯曲负荷	不小于	N	15	25	35	60	90	120
	弯曲变形	不小于	mm	20			—		
燃烧性能②	氧指数	不小于	%	30					
	燃烧分级		达到B_2级						

① 断裂弯曲负荷或弯曲变形有一项能符合指标要求即为合格。

② 普通型聚苯乙烯泡沫塑料板材不要求。

以上内容摘自《绝热用模塑聚苯乙烯泡沫塑料》GB/T 10801.1—2002。

6. 绝热用挤塑聚苯乙烯泡沫塑料

（1）分类

1）按制品压缩强度p和表皮分为以下十类。

a）X150—$p \geq 150$kPa，带表皮；

b）X200—$p \geq 200$kPa，带表皮；

c）X250—$p \geq 250$kPa，带表皮；

d）X300—*p*≥300kPa，带表皮；
e）X350—*p*≥350kPa，带表皮；
f）X400—*p*≥400kPa，带表皮；
g）X450—*p*≥450kPa，带表皮；
h）X500—*p*≥500kPa，带表皮；
i）W200—*p*≥200kPa，不带表皮；
j）W300—*p*≥300kPa，不带表皮。
注：其他表面结构的产品，由供需双方商定。
2）按制品边缘结构分为以下四种。见图 2-3。

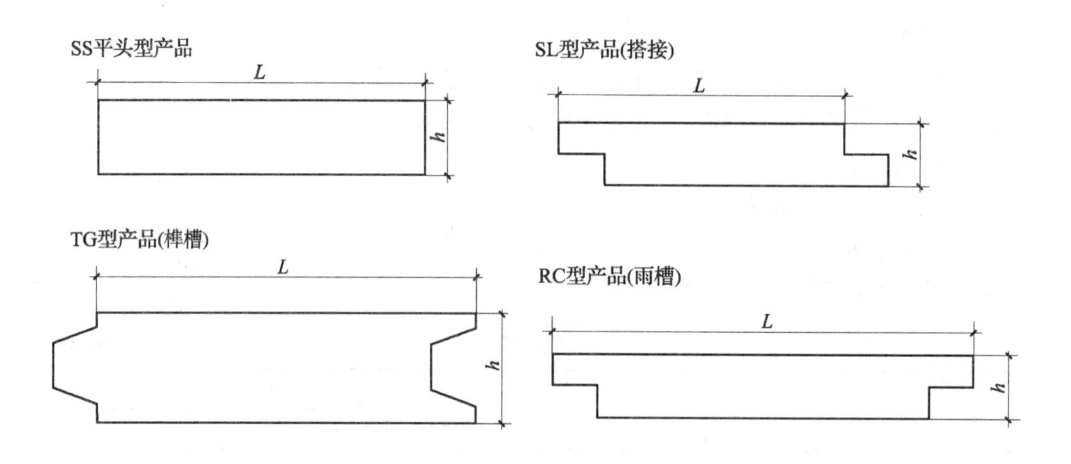

图 2-3　边缘结构形式

（2）规格尺寸、允许偏差和外观质量
1）规格尺寸
产品主要规格尺寸见表 2-91，其他规格由供需双方商定。

规格尺寸（mm）　　**表 2-91**

长　度	宽　度	厚　度
L		*h*
1200，1250，2450，2500	600，900，1200	20，25，30，40，50，75，100

2）允许偏差
允许偏差应符合表 2-92 的规定。

允许偏差（mm）　　**表 2-92**

长度和宽度 *L*		厚度 *h*		对角线差	
尺寸 *L*	允许偏差	尺寸 *h*	允许偏差	尺寸 *T*	对角线差
L<1000 1000≤*L*<2000 *L*≥2000	±5 ±7.5 ±10	*h*<50 *h*≥50	±2 ±3	*T*<1000 1000≤*T*<2000 *T*≥2000	5 7 13

3）外观质量

产品表面平整，无夹杂物，颜色均匀。不应有明显影响使用的可见缺陷，如起泡、裂口、变形等。

（3）物理机械性能

产品的物理机械性能应符合表2-93的规定。

物理机械性能 **表2-93**

<table>
<tr><th colspan="2" rowspan="3">项　目</th><th rowspan="3">单　位</th><th colspan="10">性　能　指　标</th></tr>
<tr><th colspan="8">带　表　皮</th><th colspan="2">不带表皮</th></tr>
<tr><th>X150</th><th>X200</th><th>X250</th><th>X300</th><th>X350</th><th>X400</th><th>X450</th><th>X500</th><th>W200</th><th>W300</th></tr>
<tr><td colspan="2">压缩强度</td><td>kPa</td><td>≥150</td><td>≥200</td><td>≥250</td><td>≥300</td><td>≥350</td><td>≥400</td><td>≥450</td><td>≥500</td><td>≥200</td><td>≥300</td></tr>
<tr><td colspan="2">吸水率，浸水96h</td><td>%（体积分数）</td><td colspan="2">≤1.5</td><td colspan="6">≤1.0</td><td>≤2.0</td><td>≤1.5</td></tr>
<tr><td colspan="2">透湿系数，23℃±1℃，RH50%±5%</td><td>ng/（m·s·Pa）</td><td colspan="2">≤3.5</td><td colspan="3">≤3.0</td><td colspan="3">≤2.0</td><td>≤3.5</td><td>≤3.0</td></tr>
<tr><td rowspan="2">绝热性能</td><td>热阻
厚度25mm时
平均温度
10℃
25℃</td><td>（m²·K）/W</td><td colspan="5">≥0.89
≥0.83</td><td colspan="3">≥0.93
≥0.86</td><td>≥0.76
≥0.71</td><td>≥0.83
≥0.78</td></tr>
<tr><td>导热系数
平均温度
10℃
25℃</td><td>W/（m·K）</td><td colspan="5">≤0.028
≥0.030</td><td colspan="3">≤0.027
≤0.029</td><td>≤0.033
≤0.035</td><td>≤0.030
≤0.032</td></tr>
<tr><td colspan="2">尺寸稳定性，70℃±2℃下，48h</td><td>%</td><td colspan="2">≤2.0</td><td colspan="3">≤1.5</td><td colspan="3">≤1.0</td><td>≤2.0</td><td>≤1.5</td></tr>
</table>

（4）燃烧性能

按GB/T 8626进行检验，按GB 8624分级应达到B_2。

以上内容摘自《绝热用挤塑聚苯乙烯泡沫塑料》（XPS）GB/T 10801.2—2002。

7. 现喷硬质发泡聚氨酯

现喷硬质发泡聚氨酯的物理力学性能见表2-94。

防水保温硬质发泡聚氨酯的物理力学性能 **表2-94**

<table>
<tr><th>序号</th><th colspan="2">项 目 名 称</th><th>性能要求</th></tr>
<tr><td>1</td><td colspan="2">密度（kg/m³）</td><td>≥40</td></tr>
<tr><td>2</td><td colspan="2">抗压强度（MPa）</td><td>≥0.2</td></tr>
<tr><td>3</td><td colspan="2">不透水性　压力≥0.1MPa　保持时间≥30min</td><td>不透水</td></tr>
<tr><td>4</td><td colspan="2">吸水率（%）</td><td>≤1</td></tr>
<tr><td>5</td><td colspan="2">延伸率（%）</td><td>≥5</td></tr>
<tr><td>6</td><td colspan="2">导热系数［W/（m·K）］</td><td>≤0.024</td></tr>
<tr><td rowspan="2">7</td><td rowspan="2">尺寸稳定性（%）</td><td>-30℃　24h</td><td>≤2</td></tr>
<tr><td>70℃　48h</td><td>≤2</td></tr>
<tr><td rowspan="2">8</td><td rowspan="2">燃烧性（水平燃烧法）</td><td>平均燃烧时间（s）</td><td>≤90</td></tr>
<tr><td>平均燃烧范围（mm）</td><td>≤50</td></tr>
</table>

注：本表摘自山东省标准《现场喷涂硬质发泡聚氨酯屋面防水保温工程技术规程》DBJ 14—BJ 13—2001。

3 基本规定

3.0.1 屋面防水等级和设防要求

关于屋面防水等级和设防要求的规定，曾于1994年在《屋面工程技术规范》GB 50207—94的第3.0.1条中首次提出。在2002年编制《屋面工程质量验收规范》GB 50207—2002时，考虑到质量验收规范是以验收为主，但作为工程质量来说，应该知道屋面防水等级和设防要求的内容，所以仅将“防水层耐用年限”改为“防水层合理使用年限”外，未进行其他改动。

这次制订《屋面工程技术规范》GB 50345—2004时，考虑到屋面防水等级和设防要求是屋面工程设计的最基本的规定，而且根据防水材料的发展和有关政府部门近期出台的一些对防水材料的规定，在“2004规范”第3.0.1条中作了较大的变动。具体变化的内容和改变的理由如下：

1. 在《质量验收规范》GB 50207—2002中，没有列为强制性条文。本次制定《技术规范》GB 50345—2004时考虑到：表3.0.1是屋面工程设计的重要依据，是对设计人员进行屋面工程设计时的硬性规定，必须强制执行。

2. 为了便于设计人员进行屋面工程设计，将“设防构造”的位置移到上面。也可以这样理解，即“建筑物类别”“防水层合理使用年限”、“设防要求”必须是强制性执行的。至于“防水层选用材料”是有一定选择性的。(如用宜字)

3. 表3.0.1的注1：因为煤沥青和煤焦油等材料属于有毒性的材料，污染环境，危害人体健康，现已禁止在建筑工程中使用，所以本规范中的“沥青防水卷材”均系指石油沥青防水卷材，不包括煤沥青和煤焦油等防水材料。

4. 表3.0.1的注2：沥青复合胎柔性防水卷材：复合胎的弊病已如前述，但因此种胎体价格便宜，已成为众多伪劣防水卷材厂家的首选胎体，该产品大量冒充APP、SBS改性沥青防水卷材，并且全部单层施工，给防水工程带来了极大的危害。为此在此强调这种卷材等同石油沥青纸胎油毡，系限制使用材料，不得用于防水等级为Ⅰ、Ⅱ的屋面工程，在Ⅲ级屋面上使用时，必须三层叠加才能构成一道防水层。

5. 表3.0.1的注3：金属板材屋面，近年来发展较快，板材的材料品种，细部做法等也越来越多。应该说，板材本身是不会渗漏的，但是板材屋面的“接缝”及节点部位，常常是导致渗漏的薄弱环节，在工程实践中板缝渗漏的例子还是不少的，所以在此特别强调，在Ⅰ、Ⅱ级屋面防水设防中，如果仅作一道板材时，则应有符合技术要求的处理措施。

3.0.2 如何编制屋面防水工程施工方案

在“2004规范”第3.0.3条中提出：“施工单位应编制屋面工程的施工方案或技术措施”。那么应如何进行屋面防水工程施工方案的编制，其编制依据有哪些，方案具体包括哪些主要内容。

1．编制屋面防水工程施工方案的依据是：

（1）国家标准《屋面工程质量验收规范》（GB 50207—2002），有关防水方面的行业标准、地方标准，以及各地区的屋面防水标准图集等。

（2）屋面工程设计图纸、设计要求，所用防水材料的技术经济指标和特点。

（3）屋面防水等级、防水层合理使用年限、建筑物的重要程度、特殊部位的处理要求等。

（4）了解屋面结构层的构造，屋面结构的刚度情况，能否导致屋面防水层产生变形或开裂。

（5）现场的环境条件和屋面防水工程预计施工的时间、气温等，如冬季、雨季施工的影响等。

（6）已进场的防水材料质量情况，出厂合格证和技术性能指标，检验部门的认证材料，进场防水材料抽样复验的测试报告。

（7）玛琋脂的配合比试验报告；多组分防水涂料的配合比和试验报告；各种防水混凝土的配合比及外加剂的最佳掺量。

（8）有关该种类型防水工程设计和防水工程施工方案及施工技术的参考性文献资料。

2．编制屋面防水工程施工方案时，一般应包括以下内容：

（1）工程情况

1）整个工程简况：工程名称、所在地、施工单位、设计单位、建筑面积、屋面防水面积、工期要求；

2）屋面防水等级、防水层构造层次、设防要求、防水材料选用、建筑类型和结构特点、防水层合理使用年限等；

3）屋面防水材料的种类和技术指标要求；

4）需要规定或说明的其他问题。

（2）质量工作目标

1）屋面防水工程施工的质量保证体系；

2）屋面防水工程施工的具体质量目标；

3）屋面防水工程各道工序施工的质量预控标准；

4）防水工程质量的检验方法与验收；

5）有关防水工程的施工记录和归档资料内容与要求。

（3）施工组织与管理

1）明确该项屋面防水工程施工的组织者和负责人；

2）负责具体施工操作的班组及其资质；

3）屋面防水工程分工序、分层次检查的规定和要求；

4）防水工程施工技术交底的要求；

5）现场平面布置图：如防水材料堆放、油锅位置、运输道路等；

6）屋面工程施工的分工序、分阶段的施工进度计划。

（4）防水材料及其使用

1）所用防水材料的名称、类型、品种；

2）防水材料的特性和各项技术经济指标，施工注意事项；

3）防水材料的质量要求，抽样复试要求，施工用的配合比设计；
4）所用防水材料运输、贮存的有关规定；
5）所用防水材料的使用注意事项。
（5）施工操作技术
1）屋面防水工程施工准备工作，如室内资料准备、施工工具准备等；
2）防水层的施工程序和针对性的技术措施；
3）基层处理和具体要求；
4）屋面防水工程的各种节点处理做法要求；
5）确定防水层的施工工艺和做法：如采用满粘法、条粘法、点粘法、空铺法、热熔法、冷粘法等；
6）所选定施工工艺的特点和具体的操作方法；
7）施工技术要求：如玛𤥂脂的熬制温度、配合比控制、铺设厚度、卷材铺粘方向、搭接缝宽度及封缝处理等；
8）防水层施工的环境条件和气候要求；
9）防水层施工中与相关工序之间的交叉衔接要求；
10）有关成品保护的规定。
（6）安全注意事项
1）操作时的人身安全、劳动保护和防护设施；
2）防火要求、现场点火制度、消防设备的设置等；
3）加热熬制时的燃烧监控、火患隔离措施、消防道路等；
4）其他有关防水施工操作安全的规定。

3.0.3 各种防水屋面的施工气候条件

在《屋面工程技术规范》GB 50345—2004 的有关条文中，对各种防水屋面施工时的气候条件和环境温度都做出了明确的规定，见表 3-1。施工单位在编制施工方案时，应充分考虑施工时的气候条件，并根据“气象预报”，选择气候条件和温度情况最合适施工的时间。

各种防水屋面施工气候条件 **表 3-1**

类别	屋面种类	施工气候条件	施工时气温	备 注
卷材防水屋面	沥青防水卷材	雨天、雪天严禁施工、五级风及其以上不得施工	低于5℃不宜施工	
	高聚物改性沥青防水卷材	雨天、雪天严禁施工、五级风及其以上不得施工	低于5℃不宜施工	热熔法施工气温不宜低于－10℃
	合成高分子防水卷材	雨天、雪天严禁施工、五级风及其以上不得施工	低于5℃不宜施工	焊接法施工气温不宜低于－10℃

续表

类别	屋面种类	施工气候条件	施工时气温	备　注
涂膜防水屋面	高聚物改性沥青防水涂膜	雨天、雪天严禁施工、五级风及其以上不得施工	溶剂型 -5 ~ 35℃ 水乳型 5 ~ 35℃ 热熔型不宜低于 -10℃	
	合成高分子防水涂膜	雨天、雪天严禁施工、五级风及其以上不得施工	溶剂型 -5 ~ 35℃ 乳胶型 5 ~ 35℃ 反应型 5 ~ 35℃	
	聚合物水泥防水涂膜	雨天、雪天严禁施工、五级风及其以上不得施工	宜为 5 ~ 35℃	
刚性防水屋面	普通细石混凝土防水层 补偿收缩混凝土防水层 钢纤维混凝土防水层	避免在负温度或烈日下施工	宜为 5 ~ 35℃	
屋面接缝密封防水	改性石油沥青密封防水	雨天、雪天严禁施工、五级风及其以上不得施工	宜为 0 ~ 35℃	
	合成高分子密封防水	雨天、雪天严禁施工、五级风及其以上不得施工	溶剂型 -5 ~ 35℃ 乳胶型 5 ~ 35℃ 反应固化型 5 ~ 35℃	
屋面保温层	干铺保温层	雨天、雪天严禁施工、五级风及其以上不得施工	可在负温度下施工	
	胶粘剂粘贴板状保温层	雨天、雪天严禁施工、五级风及其以上不得施工	低于 -10℃ 不宜施工	
	水泥砂浆粘贴板状保温层	雨天、雪天严禁施工、五级风及其以上不得施工	低于 5℃ 不宜施工	
	整体现喷硬质聚氨酯泡沫塑料	风力不宜大于三级，相对湿度不宜小于 85%	15 ~ 30℃	
瓦屋面	烧结瓦，混凝土瓦	雨天、雪天严禁施工、五级风及其以上不得施工		
	油毡瓦	雨天、雪天严禁施工、五级风及其以上不得施工	宜为 5 ~ 35℃	

3.0.4　必须确保防水材料质量

在“2004 规范”3.0.6 条中对产品质量的检测、控制提出了严格的要求，明确要求所用的防水材料除具有产品合格证外，还必须是经过各省、自治区、直辖市建设行政主管部门所指定的检测单位抽样检验合格认证的产品。其目的就是控制进入“市场”的材料，质量必须符合有关国家标准或行业标准的要求。

为防止有的厂家用优质防水材料去做检验，以取得合格证，而将劣质防水材料供应“现场”，所以本条规定对进入现场的防水材料，应按进场数量多少，抽样进行外观质量检验，在外观质量合格的卷材中，任取一卷作物理性能复试。这样才能较有效的防止不合格的材料流入“现场”。

那么为什么在《屋面工程质量验收规范》GB 50207—2002 中将其列为强制性条文，而在《屋面工程技术规范》GB 50345—2004 中仅将其列为非强制性条文呢？这是因为设计人员是按 GB 50345—2004 的规定，在屋面工程设计图中明确规定所用防水材料的品种、规格和设计要求，但设计人员不会去检查材料的合格证或进行现场抽样复试，所以在具有设计内容的规范中未订为强制性条文。而在 GB 50207—2002 中，主要是对工程质量的检查验收，譬如对已进现场的防水材料，则要求由施工人员、监理按规定去核验材料质量合格证及进行现场抽样复试，将防水材料的质量具体落实到屋面工程上，而这一点又往往被现场施工人员所忽视，甚至出现将不合格的防水材料使用到屋面工程上。所以，为确保屋面防水工程的质量，体现“材料是基础”，这一屋面防水工程综合治理的原则，把好防水材料的质量关就十分重要，因此必须在施工中强制执行。

3.0.5 关于推广应用新技术

在原《屋面工程技术规范》GB 50207—94 中的第 4.2.3 条，点出了“其他类型的合成高分子防水卷材，当在屋面防水工程中使用时，应有成果鉴定证明和产品质量标准，并经屋面工程实践检验，符合防水功能要求”，编制组认为，这样只对新出现的合成高分子卷材提出要求，没有包括其他防水卷材、防水涂料等屋面防水新材料，所以不够全面。

根据建设部 109 号令《建设领域推广应用新技术管理规定》的精神，明确规定在屋面工程中推广应用新技术和限制、禁止使用落后技术。所以在“2004 规范”第 3.0.9 条中强调对采用性能、质量可靠的新型防水材料和相应的施工技术等科技成果，必须经过科技成果鉴定、评估或新产品、新技术鉴定，并制定相应的技术标准，同时强调新技术需经屋面工程实践检验符合有关安全及使用功能要求的才能得到推广应用。

这样就不单是对防水卷材，而是对所有在屋面工程中使用的新型防水材料的推广应用提出了要求，故将其修改完善后移入基本规定中，这就有利于新材料、新工艺、新技术、新产品的推广应用。

3.0.6 做好屋面工程的管理维护

本条在《屋面工程技术规范》GB 50207—94 中是第 10 章“工程验收和管理维护”。考虑到工程验收已有专门的《屋面工程质量验收规范》GB 50207—2002，故在“2004 规范”中已不需要再保留。而管理维护，是延长防水层使用年限基本保证。但是一些单位对屋面工程的维护管理工作重视不够，如屋面长期无人清理，排水沟、水落口堵塞，屋面长期积水或杂草丛生，有的则在屋面上安装各类支架而人为的将防水层破坏，导致屋面工程渗漏，所以，这次制定规范时，将 GB 50207—94 中的“10.4 管理维护”一节删去，而将其归纳为一条，列入“2004 规范”的“基本规定”中，成为 3.0.10 条。

4 屋面工程设计

多年以来，由于在屋面工程设计方面没有设计规范可供设计人员遵循，加之大多数设计人员对屋面工程的具体设计内容、各种防水材料的性能、屋面工程的有关技术要求等方面的知识浅薄，至使屋面工程设计的内容和质量不到位，常常是由施工人员的经验去做，从而容易因设防构造不合理、材料选用不恰当、质量要求不明确而导致屋面渗漏。所以规范屋面工程设计、制订屋面工程设计的条文已经是刻不容缓的事。

为此，在制订《屋面工程技术规范》GB 50345—2004 时，编制组考虑到由于屋面工程的种类繁多，而不同的屋面工程又各有其不同的要求与做法。但是在不同的屋面工程中，也有一些分项工程的做法是完全相同的。譬如“找平层”，不论是卷材防水屋面还是涂膜防水屋面，其做法和技术要求都是一样的。所以在编制《屋面工程技术规范》GB 50345—2004 时，将在不同屋面工程设计中有“共性”的内容单独提出来作为一章，突出了屋面工程设计的主题，而不同屋面工程设计中有“个性”的内容，仍保留在不同屋面工程的“设计要点”、“细部构造”中，并对该种屋面的设计规定了具体的条文。所以在学习“屋面工程设计”这一章的时候，重点应了解屋面工程设计的大框架，把握住“共性”这个特点。

4.1 屋面工程设计的要求和原则

4.1.1 屋面工程设计的要求

1. 遵循规范，综合考虑

屋面工程已成为建筑物的第五个面，不仅需要具有防水、保温、隔热的功能，而且有的还要有建筑造型、屋顶装饰、生态环境及绿化等要求。因此，屋面工程设计必须根据有关规范、规定进行综合考虑，做到设计合理，经济适用，确保质量。

2. 必须满足屋面防水功能要求

要保证所设计屋面的防水功能，符合规范规定的屋面防水等级和防水层合理使用年限的要求，在经济合理的前提下，确保屋面的耐久性。从设计的角度，确保在防水层合理使用年限内屋面不致因设计问题而发生渗漏。

3. 符合当地的自然条件

我国地域辽阔，南、北方等地的自然条件差异甚大，如南方地区气候炎热，空气湿度大，有的地方紫外线辐射强烈；北方地区则气候寒冷，空气干燥；所以同样类型、同样等级、同样使用功能的建筑，由于所处的地区不同，屋面防水层做法也就不完全一样。要求屋面防水设计必须符合当地的自然条件。

4. 强调复合用材

目前我国的防水材料发展很快，已形成了卷材、涂膜、密封材料、刚性、金属、瓦等系列的防水体系。但是，各种防水材料均有其自身的优缺点，都有其不同的适用范围，不同的屋面型式和部位，材料及工艺的适用性就不同。因此在进行屋面防水设计时，要充分发挥不同防水材料自身的优点，尽量避免其弱点，在屋面防水工程中使用不同的材料，使其共同工作，做到技术可靠，经济合理。

5. 保证屋面排水畅通

屋面防水是屋面的主要功能，而屋面排水则是保证防水功能的必要条件. 屋面上的雨水能迅速排出，就可以大大减轻防水层的负担，避免或减少对防水层的损害。若屋面积水不能迅速排出，甚至长期积水，就会在防水层的薄弱部位引起渗漏。所以在进行屋面防水设计时，要充分考虑屋面的排水系统。

6. 避免对人身及环境的污染

目前许多防水材料对人身和环境均有一定的污染，如焦油沥青、石油沥青、涂料和溶剂型胶粘剂等，都有一定的毒性。石油沥青在现场加热，不仅会污染环境，而且对人身有一定的毒害；一些食品加工及贮存的建筑，设计时要考虑防止屋面防水材料对食品的污染等。

7. 要有利于施工操作和维修清理

屋面防水设计要通过施工来实现，如果施工方便，就有利于保证施工质量，屋面防水的可靠性和保证率就高，如果屋面设计要求技术复杂，施工难度大，可能出现的质量问题就多，也就难于确保工程质量。同时，设计时还要考虑便于屋面的维修和清理，以延长屋面防水层的合理使用年限。

8. 屋面工程施工图纸要完整系统，具备一定深度

屋面工程施工图，是屋面工程据以施工的依据，而屋面工程是建筑工程中土建部分四个分部工程之一，所以作为一个分部工程，也应该象基础、主体结构等分部工程一样有该分部工程完整的施工图纸，并具有一定的设计深度，以保证施工人员能照图施工。

4.1.2 屋面工程防水设计的原则

在 GB 50345—2004 第 4.1.2 条中明确提出“屋面工程防水设计应遵循合理设防、防排结合、因地制宜、综合治理的原则”。

“合理设防、防排结合、因地制宜、综合治理”是屋面防水设计的基本原则，是根据我国建筑防水技术 50 年的实践经验，通过分析研究、提高认识后确立的。

1. 合理设防：就是要根据建筑物的性质、重要程度，使用功能要求及防水层合理使用年限，确定屋面防水等级，并按不同的防水等级，进行合理设防，做到既要满足防水等级的要求，又不会盲目提高设防标准，造成浪费。合理设防的具体内容如以下几点：

（1）设几道防水设防最合理；

（2）可采用多种防水层复合使用：发挥各种防水层的优点，做到“优势互补，刚柔结合，以柔适变，节点密封”（04 规范 4.1.3 条）；

（3）复合防水时，防水层的层次布置，即哪层在上，哪层在下，材料之间的材性是否相容（04 规范 4.1.4 条）。

2. 防排结合

屋面工程设计包括排水的内容，做到防水和排水相配合，如果排水问题考虑欠周，易造成屋面排水不畅或长期积水会加速防水层老化，最后导致屋面渗漏。所以对这一问题，本规范给予必要的重视，设计时应包括以下具体内容：

（1）选定平屋面、天沟、檐沟的坡度（04 规范 4.2.2 ~ 4.2.4）；

（2）确定水落管的管径、数量、位置（04 规范 4.2.12 条）；

（3）设计屋面排水线路；

（4）天沟、檐沟、无组织排水檐口的做法。

3. 因地制宜

由于我国幅员广大，各地的自然条件、材料供应、习惯作法等各不相同，因些应根据当地的历年最高、最低气温、屋面结构形式、材料供应情况、当地的标准图集及习惯做法等来进行屋面工程设计，以确保防水工程质量和避免不必要的浪费。设计时要求：

（1）要根据当地历年最高、最低气温、屋面坡度、使用条件等因素，选择耐热度和柔性相适应的防水材料。

（2）根据地基变形程度、结构形式、当地年温差、日温差和振动等因素，选择拉伸性能相适应的防水材料。

4. 综合治理

根据多年来实践经验和多次全国性的调研，总结出屋面渗漏的原因主要是来自四个方面，即材料质量不合格，屋面工程设计不合理，施工操作不认真，管理维护不到位。根据有关单位对渗漏屋面的调查结果显示，在渗漏的屋面工程中，材料原因占32%，设计原因占18%，施工原因占35%，管理原因占15%。所以只强调某一方面的原因，不能从根本上解决屋面渗漏问题，因此提出要解决屋面渗漏的问题，必须贯彻“以材料为基础，以设计为前提，以施工为关键，管理维护要加强”的技术路线，对屋面工程进行综合治理，才能从根本上解决屋面的渗漏问题。

4.2 屋面工程设计的程序和内容

4.2.1 屋面工程设计的程序

屋面工程设计的程序一般如图4-1。

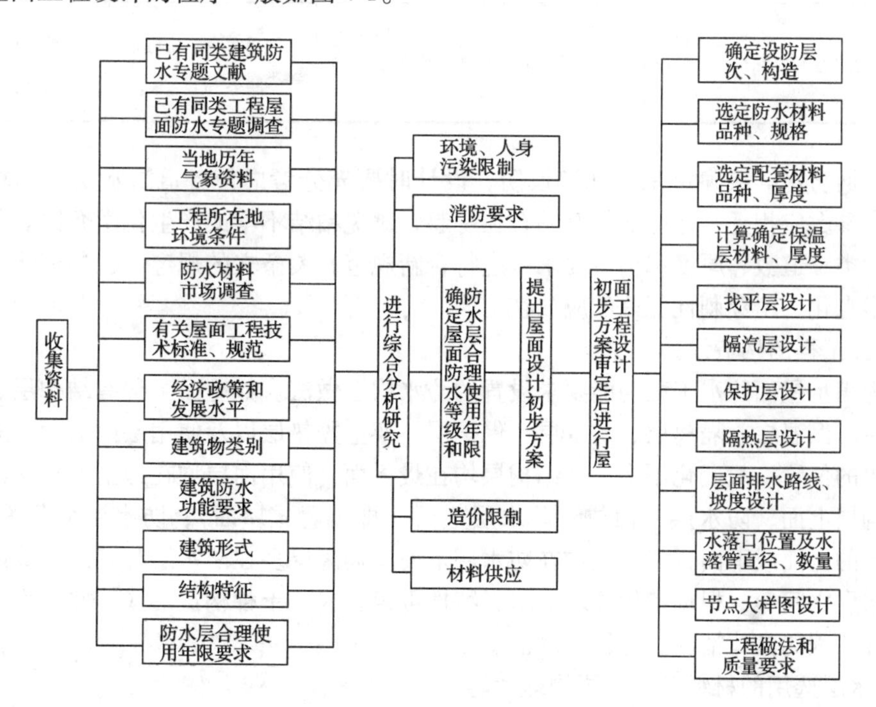

图4-1 屋面工程设计程序

4.2.2 屋面工程设计的内容

在 GB 50345—2004 第 4.1.1 条中明确规定了屋面工程设计的内容，对这些内容具体的解析如下。

1. 确定屋面防水等级和设防要求：

屋面防水工程设计时，首先应根据所设计建筑物的类型和性质、建筑物对防水功能要求的重要程度、建筑物的屋面结构形式以及对防水层合理使用年限的要求、或特殊的防水要求等技术要求，确定该建筑屋面的防水等级。

在确定屋面防水等级时，可根据建筑物的类别，屋面防水功能的重要程度，参考表4-1进行确定。

不同屋面防水等级的要求 **表 4-1**

屋面防水等级	建筑物类别	屋面防水功能重要程度	建筑物种类
Ⅰ	特别重要的民用建筑和对屋面防水有特殊要求的工业建筑	如一旦发生渗漏，会造成巨大的经济损失和政治影响，或引起爆炸等灾害，甚至造成人身伤亡	国家级特别重要的档案馆、博物馆，特别重要的纪念性建筑；核电站、精密仪表车间等有特殊防水要求的工业建筑
Ⅱ	重要的工业与民用建筑、高层建筑	如一旦发生渗漏，会使重要的设备或物品遭到破坏，造成重大的经济损失	重要的博物馆、图书馆、医院、宾馆、影剧院等民用建筑；仪表车间、印染车间、军火仓库等工业建筑
Ⅲ	一般的工业与民用建筑	如一旦发生渗漏，会使一些物品受到损坏，在一定程度上影响使用或美观，或影响人们正常的工作或生活秩序	住宅、办公楼、学校、旅馆等民用建筑；机加工车间、金工车间、装配车间、仓库等工业建筑
Ⅳ	非永久性建筑	如发生渗漏，虽会给人们工作或生活带来不便，但一般不会造成经济损失的后果	简易宿舍、简易车间、简易仓库、库棚等类建筑

根据屋面防水等级确定采用几道设防，设计时要充分考虑使各道防水层间的材性相容，即溶度参数应相近，才能够相互粘合在一起，避免粘结不牢或产生化学腐蚀。各道防水材料的种类、道数、厚度和构造要求，应符合新规范有关条文的规定。在各道防水层的设置上，耐老化、耐穿刺性能好的应放在上面。

2. 屋面工程的构造设计

系指为满足屋面防水工程功能要求设置的防水构造做法。如屋面工程有结构层、找平层、隔汽层、保温层、隔离层、防水层、保护层、架空隔热层以及使用层面的面层等，其中有些层次的位置一般变化不多，如结构层均在最下面，使用面层均在最上面；保温层可设置在结构层上面、防水层下面或者防水层上面（即倒置式屋面）；防水层可分为几道，做在保温层的上面或下面；找平层均在防水层下面，隔离层多在防水层与基层、或刚性保护层与防水层之间等，根据使用要求、材料特性可组合成几十种构造形式，并由设计人员按照所设计工程的具体情况，进行合理的安排。

3. 防水层选用的材料及其主要物理性能

不同品种和不同性能的防水材料，具有不同的特点和弱点，各有其不同的适用范围和要求。因此正确选择、合理使用防水材料是屋面防水设计好坏的关键，是可靠性设计的前提。所以，必须了解各种防水材料的特性，某种材料适用于哪些部位、哪些结构类型、哪些屋面形式、哪些环境和气候条件；哪些防水材料可以相互结合，而哪些防水材料还可以通过采取技术措施来弥补某个性能的不足。譬如当选用高聚物改性沥青防水卷材时，当工程项目在北方寒冷地区，就可以选用低温柔性较好的SBS改性沥青防水卷材，在南方高原紫外线强的地区，就宜选用氯化聚乙烯防水卷材等。

4. 保温隔热层选用的材料及其主要物理性能

对于屋面保温隔热层的设计，首先应满足建筑节能50%的要求。考虑到因我国地域广大，南方和北方的室外气温差异很大，怎样才能满足不同地区的屋面保温隔热的要求，就必须结合地区特点，根据建筑物的不同功能要求，选择适当的保温材料和隔热形式。如在保温材料选择方面，是选用何种类型的板状保温材料，还是选用现浇（喷）工艺施工的其他保温材料。不同的保温材料有不同的导热系数和表观密度，然后根据所选用保温材料的导热系数及屋盖系统最小传热阻 $R_{0.min}$，按照现行《民用建筑热工设计规范》GB 50176、《民用建筑节能设计标准（采暖居住建筑部分）》JGJ 26 和《夏热冬冷地区居住建筑节能设计标准》JGJ 134，通过计算确定屋面保温层的厚度。又如在屋面隔热方面，目前我国有架空隔热屋面、蓄水屋面、种植屋面等，在进行屋面工程设计时，也要因地制宜，全面考虑后确定采用何种隔热屋面。

5. 屋面细部构造的密封防水措施，选用的材料及其主要物理性能

屋面工程的细部构造是屋面防水工程的薄弱环节，是容易出现渗漏水的部份，所以在进行屋面工程细部设计时，应掌握以下原则：

（1）考虑结构变形、温差变形、干缩变形、振动等影响；

（2）柔性密封、排防结合、材料防水与构造防水相结合；

（3）强调完善、耐久、整体设防功能；

（4）应根据所设计的建筑物具体情况，按《屋面工程质量验收规范》“细部构造”的导向和标准大样图进行精心设计，不照抄标准图。

在密封防水设计方面应确定屋面接缝的宽度（不大于40mm，不小于10mm）、深度（为宽度的0.5~0.7倍）。确定密封材料品种时，应根据当地最高、最低气温和使用环境条件，选择耐热度与柔性相适应的密封材料；同时考虑结构变形、温差变形、干缩变形及振动形成接缝位移大小和接缝特征，选择拉伸-压缩循环性能相适应的密封材料。

6. 屋面排水系统的设计

屋面排水系统设计应包括以下内容：

（1）汇水面积计算：了解当地百年最大暴雨量，以及计算屋面全部汇水面积；

（2）确定屋面排水路线、排水坡度；

（3）设计天沟、檐沟位置、截面、坡度、出水口（水落口）位置、沟底标高；

（4）设计水落管管径、数量、位置；

（5）雨水系统必要的附加设施，如水簸箕等。

7. 与防水层相邻层次的设计

在屋面工程设计中，与防水层相邻的层次包括以下内容。

（1）结构层：屋面刚度、板缝处理；

（2）找平层：确定找平层种类、厚度及技术要求；
（3）保温层：通过热工计算，确定保温层种类、做法、类型、厚度、技术要求；
（4）隔汽层：确定是否需设隔汽层，采用何种材料的隔汽层；
（5）隔离层：隔离层位置、材料、做法；
（6）找坡层：结构找坡3%；材料找坡2%；
（7）隔热层：采用何种隔热方式、材料、做法、技术要求；
（8）上人屋面面层：材料品种、规格、铺设技术要求；
（9）保护层：采用何种保护层，何种材料、做法、技术要求。

4.3 屋面防水材料选用

关于防水材料的选用，是屋面工程设计的一项重要内容，在进行屋面工程设计时，应根据建筑物的性质、重要程度、使用功能等按 GB 50345—2004　3.0.1 表“屋面防水等级和设防要求”中的防水层选用材料进行综合考虑。

4.3.1 按屋面种类选用防水材料

在04规范第4.3.3条中规定“根据建筑物的性质和屋面使用功能选择防水材料”具体要求如表4-2。

按建筑物性质和屋面使用功能选用防水材料　　表4-2

序号	屋面种类	材料选用要求
1	外露使用的不上人屋面	选用与基层粘结力强、耐紫外线，耐酸雨、耐穿刺性能好，热老化保持率好的防水材料
2	上人屋面	选用耐穿刺、耐霉烂性能好和拉伸强度高的防水材料
3	蓄水屋面、种植屋面	选用耐腐蚀、耐霉烂、耐穿刺性能优良的防水材料
4	薄壳、装配式结构、钢结构等大跨度屋面	选用自重轻、耐热性、适应变形能力优良的防水材料
5	倒置式屋面	选用变形能力优良，接缝密封保证率高的防水材料
6	斜坡屋面	选用与基层粘结力强，感温性小的防水材料
7	屋面接缝密封防水	选用与基层粘结力强，耐低温性能优良，并有一定适应位移能力的密封材料

4.3.2 按自然条件和结构形式选用防水材料

按自然条件指的是当地历年的最高气温和最低气温，以及当地的年温差、日温差。结构形式是指地基变形程度、屋面结构做法、屋面坡度及有无振动影响等，具体选定方法见表4-3。

卷材、涂膜屋面防水材料选用要求　　表4-3

防水层种类	选择防水材料应考虑的特征	选用防水材料要求
卷材防水屋面（规范5.3.1条）	1. 当地历年最高气温、最低气温、屋面坡度、使用条件 2. 地基变形程度、结构形式、当地年温差、日温差、振动 3. 防水层暴露程度	1. 选用耐热度、柔性相适应的卷材 2. 选用拉伸性能相适应的卷材 3. 选用耐紫外线、热老化保持率或耐霉烂性能相适应的卷材

续表

防水层种类	选择防水材料应考虑的特征	选用防水材料要求
涂膜防水屋面（6.3.1条）	1. 当地历年最高气温、最低气温、屋面坡度、使用条件 2. 地基变形程度、结构形式、当地年温差、日温差、振动 3. 防水涂膜暴露程度 4. 屋面排水坡度大于25%时	1. 选用耐热度、低温柔性相适应的涂料 2. 选用延伸性能相适应的涂料 3. 选择耐紫外线、热老化保持率相适应的涂料 4. 选用干燥成膜时间短的涂料
接缝密封材料（8.3.3条）	1. 当地历年最高气温、最低气温、屋面坡度、使用条件 2. 屋面接缝位移的大小和特征	1. 选用耐热度和柔性相适应的密封材料 2. 选用位移能力相适应的密封材料

4.3.3 各类防水材料的性能、特点

各类防水材料的性能特点见表4-4。

各类防水材料性能特点 **表4-4**

材料类别 / 性能指标	合成高分子卷材		高聚物改性沥青卷材	沥青卷材	合成高分子涂料	高聚物改性沥青涂料	防水混凝土	防水砂浆
	不加筋	加筋						
抗拉强度	○	○	△	×	△	△	×	×
延伸性	○	△	△	×	○	△	×	×
匀质性（厚薄）	○	○	○	△	×	×	△	△
搭接性	○△	○△	△	△	○	○	—	△
基层粘结性	△	△	△	△	○	○	—	—
背衬效应	△	△	○	△	△	△	—	—
耐低温性	○	○	△	×	○	△	○	○
耐热性	○	○	△	×	○	△	○	○
耐穿刺性（硬度）	×	△	△	×	×	×	○	○
耐老化	○	○	△	×	○	△	○	○
施工性	○	○	○	冷△ 热×	×	×	△	△
施工气候影响程度	△	△	△	×	×	×	△	△
基层含水率要求	△	△	△	△	×	×	○	○
质量保证率	○	○	○	△	△	×	△	△
复杂基层适应性	△	△	△	×	○	○	×	△
环境及人身污染	○	○	△	×	△	×	○	○
荷载增加程度	○	○	○	△	○	○	×	×
价格	高	高	中	低	高	高	低	低
运贮	○	○	○	△	×	△	○	○

注：“○”好；“△”一般；“×”差。

4.3.4 防水材料适用范围参考

各种防水材料对各种屋面的适用范围见表4-5。

防水材料适用参考表 **表 4-5**

防水构造形式	合成高分子卷材	高聚物改性沥青卷材	沥青卷材	合成高分子涂料	高聚物改性沥青涂料	细石混凝土防水	水泥砂浆防水
特别重要建筑屋面	○	⊙	×	⊙	×	⊙	×
重要及高层建筑屋面	○	○	×	○	×	⊙	×
一般建筑屋面	△	○	△	△	※	⊙	※
有振动车间屋面	○	△	×	△	×	※	×
恒温恒湿屋面	○	△	×	△	×	△	×
蓄水种植屋面	△	△	×	⊙	⊙	○	△
大跨度结构建筑	○	△	※	※	※	×	×
动水压作用混凝土地下室	○	△	×	△	△	○	△
静水压作用混凝土地下室	△	○	※	○	△	○	△
静水压砖墙体地下室	○	○	×	△	×	△	○
卫生间	※	※	×	○	○	⊙	⊙
水池内防水	※	×	×	×	×	○	○
外墙面防水	×	×	×	○	×	△	○
水池外防水	△	△	△	○	○	⊙	○

注：○优先采用；△可以采用；⊙复合采用；※有条件采用；×不宜采用或不可采用。

4.3.5 防水卷材、防水涂膜厚度选用

1. 根据屋面防水等级及设防道数，选定不同品种防水卷材的厚度，见表 4-6。

卷材厚度选用表 **表 4-6**

屋面防水等级	设防道数	合成高分子防水卷材	高聚物改性沥青防水卷材	沥青防水卷材和沥青复合胎柔性防水卷材	自粘聚酯胎改性沥青防水卷材	自粘橡胶沥青防水卷材
Ⅰ级	三道或三道以上设防	不应小于 1.5mm	不应小于 3mm	—	不应小于 2mm	不应小于 1.5mm
Ⅱ级	二道设防	不应小于 1.2mm	不应小于 3mm	—	不应小于 2mm	不应小于 1.5mm
Ⅲ级	一道设防	不应小于 1.2mm	不应小于 4mm	三毡四油	不应小于 3mm	不应小于 2mm
Ⅳ级	一道设防	—	—	三毡三油	—	—

与 02 规范相比较，表中的沥青复合胎柔性防水卷材、自粘聚酯胎改性沥青防水卷材、自粘橡胶沥青防水卷材，系根据当前此类防水卷材在屋面工程中已大量使用的情况，在“2004 规范”中新增加其厚度控制的要求和设计，施工时应按“2004 规范”的规定执行。

2. 根据屋面防水等级及设防道数，选定不同品种防水涂膜的厚度，见表 4-7。

涂膜厚度选用表　　表 4-7

屋面防水等级	设防道数	高聚物改性沥青防水涂料	合成高分子防水涂料和聚合物水泥防水涂料
Ⅰ级	三道或三道以上设防	—	不应小于 1.5mm
Ⅱ级	二道设防	不应小于 3mm	不应小于 1.5mm
Ⅲ级	一道设防	不应小于 3mm	不应小于 2mm
Ⅳ级	一道设防	小应小于 2mm	—

4.4 防水材料相容性

GB 50345—2004 第 4.3.2 条规定了所使用的材料应具有相容性，而且在后面条文中也多次提到“相容性”的问题，现将这一问题分述如下。

4.4.1 什么是防水材料之间的相容性

关于“相容性”问题，目前由于多种防水材料复合使用，则两种不同材料之间就存在一个“相容性”的问题，所谓“相容性”就是指两种不同材性的防水材料直接接触后，能不能粘结牢固，会不会脱胶开口，有没有出现化学腐蚀。“相容性”好的两种材料必然会粘结牢固，不会发生化学腐蚀，“相容性”不好的两种材料粘结不牢固，甚至会出现化学腐蚀。本规范提出在 6 种情况下两种防水材料之间应具有相容性。

4.4.2 哪些情况下需考虑相容性

在“2004 规范”第 4.3.2 条中，提出在 6 种情况下两种防水材料之间应具有相容性，即

1. 防水材料与基层处理剂；
2. 防水材料与胶粘剂；
3. 防水材料与密封材料；
4. 防水材料与保护层涂料；
5. 两种防水材料复合使用；
6. 基层处理剂与密封材料。

4.4.3 相容性与溶度参数

怎样来鉴别两种防水材料相容性好或相容性不好的问题，我们可以这样认为；两种防水材料的化学极性相近则其相容性较好，反之则差。那么“化学极性”又怎么来理解呢？一般是通过该种材料的溶度参数来表述，那么各种材料的溶度参数是多少呢？北京建筑工程研究院，提供了一个合成高分子材料的溶度参数参考见表 4-8。

溶 度 参 数　　表 4-8

高分子聚合物名称	溶度参数	高分子聚合物名称	溶度参数
聚丙烯酸甲酯	9.8	丁苯橡胶	8.3 ~ 8.67
丁腈橡胶	9.38 ~ 9.64	聚丁二烯橡胶	8.3 ~ 8.6
聚氯乙烯树脂	9.6	顺丁橡胶	8.3
聚苯乙烯树脂	9.4	天然橡胶	7.9 ~ 8.35
氯化橡胶	9.4	异戊橡胶	7.7 ~ 8.1

续表

高分子聚合物名称	溶度参数	高分子聚合物名称	溶度参数
丁吡橡胶	9.35	三元乙丙橡胶	7.9~8.0
氯丁橡胶	8.18~9.36	丁基橡胶	7.7~8.05
氯化聚乙烯树脂	8.9	聚乙烯树脂	7.8
氯磺化聚乙烯橡胶	8.9	有机硅橡胶	7.6

也就是说两种防水材料的溶度参数越接近，则其相互间的相容性就好；反之，如两种防水材料的溶度参数相差越大，则其相互间的相容性就越差，这里给出了一个两种防水材料之间的定性要求，但没有定量的指标，即溶度参数相差多少，两种防水材料的相容性就好，否则相容性就不好，在实际使用时，还应该根据试验确定。

4.5 屋面防水设防构造

4.5.1 屋面防水设防构造的原则

GB 50345—2004 中的第4.2.7条主要是针对目前在屋面工程设计采用了多道防水设防，但一些设计、施工人员对其材料和要求不太了解，往往导致降低防水层的工程质量，因此规范强调了四点。

（1）在合成高分子卷材或涂膜上，若采用热熔型卷材或涂料时，不仅温度可高达200℃左右，而且有明火，这样做不仅会将已做好的合成高分子卷材或涂膜烧坏或加速老化，而且容易引起火灾，故不得使用。

（2）当卷材与涂膜复合使用时，最好将涂膜放在下面，涂膜能将找平层上的各种缝隙和细部构造全部封闭，形成一道连续的、整体的防水层，另外将其放在下面，可提高涂膜的耐久性，延缓涂膜防水层老化，这样由卷材在上面，涂膜在下面形成的防水层，可弥补各自的不足，优势得到互补。

（3）当采用涂膜、卷材与刚性防水层复合使用时，由于刚性防水层有优良的耐穿刺和耐老化性能，可对下部的柔性防水层起保护作用；而柔性防水层有良好的适应基层变形的能力，弥补了刚性防水层易开裂的弱点。另外，这样做还可省去柔性防水层上的保护层。

（4）目前有采用聚氨酯涂料上面复合高分子卷材的做法，也有采用热溶 SBS 改性沥青涂料复合 SBS 改性沥青卷材的做法。也就是说反应型涂料和热熔性材料，它本身能形成一道防水层，而且又可作为卷材的胶粘剂，实现一举两得。

4.5.2 屋面防水层构造

屋面防水层的构造可参考表4-9。

屋面防水层设防构造参考　　表4-9

屋面防水等级	防水层构造层次	说　明
Ⅰ级三道设防		第一道防线是细石混凝土，下面为卷材、涂膜。混凝土有优良的抗穿刺和耐老化性能，对下面两道防水层起保护作用；而柔性防水层有良好的适应基层变形的能力，弥补了刚性防水层易开裂的弱点，实现了刚柔互补

续表

屋面防水等级	防水层构造层次	说　明
Ⅰ级三道设防	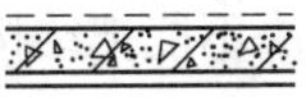	第一道防线是涂膜，下面为细石混凝土、卷材。在混凝土上涂刷涂膜，涂料不仅可封闭混凝土上的毛细孔和微小裂纹，还可防止混凝土风化、碳化，并且便于维修。必要时，可再涂一道防水层
	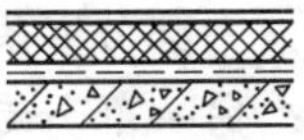	将细石混凝土放在下面，上面做一道防水涂膜，涂膜上做保温层，抹找平层，最上面做卷材防水层。这种做法利用工厂生产的合成高分子卷材作为第一道防线，可充分发挥其合理使用年限长的优势
		这种做法适用于倒置式屋面。将涂膜、卷材全部做在细石混凝土防水层上，最后做保温层。涂膜可封闭混凝土的毛细孔和微裂，卷材可弥补涂膜厚薄不匀的缺陷，保温层可防止柔性防水层老化或受冲击、穿刺等问题
Ⅱ级二道设防	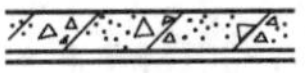	细石混凝土防水层下是一道 3mm 厚的高聚物改性沥青卷材或 1.2mm 厚的合成高分子卷材。卷材有混凝土保护，可提高防水层的合理使用年限
	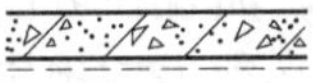	细石混凝土防水层下面为一道 3mm 厚的高聚物改性沥青防水涂膜或 1.5mm 厚的合成高分子防水涂膜。这种做法，混凝土防水层防止了涂膜老化或被冲击、穿刺
		在找平层上先作一道 1.5mm 厚的合成高分子防水涂膜或 3mm 厚的改性沥青防水涂膜，防水涂膜封闭了所有节点和复杂部位。在防水涂膜上面再铺贴一道 1.2mm 厚的合成高分子卷材或 3mm 厚的改性沥青卷材，这将有利于提高涂膜的耐久性
		在找平层上先铺贴一道合成高分子防水卷材或改性沥青卷材，然后在上面涂刷规定厚度的合成高分子涂膜或高聚物改性沥青涂膜。这种做法有利于弥补卷材接缝封闭不严的弱点，并且便于维修和重新涂刷
	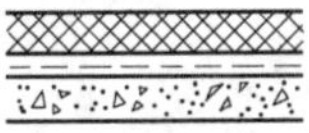	这种做法适用于倒置式屋面，可将卷材或涂膜防水层做在混凝土防水层上，上面再做保温层。由于柔性防水层有保温层的保护，可防止柔性防水层老化或被刺穿，故有利于提高防水层的寿命
	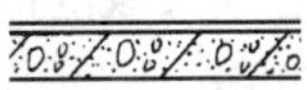	目前有些地区，为解决屋面渗漏问题，在原有的细石混凝土防水层上，又加做一道卷材防水层。这种做法，用于对原有屋面的处理，尚可以；但如为新做屋面，由于将耐老化、耐穿刺性能差的材料放在上面，故构造上是不合理的

注：表中（图例）细石混凝土防水层　（图例）卷材防水层　（图例）保温层　（图例）涂膜防水层

4.5.3　屋面上哪些构造不能做为一道防水层

在“2004 规范”第 4.2.10 条中强调指出 5 种情况不得作为一道防水设防。这是因为有的设计、施工人员对于什么是一道防水层的认识模糊，往往把不具备防水能力的屋面构造层次，当成一道防水设防来考虑，结果使很多屋面工程出现渗漏。所以本条强调以下 5 种情况不能作为一道防水设防。这是因为

1. 混凝土结构层：在20世纪60及70年代初期出现了一些“自防水屋面”，如单肋板，双T板等，取消了屋面防水层，由结构本身来防水，但是由于混凝土本身的裂缝，加之板面极薄，表面风化、碳化，钢筋锈蚀，造成这类屋面大量的出现渗漏，有的只能将屋面拆除重做。所以，“2004规范”明确规定在屋面工程中，决不能把结构层作为一道防水设防。

2. 关于现喷硬质聚氨酯等泡沫塑料：这种材料我国在20世纪80年代末期开始用于屋面工程。但在防水领域中的一些专家，一直存在两种观点：一部分专家认为，现喷硬质聚氨酯泡沫塑料，有防水的功能，实现了防水、保温一体化；另一部分专家认为：保温材料就是满足保温的功能要求，用保温层来防水，没有可靠的数据来证实，通过几年来的工程实践，确有一些所谓“防水保温一体化屋面”渗漏水的实例。为了进一步论证这一问题在规范中如何限令，由中国防水材料协会于2004年2月12日专门召开了座谈会，会上国内防水、保温专家对“一体化”的问题，进行了反复的论证，最后一致同意现喷硬质聚氨酯等泡沫塑料保温层不能作为一道防水层。

3. 随着屋面形式的变化，为了建筑装饰的需要，在一些坡屋面上粘贴了各种类型的“装饰瓦”，甚至将其视为一道防水设防，从而导致此类屋面大多数出现渗漏。“装饰瓦”像贴瓷砖一样，瓦与瓦之间的缝隙是平接，不起防水的作用，而且在坡屋面上的混凝土一般不容易振捣密实。所以如果在此类屋面上贴粘装饰瓦时，必须先按规定做好防水层，然后才能铺贴装饰瓦，决不能将“装饰瓦”视为一道防水层。

4. 设置隔汽层的目的，是为了阻隔室内湿汽通过结构进入保温层，所以不能将其视为一道防水层。隔汽层应选用水密性、汽密性好的防水材料。可采用单层防水卷材铺贴，不宜选用汽密性不好的水乳型薄质涂料。

5. 如卷材或涂膜厚度不符合“2004规范”5.3.2条、6.3.2条的规定，则视为工程质量不合格，达不到一道防水层的功能要求，所以不得作为屋面工程中的一道防水层。

4.6 与防水层相关层次设计

4.6.1 结构层设计

结构层刚度的大小，对屋面防水层的影响极大。结构层刚度大，整体性好，变形小，对屋面防水层的影响就相对较小。为了提高防水层的整体防水效果，在GB 50345—2004第4.2.1条中规定了提高结构层整体刚度的条文，明确规定必须采取的措施。

1. 结构层宜采用整体现浇钢筋混凝土，以确保必要的刚度。

2. 当为预制装配式屋盖时，应用强度等级不小于C20的细石混凝土将板缝嵌填密实。

3. 为使灌缝的细石混凝土与板缝侧壁紧密结合，在混凝土中宜掺加微膨胀剂。

4. 当宽度大于40mm，或上窄下宽的板缝（如檐口板与天沟侧壁的板缝），应在缝中设置$\phi12 \sim \phi14$的构造钢筋。

5. 对于开间、跨度大的结构，宜在结构上面加做配筋混凝土整浇层，以提高结构板面的整体刚性。

6. 板端缝处是变形较大之处，容易出现轴向裂缝，故对板端缝应进行密封处理。

7. 无保温层的屋面，板侧缝宜进行密封处理。

4.6.2 找平层设计

在GB 50345—2004第4.2.5条中规定“卷材、涂膜防水层的基层应设找平层”。这是因为找平层是防水层的基层，找平层设计是否合理，施工质量是否符合要求，对确保防水层的质量影响极大。如果找平层强度过低，酥松开裂，表面起砂掉皮，都有可能导致防水层的失败。因此在进行找平层设计时要掌握以下几点：

1. 应根据找平层下的基层种类，确定找平层的类别、厚度和技术要求，如表4-10。

找平层厚度和技术要求　　表4-10

类　别	基层种类	厚度（mm）	技术要求
水泥砂浆找平层	整体混凝土	15～20	1:2.5～1:3（水泥:砂）体积比，水泥强度等级不低于32.5级
	整体或板状材料保温层	20～25	
	装配式混凝土板、松散材料保温层	20～30	
细石混凝土找平层	松散材料保温层	30～35	混凝土强度等级不低于C20
沥青砂浆找平层	整体混凝土	15～20	质量比1:8（沥青:砂）
	装配式混凝土板、整体或板状材料保温层	25～25	

2. 要根据防水层材料的种类，确定找平层泛水处的转角圆弧半径，如表4-11。

转角处圆弧半径　　表4-11

卷材种类	圆弧半径（mm）
沥青防水卷材	100～150
高聚物改性沥青防水卷材	50
合成高分子防水卷材	20

3. 找平层上宜做分格缝，缝宽20mm，分格缝的纵、横间距，当为水泥砂浆、细石混凝土时不大于6m；当为沥青砂浆时不大于4m。

4.6.3 隔汽层设计

设置隔汽层的目的，是为了阻隔室内湿气通过结构层进入保温层。因为湿汽滞留在保温层中，不仅降低了保温效果，而且会导致防水层起鼓破坏。所以在“2004规范”4.2.6条中强调了在纬度40°以北的地区且室内空气湿度大于75%，或其他地区室内空气湿度常年大于80%时应设置隔汽层，并做为强制性条文，在进行屋面工程设计时必须严格执行。所以在进行隔汽层设计时要掌握以下几点：

1. 在我国纬度40°以北地区，且室内空气湿度大于75%时，保温屋面应设置隔汽层。

2. 其他地区室内空气湿度常年大于80%时，保温屋面应设置隔汽层。

3. 有恒温、恒湿要求的建筑物屋面应设置隔汽层。

4. 隔汽层的位置应设在结构层上，保温层下。

5. 隔汽层应选用水密性、汽密性好的防水材料。可采用单层防水卷材铺贴，不宜用汽密性不好的水乳型薄质涂料。

6. 当用沥青基防水涂料做隔汽层时，其耐热度应比室内或室外的最高温度高出

20～25℃。

7. 屋面泛水处，隔汽层应沿墙面向上连续铺设，高出保温层上表面不得小于150mm，以便严密封闭保温层。

4.6.4 隔离层设计

在屋面工程中设置隔离层的目的，是为了减少结构层与防水层、柔性防水层与刚性保护层之间的粘结力，使各层之间的变形互不影响，从而减少或避免了防水层的破坏。隔离层设置部位和隔离层材料，可参考表4-12。

隔离层设置的部位和隔离材料 **表4-12**

序号	隔离层设置部位	隔离层材料
1	结构层与刚性防水层之间	低等级砂浆、纸筋灰、干铺油毡、塑料薄膜
2	柔性防水层与刚性保护层之间	纸筋灰、细砂、低等级砂浆
3	倒置式屋面的保温层与卵石保护层之间	纤维织物

4.6.5 保护层设计

GB 50345—2004第4.2.11条规定“柔性防水层上应设置保护层。”这是因为卷材、涂膜等柔性防水层，易受紫外线、臭氧、酸雨等的作用而加速老化损坏；另外柔性防水层厚度较薄，耐穿刺能力差，易被外力损坏，所以在柔性防水层上应根据不同的使用要求和工作条件，由设计选定不同的保护层。各种保护层的适用范围和做法，可参见表4-13。

各类保护层的优缺点及适用范围 **表4-13**

名称	缺点	优点	适用范围	具体要求
涂膜保护层	寿命不长，每3～5年需涂刷一次，耐穿刺和抗外力破坏能力低	施工方便，造价低廉，重量轻	用于非上人屋面	涂料材性应与防水层的材性相容
反射膜保护层	寿命较短，一般为6～8年，有碍视觉和导航	重量轻，反射阳光和抗臭氧性能好	用于非上人屋面和大跨度屋面	有铝箔膜、镀铝膜和反射涂膜三种
粒料保护层	施工繁琐，粘结不牢，易脱落，使保护效果降低	材料易得，保护效果尚好	工业与民用建筑的石油沥青卷材屋面，及涂膜屋面，以及高聚物改性沥青卷材屋面	细砂：用于涂膜屋面或冷玛琋脂屋面 绿豆砂：热玛琋脂卷材屋面 石渣：工厂加工，在改性沥青卷材上自带
蛭石、云母保护层	强度低，不能上人踩踏，易被水冲刷	有一定反射隔热作用，工艺简单，易修理	只能用于非上人屋面	用冷玛琋脂或胶粘剂粘结
卵石保护层	增加了屋面荷载	工艺简单，易于施工和修理	用于有女儿墙的空铺卷材屋面，不宜用于大跨度、大坡度、有振动的屋面	用φ20～30mm卵石，铺设厚度30～50mm

续表

名 称	缺 点	优 点	适用范围	具体要求
块材保护屋	荷载较大，造价高，施工较麻烦	耐穿刺，寿命长，一般可达10～20年	用于上人屋面，但不宜用于大跨度屋面	与防水层间应设隔离层，块材间应进行嵌缝处理
水泥砂浆保护层	增加了现场湿作业，延长了工期，表面易开裂	材料易得，成本较低，保护效果尚好	上人和非上人屋面均适用，但不宜用于大跨度屋面	厚15～25mm（上人屋面应加厚），设表面分格缝，间距1～1.5m
细石混凝土保护层	荷载大，造价高，维修困难	耐穿刺性能好，可与刚性防水层合一，保护效果良好	不能用于大跨度屋面	设隔离层，浇筑30～60mm厚的细石混凝土，分格缝间距不大于6m

4.7 屋面保温层设计

4.7.1 屋面保温层分类

过去曾将屋面保温层分为松散材料保温层、板状材料保温层、整体现浇保温层三大类。但是松散材料保温层技术落后，保温效果差，所以现在已很少使用。在整体现浇保温层中，水泥膨胀珍珠岩、水泥膨胀蛭石由于在施工中要加大量的水来进行拌合，而这些水份很难排出，这就不仅大大降低了保温效果，而且也易使卷材、涂膜防水层起鼓破坏。所以上述几种保温层由于其本身存在难以克服的缺陷，因此在这次制订《屋面工程技术规范》GB 50345—2004 时已将其淘汰。目前仅剩板状材料保温层和现浇（喷）整体保温层两大类，各类常用的保温材料如图4-2。

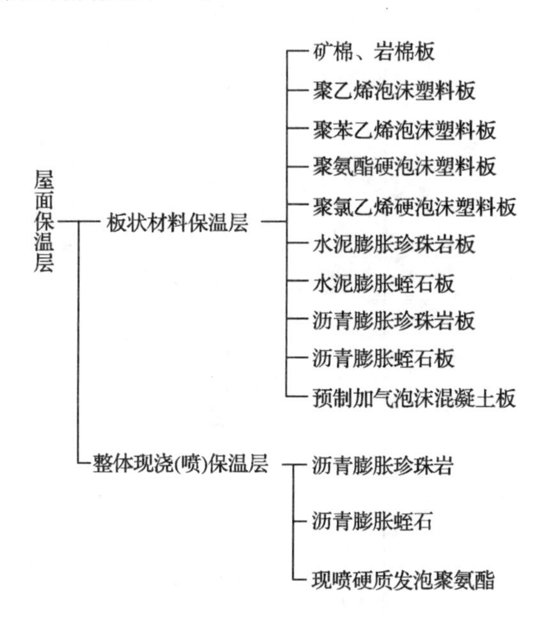

图4-2 各类常用保温材料

4.7.2　屋面保温材料品种选用

1. 选用保温材料时，应根据建筑物的使用功能和重要程度，选用与其相匹配的保温材料；

2. 在选用保温材料时，应选择质量轻、导热系数小、吸水率低的保温材料；

3. 选用保温材料时，还要结合当地的自然条件、经济发展水平和保温层的习惯做法，选用与其相适应的保温材料；

4. 选用不同种类的保温材料，还要求应具有一定的抗压强度和抗折强度，以保证在运输过程或施工过程中不致被损坏；

5. 不得选用现场需加水拌合的整体现浇水泥膨胀蛭石、水泥膨胀珍珠岩做屋面保温层。

4.7.3　屋面保温层厚度计算

GB 50345—2004 第4.1.5条规定“不同地区采暖居住建筑和需要满足夏季隔热要求的建筑，其屋盖系统的最小传热阻应按现行《民用建筑热工设计规范》GB 50176、《民用建筑节能设计标准（采暖居住建筑部分）》JGJ 26 和《夏热冬冷地区居住建筑节能设计标准》JGJ 134 确定”。

即在计算屋面保温层厚度时，必须确定两个基本数据，即是屋盖系统最小传热阻 $R_{0.min}$ 及屋盖系统所使用保温材料的导热系数 λ_x。其中屋面常用保温材料的导热系数 λ_x 可由表4-14查出。最小传热阻 $R_{0.min}$ 可按上述规范中计算确定，最后求出所用保温材料铺设的保温层厚度。

常用保温材料的导热系数　　表4-14

材料名称	干密度（kg/m^3）	导热系数λ［W/（m·K）］
钢筋混凝土	2500	1.74
碎石、卵石混凝土	2300	1.51
	2100	1.28
膨胀矿渣珠混凝土	2000	0.77
	1800	0.63
	1600	0.53
自燃煤矸石、炉渣混凝土	1700	1.00
	1500	0.76
	1300	0.56
粉煤灰陶粒混凝土	1700	0.95
	1500	0.70
	1300	0.57
	1100	0.44
黏土陶粒混凝土	1600	0.84
	1400	0.70
	1200	0.53
加气混凝土，泡沫混凝土	700	0.22
水泥膨胀珍珠岩	800	0.26
	600	0.21
	400	0.16
沥青、乳化沥青膨胀珍珠岩	400	0.12

续表

材料名称	干密度（kg/m³）	导热系数λ［W/（m·K）］
	300	0.093
水泥膨胀蛭石	350	0.14
矿棉、岩棉、玻璃棉板	80以下	0.05
	80~200	0.045
矿棉、岩棉、玻璃棉毡	70以下	0.05
	70~200	0.045
聚乙烯泡沫塑料	100	0.047
聚苯乙烯泡沫塑料	30	0.042
聚氨酯硬泡沫塑料	30	0.033
聚氯乙烯硬泡沫塑料	130	0.048
钙塑	120	0.049
泡沫玻璃	140	0.058
泡沫石灰	300	0.116
炭化泡沫石灰	400	0.14
木屑	250	0.093
稻壳	120	0.06
沥青油毡、油毡纸	600	0.17
沥青混凝土	2100	1.05
石油沥青	1400	0.27
	1050	0.17

注：本表数据摘自《民用建筑热工设计规范》GB 50176—93。

4.7.4 保温层厚度选用参考

根据不同地区冬季采暖期室外平均温度$\overline{t_e}$（℃）及建筑物不同的体形系数，确定屋盖系统的传热阻R_0（m^2·K/W）及所用保温层的厚度，见表4-15。

保温层厚度选用表 **表4-15**

采暖期室外平均温度$\overline{t_e}$（℃）	$R_0=1/K_0$（m^2K/W）$\left(\frac{体形系数\leq0.3}{体形系数>0.3}\right)$	水泥聚苯板（mm）	沥青膨胀珍珠岩板（mm）	水泥膨胀蛭石板（mm）	水泥膨胀珍珠岩板（mm）	加气混凝土块（mm）	聚苯乙烯泡沫塑料板（mm）	挤塑聚苯乙烯泡沫塑料板（mm）	硬质聚氨酯泡沫塑料（mm）
2~-2	$\frac{1.25}{1.67}$	$\frac{120}{180}$	$\frac{130}{190}$	$\frac{190}{270}$	$\frac{210}{310}$	$\frac{250}{370}$	$\frac{50}{75}$	$\frac{30}{45}$	$\frac{25}{40}$
-2.1~-5	$\frac{1.43}{2.00}$	$\frac{140}{220}$	$\frac{150}{240}$	$\frac{220}{340}$	$\frac{260}{390}$	$\frac{300}{470}$	$\frac{60}{90}$	$\frac{35}{55}$	$\frac{30}{45}$
-5.1~-8	$\frac{1.67}{2.50}$	$\frac{180}{290}$	$\frac{190}{310}$	$\frac{270}{450}$	$\frac{310}{510}$	$\frac{370}{610}$	$\frac{75}{120}$	$\frac{45}{70}$	$\frac{40}{60}$
-8.1~-11	$\frac{2.00}{3.33}$	$\frac{220}{400}$	$\frac{240}{430}$	$\frac{340}{620}$	$\frac{390}{710}$	$\frac{470}{850}$	$\frac{90}{165}$	$\frac{55}{100}$	$\frac{45}{85}$
-11.1~-14.5	$\frac{2.50}{4.00}$	$\frac{290}{490}$	$\frac{310}{520}$	$\frac{450}{760}$	$\frac{510}{870}$	$\frac{610}{1040}$	$\frac{120}{200}$	$\frac{70}{120}$	$\frac{60}{105}$

注：本表适用于执行《民用建筑节能设计标准》（JGJ 26—95）的居住建筑。

4.8 隔热屋面设计

4.8.1 架空隔热屋面设计

架空隔热屋面是用烧结普通砖或混凝土的薄型制品，覆盖在屋面防水层上，并架设一定高度的空间，利用空气流动加快散热，起到隔热作用的屋面。

1. 架空隔热屋面的构造

目前我国常见的架空隔热屋面有以下四种：

（1）砖砌支墩大阶砖或混凝土预制薄板架空层。

在屋面防水层上用黏土砖砌支座，高3～5皮砖，上部铺砌大阶砖或混凝土预制薄板，如图4-3。

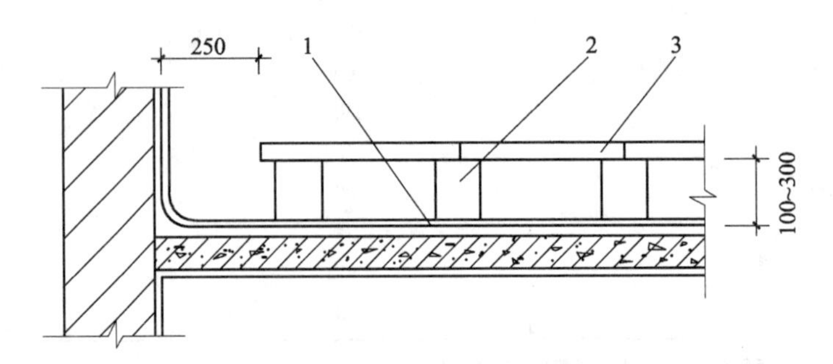

图4-3 砖砌支墩大阶砖或混凝土预制薄板架空层

1—防水层；2—支座；3—架空板

（2）混凝土板凳架空层

用混凝土制成带支腿的小板凳，支腿高度为10～12cm，施工时不需再砌支墩，而只需将板凳直接摆放到屋面上即可。如图4-4。

（3）混凝土半圆拱架空层

用C20的细石混凝土浇筑成素混凝土半圆拱，拱的直径和厚度根据设计要求确定，用水泥砂浆坐砌。如图4-5。

（4）水泥大瓦架空层

砌筑120mm宽的砖带支墩，上面用1∶2水泥砂浆坐铺水泥大瓦，如图4-6。

2. 架空屋面设计要点

在GB 50345—2004第9.3.4条中规定了几条架空屋面设计的内容，现解析如下：

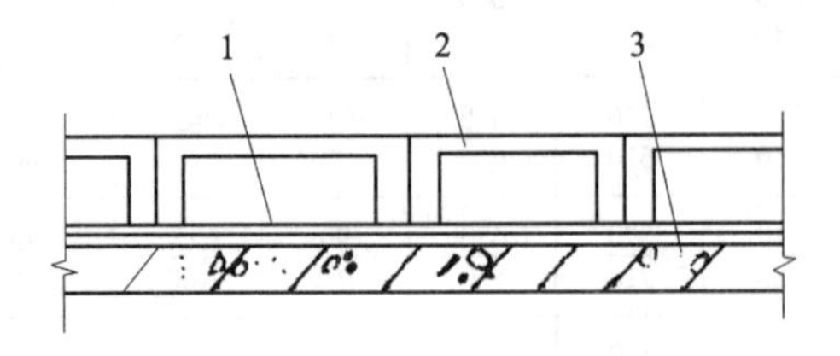

图4-4 混凝土板凳架空层

1—防水层；2—混凝土板凳；3—结构层

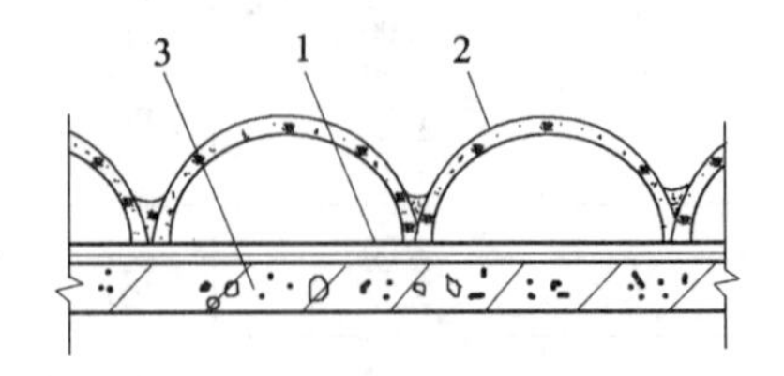

图4-5 混凝土半圆拱架空层

1—防水层；2—混凝土半圆拱；3—结构层

（1）架空屋面的坡度不宜大于5%：架空隔热屋面一般是在平屋面上增设架空隔热层，按常规讲平屋面的坡度都在5%以下；

（2）架空隔热层的高度确定：

图4-7系根据不同空气间层高度，在不同的时期、不同的建筑上测得的屋顶内表面最高温度，由图中曲线图可以看出，架空层过小则隔热效果不显著，如果空气间层逐渐增大，则屋顶内表面温度逐渐降低，但增加到一定程度后，降温效果逐渐减缓。所以空气间层高度在18～30cm范围内较为理想。

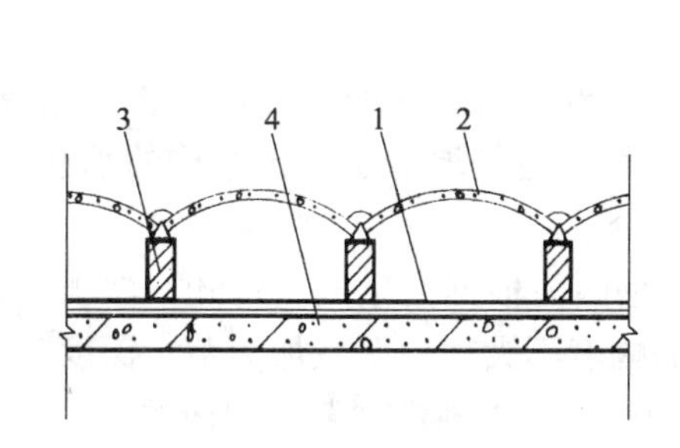

图4-6 水泥大瓦架空层

1—防水层；2—水泥大瓦；3—砖墩；4—结构层

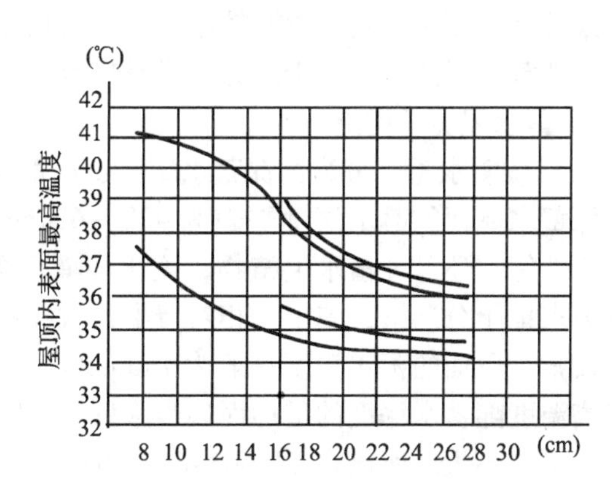

图4-7 空气间层高度与内表面温度关系

在确定架空层的具体高度时，可根据屋面宽度和坡度大小来确定。屋面较宽时，风道中阻力增加，宜采用较高的架空层；屋面坡度较小，进风口和出风口之间的温差相对较小，为便于风道中空气流通，宜采用较高的架空层，反之可采用较低的架空层。

（3）关于通风屋脊：当屋面宽度大于10m时，由于风道过长，使风在流动中增加了阻力，为保证通风空气间层内气流通畅，故规定当屋面宽度超过10m时应设通风屋脊。

（4）关于进风、出风口位置：在“2004规范”中明确规定架风隔热层的进风口，宜设置在当地炎热季节最大频率风向的正压区，出口宜设置在负压区，以加速架空间层内的空气流动，提高散热的效果。

（5）支墩设计：支承隔热构件的砖墩形式有两种：

1）条式：将砖在屋面防水层上沿主导风向砌成条形，使空气流沿条形间层顺畅地流动；

2）点式：将砖在屋面防水层上砌成砖墩，支持大阶砖或混凝土预制薄板的四角，使空气流不受风向的约束，而在间层中自然流动。

由于点式支承的通风空气间层内的气流可形成紊流，从而影响空气的流速，致使隔热效果不如条式支承通风的效果好。

（6）在04规范9.4.5条中规定“架空板与女儿墙的距离不宜小于250mm”。这主要要考虑这个距离宽度不仅仅是为了解决架空板的膨胀收缩变形对女儿墙的影响，而且也要考虑有利通风，防止堵塞和便于清理的问题。当然间距也不宜过大，太宽时会降低隔热的效果。

4.8.2 蓄水屋面设计

蓄水屋面是在屋面上蓄一定高度的水，以降低室内温度的屋面。其原理是利用水的蓄热和蒸发作用，使照射到屋面上的辐射热大量消耗，从而减少室外热量通过屋面传入室内，以达到隔热的目的。

1. 蓄水屋面的适用范围

在 GB 50345—2004 第 9.1.1 条中明确规定“当屋面防水等级为Ⅰ、Ⅱ级时，不宜采用蓄水屋面”。这是根据全国蓄水屋面的使用情况，在高等级建筑上使用极少，这是考虑到如果蓄水屋面一旦发生渗漏较难处理，而且可能造成损失，故一般不宜采用。

另外蓄水屋面一般用于南方气候炎热地区，而我国北方冬季寒冷故也不宜采用。

2. 蓄水屋面的构造

（1）按蓄水深度分为：深蓄水屋面、浅蓄水屋面两类。

深蓄水屋面的蓄水深度一般为 400～600mm，属于重屋盖。这种屋面由于蓄水较深，热稳定性好，还可种植水生植物，美化环境，净化空气。但是增加了屋顶结构的承载力，管理要求也十分严格，施工也相对费事，故在我国很少采用；

浅蓄水屋面的蓄水深度一般为 150～200mm，这是因为根据大量试验得知，屋顶外表面最高温度随蓄水深度的增加而逐步降低，但降低的幅度不大，说明虽加大蓄水深度对隔热效果影响不大。所以在 GB 50345—2004 第 9.3.5 的“4”中规定“蓄水屋面的蓄水深度宜为 150～200mm。”

（2）按构造形式分为：封闭式和敞开式两种。

封闭式蓄水屋面的蓄水层是封闭的，上面用各种板状材料覆盖，蓄水层不直接接受太阳热能的辐射，这种屋面管理极不方便，我国极少采用。

敞开式蓄水屋面的蓄水层是露天的，不加封闭，直接接受太阳能辐射，我国绝大部分是这种敞开式蓄水屋面。

（3）按防水材料分为：柔性防水材料、刚性防水材料。我国以刚性防水层较多，也有在卷材、涂膜防水层上再做刚性防水层的。

3. 蓄水屋面设计要点

（1）合理划分蓄水区：04 规范规定蓄水屋面应划分为若干个蓄水区，每区的边长不应大于 10m，这主要是为了便于管理和避免影响周围环境，尤其是我国目前的蓄水屋面多为敞开式，容易落入灰尘、杂物，必须定期进行清除。分为若干蓄水区后，有利于排水清扫、维修；另一方面因缩小了蓄水面积，可避免大风吹起浪花溅落房屋周围，以至影响正常环境。

（2）横向变形缝处理：如屋面有变形缝时，在变形缝的两侧应分成两个互不连通的蓄水区。对长度超过 40m 的蓄水屋面，为了避免由于温差影响、屋面结构层膨胀收缩或建筑物下沉等因素，导致防水层开裂、渗漏。

（3）节点处理：蓄水屋面的节点处理至关重要，因为节点是屋面上变形比较敏感的部位，稍微处理不当，就可能造成渗漏，严重影响使用，故应针对屋面的具体情况，对节点部位采取刚柔并举，多道设防的处理措施。

（4）特殊设施：在蓄水屋面上应设置排水管、溢水口、给水管等特殊设施。其中排水管应与水落管连通，溢水口应设置在蓄水最深时的水面标高处。

4.8.3 种植屋面设计

种植屋面是在屋面防水层上覆土或铺设锯末、蛭石等松散材料，并种植植物，起到隔热作用的屋面。

当植物生长的绿叶严密覆盖在屋面上时，太阳光直接辐射在绿叶的上部，绿叶植物吸收太阳的辐射热，经光合作用进行能量的转换、调节平衡，使绿叶表面保持在一定的温度范围内，而在绿叶层下部不直接受阳光辐射。种植层表面收到的热量来自因介质中的水分蒸发而形成的潮湿空气层，由于潮湿空气需要吸收一部分热量，并以对流的形式带走一些热量，所以湿润空气层的温度比绿叶上部干空气的温度低，再加之湿润的种植介质也吸贮一部分热量，因此种植层下的屋盖表面能经常保持较室外气温低得多的温度，使传入室内的热量大幅度减小，从而有效地隔断了室外热量向室内的传播。

种植屋面可用于一般工业与民用建筑的屋面，这种屋面不仅可以居住条件，还可以美化城市。当今的一些种植屋面已用作日光浴场、屋顶花园，并设置喷泉供人们纳凉或休息。

1. 种植屋面的构造

（1）种植屋面一般宜选用刚性防水层，或在卷材防水层上加设细石混凝土刚性保护层；

（2）在少雨地区，冬季种植介质是干燥的，所以不必另设保温层，也不必在其下另设排水层；

（3）在温暖多雨地区，夏季多雨，冬季不结冰，所以在种植土下应设排水层，也不必另设保温层；

（4）在寒冷多雨地区，可采用在种植土下设排水层。但冬季严寒，种植介质冻结，所以在防水层下应加设保温层；

（5）目前我国的种植屋面发展较快，种植屋面的构造可根据不同的种植介质确定，也可以有草坪式、园林式、园艺式以及混合式等。

2. 种植屋面设计要点

（1）种植屋面由于增加了屋面的荷载，所以屋面结构应按种植介质的品种、厚度所增加的重量进行计算，提高结构的承载能力，确保屋面结构的刚度。

（2）种植介质和植物的选择，种植介质宜选用轻质、松散的材料，如蛭石、锯末等；种植的植物，应根据当地的自然环境、气候条件，选择与其相适应的植物。但是不论是种植介质还是种植物，均必须符合环保要求，以确保居民身体健康；

（3）种植介质的厚度，应根据采用何种介质，种植何种植物来进行确定，一般厚度宜大于300mm；

（4）排水层材料应根据屋面功能、建筑环境、当地的材料供应条件和经济条件等综合考虑后确定；

（5）种植屋面可用于平屋面或坡屋面，当屋面坡度大于20%以上时，屋面可做成梯田式，利用排水层和覆土层找坡。

（6）在种植屋面的四周应设置围护墙及泄水管、排水管，防止种植介质流失及排出种植介质中的水份。在种植屋面上要设置人行道，以便于管理。

4.8.4 倒置式屋面设计

倒置式屋面是憎水性保温材料设置在防水层上的屋面。由于将防水层设置在保温层的下面，不与大气和阳光直接接触，因而避免了外界剧烈的冷热循环和风吹、日晒、雨淋、臭氧等的损害，提高了防水层的合理使用年限。

1. 倒置式屋面的构造

倒置式屋面适用于有保温隔热要求的工业与民用建筑。倒置式屋面与传统卷材平屋面在构造上的区别是：倒置式屋面是在结构层上先做找平层，再做防水层，最后做保温层和保护层；而传统的平屋面是在结构层上先做保温层，再做找平层，最后做防水层、保护层。如图4-8。

倒置式屋面在构造上的一些要求如下：

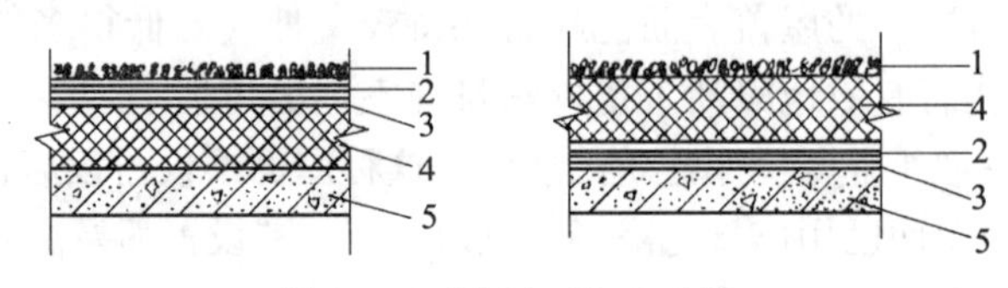

图4-8 两种屋面构造比较

1—保护层；2—防水层；3—找平层；4—保温层；5—结构层

2. 倒置式屋面的设计要点

（1）倒置式屋面的保温层应选用吸水率低、且长期浸水不腐烂的保温材料。这是因为倒置式屋面的保温层在防水层上面，如果保温材料吸水饱和，不仅大大降低了保温效果，而且零度以下的气温就会结冰，不再具有保温功能，因此要选用不吸水或吸水率低的保温材料，如聚苯乙烯泡沫塑料、硬质聚氨酯发泡塑料，泡沫玻璃等。

（2）倒置式屋面的保温层，应根据所用材料的特点，可采用干铺，亦可采用与防水层材性相容的胶粘剂粘贴。上人屋面的保温层可采用粘贴的方法；非上人屋面的保温层可采用粘贴或不粘贴的方法，粘贴材料可用水泥砂浆，或其他胶结材料。

（3）在保温层的上部应设置保护层，保护层可用混凝土板材、水泥砂浆或卵石等材料，将保温层压住，以防下雨时，屋顶雨水将保温层浮起。

（4）当采用卵石保护层时，在卵石与保温层之间应铺设一层纤维织物。加铺的纤维织物应选用耐穿刺、耐久性、耐腐蚀性能好的材料。

（5）倒置式屋面采用现喷硬质聚氨酯泡沫塑料时，宜在其表面涂刷一道涂料作保护层，但泡沫塑料与涂料间应具有相容性。

4.9 屋面排水系统设计

4.9.1 屋面坡度设计

屋面排水是屋面防水的另一个方面，合理的屋面排水系统，能使屋面雨水迅速排走，减轻了防水层的负担，充分体现屋面工程“防排结合”的原则，减少了屋面渗漏的机会。所以在设计屋面排水系统时，必须充分考虑屋面的排水坡度、水沟截面、排水路线、屋面汇水面积，水落管的数量、位置和管径。

在确定屋面排水坡度时，还要考虑到当地每年降雨量的多少和降雨强度的大小，一般多雨地区的屋面排水坡度可大一些，少雨地区屋面排水坡度可适当小一些。根据《屋面工程技术规范》GB 50345—2004 中有关各种屋面的排水坡度见表 4-16。

各种屋面排水坡度表 **表 4-16**

屋面类型	技术条件	坡度要求	GB 50345—2004 中条文	备注
平屋面	材料找坡 单坡跨度大于 9m 的结构找坡	宜为 2% ≥3%	4.2.3 4.2.2	
刚性防水屋面	宜为结构找坡	2%～3%	7.3.2	
架空隔热屋面		≤5%	9.3.4	
蓄水屋面		≤0.5%	9.3.5	
种植屋面	用于平屋顶时 当为坡屋顶，应做成梯田式	1%～3% >20%	8.3.3 9.3.6	GB 50207—2002 9.3.6 条文说明
倒置式屋面		≤3%	9.3.7	
平瓦屋面		≥20%	10.3.3	
油毡瓦屋面		≥20%	10.3.3	
金属板材屋面		≥10%	10.3.3	
天沟、檐沟坡度	坡向水落口	>1%	4.2.4	
天沟、檐构沟底水落差		≤200mm	4.2.4	
水落口周围	直径 500mm 范围内	≥5%	5.4.5	

4.9.2 天沟排水量计算

有组织排水屋面，设计时应考虑天沟、檐沟的大小。天沟的排水量可根据库他公式计算：

$$Q_1 = \frac{1}{K} \cdot A \cdot \frac{100R\sqrt{I}}{n + \sqrt{R}}$$

式中 Q_1——天沟排水量（m^3/s）；

K——安全系数（采用 1.5）；

A——排水有效面积（m^2）；

I——排水坡度；

n——粗糙系数（采用 0.2）；

$$R —— \frac{A}{2h + W}$$

式中 h——天沟积水深度（m）；

W——降雨量（m^3）；

$$W = a\left(S_1 + \frac{S_2}{r}\right)/3600$$

a——采用的降雨强度（m^3/h）；

S_1——屋面投影面积（m^2）；

S_2——流过雨水的外墙面积（m^2）；

r——风速系数，一般为2。

4.9.3 水落管排水量计算

水落管的排水量，可按托里西里公式计算：

$$Q_2 = c \cdot A \cdot \sqrt{2gh}$$

式中 Q_2——水落管排水量（m^3/s）；

c——流量系数（采用0.6）；

A——水落管有效断面积（m^2）；

g——重力加速度（9.8m/s）。

h——天沟积水深度（m）

则每根水落管的屋面汇水面积为：

$$S_1 = Q_2 / a \cdot 3600$$

式中 S_1——每根水落管的屋面汇水面积（m^2）；

a——降雨强度（m^2/h）。

水落管需用数量 n 为：

$$n = \frac{S}{S_1}$$

式中 n——水落管需用数量（根）；

S——建筑物屋面受水面积（m^2）

S_1——每根水落管的屋面汇水面积（m^2）。

【例】 某建筑受水面积为2500m^2，查得本地区最大降雨量取值为100mm/h，选定水落管内径为100mm，檐沟宽度为800mm，深度为300mm，求一根水落管汇水面积和水落管数量。

解：降雨量100mm/h，降雨强度则为0.1m^3/h。

每根水落管的排水量为：

$$Q = c \cdot A\sqrt{2gh} = 0.6 \times \pi \times 0.05^2 \sqrt{2 \times 9.8 \times 0.3}$$

$$= 0.0114 m^3/s$$

每根水落管的屋面汇水面积为：

$$S_1 = \frac{Q}{a} \times 3600 = \frac{0.0114}{0.1} \times 3600 = 410 m^2$$

水落管数量为：

$$n = \frac{S}{S_1} = \frac{2500}{410} \approx 6 \text{ 根}$$

4.9.4 每根水落管汇水面积参考

为了避免计算繁琐，一些单位根据不同水落管管径、降雨量，编制了一些表格，如表4-17、表4-18、表4-19，供进行屋面排水系统设计时参考。

1. 屋面汇水面积表（表4-17）

屋面汇水面积表　　表 4-17

水落管直径（mm）	降雨强度（mm/h）											
	50	60	70	80	90	100	110	120	140	160	180	200
70	684	570	489	380	311							
100	1160	930	797	698	620	588	507	465	399	349	310	279
150	2268	1890	1620	1418	1260	1134	1031	945	810	709	630	567
200	3708	3090	2647	2318	2060	1854	1685	1545	1324	1159	1030	927

注：此表系建设部设计院给定的汇水面积。

2. 每根水落管汇水面积参考（表 4-18）

每根水落管汇水面积　　表 4-18

水落管径（mm）	降　雨　量（mm/h）					
	50	75	100	125	150	200
	屋面汇水面积（m^2）					
50	134	78	67	54	50	33
75	409	272	204	164	153	102
100	855	570	427	342	321	214
125			840	643	604	402
150						627

注：本表摘自《建筑防水工程技术》。

3. 有横向排水管时的汇水面积参考（表 4-19）

有横向排水管时的汇水面积　　表 4-19

水落管径（mm）	横　管　坡　度		
	1/100	1/50	1/25
	屋面汇水面积（m^2）		
75	76	108	153
100	175	246	349
125	310	438	621
150	497	701	994
200	1067	1514	2137
250	1923	2713	3846

注：1. 本表摘自《建筑防水工程技术》。
2. 若多根水落管排水时，则汇水面积为单根的 80%。
3. 应满足管径不应小于 75mm，最大汇水面积宜小于 200m^2 的要求。

5　卷材防水屋面

5.1　关于屋面找平层

5.1.1　找平层含水率

“2004 规范”5.1.4 条明确规定：“基层必须干净、干燥”，这里“干净”指将基层表面清扫干净，不得有油污、砂浆或混凝土残渣、灰尘等。而“干燥”则是指找平层含水率的大小，而基层含水率的大小对卷材防水层的质量影响极大，所以历来为人们所重视。

在 GB 50345—2004 第 5.1.4 条中对基层含水率的大小只有定性没有定量，这是因为由“83 规范”开始、“94 规范”、“2002 规范”直到“2004 规范”均没有提出定量的数值，每次编完规范后都将其作为遗留问题留待下一次修编时处理。原因是什么呢？

1. 我国幅员广大，各地相对湿度差异太大，我们曾在全国范围内征求意见，如内蒙、山西等比较干燥地区提出 6% ~8%，浙江、江苏等沿海地区提出 16%，这样大的悬殊，如果含水率定小了，沿海较潮湿的地区就很难达到；含水率定大了，在比较干燥的地区很容易达到，不利确保工程质量。

2. 有人提出含水率指标可按大行政区划分，这样也有困难，如在华北、西北等比较干燥的区域中，也有局部地区的湿度比较大，这样执行起来也有困难。

3. 即便能定出一个含水率指标，但因目前测试方法尚不完善，等试件烘干，提出测试结果后，基层的含水率也可能早已发生了变化，不能真正反映屋面当时的含水率情况。

参考日本规范，也未提出定量的指标。

通过几十年的工程实践，大家认为“将 $1m^2$ 卷材平坦地干铺在找平层上，静置 3 ~4h 后掀开检查，在找平层覆盖部位与卷材上未见水印。即可铺贴隔汽层或防水层”。这种方法简单易行，有较好的可操作性，经多年实践考验，证实是行之有效的。

5.1.2　关于找平层泛水处的圆弧大小

屋面找平层上的“泛水”，是指屋面上“平面”与“立面”的交接部位，也是屋面上变形比较集中的部位，如处理不好，就会影响卷材防水层的粘贴质量。所以一般要求在泛水部分的找平层应做成圆弧形，以利防水卷材的粘贴，现将圆弧大小的变化情况详述如下：

1. 在“94 规范”以前，只有“三毡四油”一种卷材防水层。这种卷材防水层由于是用热玛琋脂粘贴石油沥青油毡，而这种纸胎油毡的柔韧性和延伸率极低，如圆弧太小不仅油毡粘贴施工操作困难，并且在开卷时容易造成油毡脆裂。为适应“三毡四油”的工艺要求，就需要适当加大泛水圆弧的半径。所以由 20 世纪 50 年代开始，到现在的 GB 50345—

2004，经历了50年的时间，泛水处的圆弧半径一直沿用100～150mm。但是，因为圆弧半径大，在交角处必须使用大量的水泥砂浆来进行填填抹，这不仅造成浪费，而且因砂浆过厚，容易开裂，影响防水层的质量。

2. 在20世纪90年代，由于高聚物改性沥青防水卷材的出现，采用了“热熔”施工工艺，另外由于高聚物改性沥青防水卷材的耐低温柔性较好，所以也不存在卷材脆裂的问题，这样就可以减小找平层在泛水处的圆弧半径。经过大量工程实践，在“2004规范”中规定圆弧半径为50mm。

3. 对于合成高分子防水卷材，由于具有良好的柔韧性和延伸率，加之卷材本身厚度较薄，一般仅为1.2～1.5mm，铺贴十分方便，而且又是采用冷粘贴施工工艺，所以泛水处的圆弧半径就可以大大减小，根据大量工程实践，采用圆弧半径为20mm已完全能满足要求。这样就大大减少了在泛水处圆弧填抹砂浆的厚度，不仅节约了材料，而且避免了泛水处因砂浆过厚而开裂。

5.1.3 找平层技术要求

1. 水泥砂浆找平层

水泥砂浆找平层的技术要求见表5-1。

2. 细石混凝土找平层

水泥砂浆找平层技术要求　　**表5-1**

序号	项　目	技术要求	备注
1	配合比	1:2.5～1:3（水泥:砂）体积比，水泥强度等级不低于32.5级	
2	厚度（mm）	基层为整体混凝土：15～20 基层为整体现浇或板状保温材料：20～25 基层为装配式混凝土板：20～30	
3	坡度（%）	结构找坡：不应小于3% 材料找坡：宜为2% 天沟纵坡：不应小于1%，沟底水落差不得超过200mm	平屋顶
4	分格缝	位置：应留设在板端缝处 纵向间距：不宜大于6m 横向间距：不宜大于6m 缝宽：20mm	
5	泛水处圆弧半径（mm）	当为沥青防水卷材时：100～150 当为高聚物改性沥青卷材时：50 当为合成高分子防水卷材时：20	
6	表面平整度	用2m直尺检查，不应大于5mm	
7	含水率	将1m^{2}卷材平坦地干铺在找平层上，静置3～4h，掀开检查，覆盖部位与卷材上未见水印，即可	
8	表面质量	应平整、压光，不得有酥松、起砂、起皮现象及过大裂缝	

细石混凝土找平层的技术要求见表5-2。

细石混凝土找平层技术要求　　表5-2

序号	项　目	技术要求	备注
1	混凝土强度等级	不应低于C20	
2	厚度（mm）	30~35（用于松散保温层上）	
3	坡度（%）	同水泥砂浆找平层	
4	分格缝	同水泥砂浆找平层	
5	泛水处圆弧半径	同水泥砂浆找平层	
6	表面平整度	同水泥砂浆找平层	
7	含水率	同水泥砂浆找平层	
8	表面质量	应平整、压光，不得有酥松、起砂、起皮现象	

3. 沥青砂浆找平层

沥青砂浆找平层的技术要求见表5-3。

沥青砂浆找平层的技术要求　　表5-3

序号	项　目	技术要求	备注
1	配合比	重量比为1:8（沥青:砂）	
2	厚度（mm）	基层为整体混凝土：15~20 基层为装配式混凝土板、整体或板状材料保温层：20~25	
3	分格缝	位置：尽量留设在板端缝处 纵向间距：不宜大于4m 横向间距：不宜大于4m 缝宽：20mm	
4	坡度（%）	同水泥砂浆找平层	平屋顶
5	泛水处圆弧半径	同水泥砂浆找平层	
6	表面平整度	同水泥砂浆找平层	

5.2 屋面防水层对卷材质量的要求

屋面防水工程对卷材的质量要求，是指各种防水卷材的物理性能达到GB 50345—2004的要求，才可以在屋面防水工程中使用。所以，在“2004规范”表5.2.2-2中所指的物理性能要求，不是该产品的技术标准。

5.2.1 高聚物改性沥青防水卷材的物理性能要求

在“2004规范”第5.2.2条中，提出了对高聚物改性沥青防水卷材的物理性能要求，见表5-4。

高聚物改性沥青防水卷材物理性能 **表 5-4**

<table>
<tr><th colspan="2" rowspan="2">项目</th><th colspan="5">性能要求</th></tr>
<tr><th>聚酯毡胎体</th><th>玻纤毡胎体</th><th>聚乙烯胎体</th><th>自粘聚酯胎体</th><th>自粘无胎体</th></tr>
<tr><td colspan="2">可溶物含量（g/m²）</td><td colspan="2">3mm 厚≥2100
4mm 厚≥2900</td><td>—</td><td>2mm≥1300
3mm 厚≥2100</td><td>—</td></tr>
<tr><td colspan="2">拉力（N/50mm）</td><td>≥450</td><td>纵向≥350
横向≥250</td><td>≥100</td><td>≥350</td><td>≥250</td></tr>
<tr><td colspan="2">延伸率（%）</td><td>最大拉力时≥30</td><td>—</td><td>断裂时≥200</td><td>最大拉力时≥30</td><td>断裂时≥450</td></tr>
<tr><td colspan="2">耐热度（℃，2h）</td><td colspan="2">SBS 卷材 90，
APP 卷材 110，
无滑动、流淌、滴落</td><td>PEE 卷材 90，无流淌、起泡</td><td>70，无滑动、流淌、滴落</td><td>70，无起泡、滑动</td></tr>
<tr><td colspan="2" rowspan="2">低温柔度（℃）</td><td colspan="3">SBS 卷材-18，APP 卷材-5，PEE 卷材-10</td><td colspan="2">-20</td></tr>
<tr><td colspan="3">3mm 厚，r = 15mm；4mm 厚，r = 25mm；3s，弯 180°无裂纹</td><td>r = 15mm，3s，弯 180°无裂纹</td><td>φ20mm，3s，弯 180°无裂纹</td></tr>
<tr><td rowspan="2">不透水性</td><td>压力（MPa）</td><td>≥0.3</td><td>≥0.2</td><td>≥0.3</td><td>≥0.3</td><td>≥0.2</td></tr>
<tr><td>保持时间（min）</td><td colspan="4">≥30</td><td>≥120</td></tr>
</table>

注：SBS 卷材——弹性体改性沥青防水卷材；
APP 卷材——塑性体改性沥青防水卷材；
PEE 卷材——高聚物改性沥青聚乙烯胎防水卷材。

由上表可知，在 04 规范表 5.2.2-2 中的一些项目和卷材类别与《屋面工程质量验收规范》GB 50207—2002 的表 A.0.1-1.2 有较大的出入，现将其解析如下：

1. 胎体材料：按照《弹性体改性沥青防水卷材》GB 18242—2000，及《塑性体改性沥青防水卷材》GB 18243—2000 的规定，此类卷材只规定两种胎体材料：即聚酯胎（PY）、玻纤胎（G），面层材料规定用聚乙烯膜（PE）、细砂（S）、粒料（M）。

2. 根据《自粘聚合物改性沥青聚酯胎防水卷材》JC 898—2002 及《自粘橡胶沥青防水卷材》JC 840—1999，“2004 规范”的表 5.2.2-2 中增加了“自粘聚酯胎体”和“自粘无胎体”的内容，故与“2002 规范”表 A.0.1-1.2 相比，增加了自粘聚酯胎体和自粘无胎体的性能要求。

3. 在 04 规范表 2.2.2-2 中提出的 5 类胎体材料的物理性能指标，均按相关的材料标准进行了调整。

4. 在项目的栏中增加了“可溶物含量”的指标要求，这样就更有利于控制卷材的质量。

5. 本表与“94 规范”相比删去了“麻布胎体”，因此类胎体材料虽有较高的抗拉强度，但因其耐腐蚀性能差，延伸率小，故已被淘汰出局。

6. 对于 SBS、APP 改性沥青防水卷材的“耐热度”，本次制定规范时分别定为 90℃、110℃，与材料标准和“2002 规范”一致，以便施工时核验材料质量（注：SBS 卷材比“94 规范”提高 5℃，APP 卷材比“94 规范”提高 25℃）。

5.2.2 合成高分子防水卷材的物理性能要求

在《屋面工程技术规范》GB 50345—2004 中的表 5.2.3-2，明确确定了合成高分子防水卷材的物理性能要求，如表 5-5。

合成高分子防水卷材物理性能 表 5-5

<table>
<tr><td colspan="2" rowspan="2">项 目</td><td colspan="4">性 能 要 求</td></tr>
<tr><td>硫化橡胶类</td><td>非硫化橡胶类</td><td>树脂类</td><td>纤维增强类</td></tr>
<tr><td colspan="2">断裂拉伸强度（MPa）</td><td>≥6</td><td>≥3</td><td>≥10</td><td>≥9</td></tr>
<tr><td colspan="2">扯断伸长率（%）</td><td>≥400</td><td>≥200</td><td>≥200</td><td>≥10</td></tr>
<tr><td colspan="2">低温弯折（℃）</td><td>-30</td><td>-20</td><td>-20</td><td>-20</td></tr>
<tr><td rowspan="2">不透水性</td><td>压力（MPa）</td><td>≥0.3</td><td>≥0.2</td><td>≥0.3</td><td>≥0.3</td></tr>
<tr><td>保持时间（min）</td><td colspan="4">≥30</td></tr>
<tr><td colspan="2">加热收缩率（%）</td><td><1.2</td><td><2.0</td><td><2.0</td><td><1.0</td></tr>
<tr><td rowspan="2">热老化保持率
（80℃，168h）</td><td>断裂拉伸强度</td><td colspan="4">≥80%</td></tr>
<tr><td>扯断伸长率</td><td colspan="4">≥70%</td></tr>
</table>

关于合成高分子防水卷材的物理性能：

1. 在“94 规范”表 4.2.4.2 中，其物理性能是按照弹性体卷材、塑性体卷材、加合成纤维的卷材来进行划分的。因为当时我国尚无合成高分子防水卷材的材料标准，在确定物理性中的技术指标时，是参考国外和我国已公布的《聚氯乙烯防水卷材》GB 12952—91，按其拉伸强度、断裂伸长率、低温弯折性的不同，将其分为Ⅰ～Ⅲ类即Ⅰ类的弹性体卷材、Ⅱ类为塑性体卷材、Ⅲ类为加筋卷材。

2. 2000 年国家正式批准发布了《高分子防水材料》（第一部分：片材）GB 18173.1—2000，标准中将合成高分子防水卷材，分为硫化橡胶类、非硫化橡胶类、树脂类。如表5-6。

片材的分类 表 5-6

<table>
<tr><td colspan="2">分 类</td><td>代号</td><td>主要原材料</td></tr>
<tr><td rowspan="10">均质片</td><td rowspan="4">硫化橡胶类</td><td>JL1</td><td>三元乙丙橡胶</td></tr>
<tr><td>JL2</td><td>橡胶（橡塑）共混</td></tr>
<tr><td>JL3</td><td>氯丁橡胶、氯磺化聚乙烯、氯化聚乙烯等</td></tr>
<tr><td>JL4</td><td>再生胶</td></tr>
<tr><td rowspan="3">非硫化橡胶类</td><td>JF1</td><td>三元乙丙橡胶</td></tr>
<tr><td>JF2</td><td>橡塑共混</td></tr>
<tr><td>JF3</td><td>氯化聚乙烯</td></tr>
<tr><td rowspan="3">树脂类</td><td>JS1</td><td>聚氯乙烯等</td></tr>
<tr><td>JS2</td><td>乙烯醋酸乙烯、聚乙烯等</td></tr>
<tr><td>JS3</td><td>乙烯醋酸乙烯改性沥青共混等</td></tr>
<tr><td rowspan="4">复合片</td><td>硫化橡胶类</td><td>FL</td><td>乙丙、丁基、氯丁橡胶、氯磺化聚乙烯等</td></tr>
<tr><td>非硫化橡胶类</td><td>FF</td><td>氯化聚乙烯、乙丙、丁基、氯丁橡胶、氯磺化聚乙烯等</td></tr>
<tr><td rowspan="2">树脂类</td><td>FS1</td><td>聚氯乙烯等</td></tr>
<tr><td>FS2</td><td>聚乙烯等</td></tr>
</table>

3. 因此在“02 规范”中，就参考材料标准的分类，再增加一个纤维增强类，共分为4类，其物理性能中的技术指标是根据屋面防水工程的技术要求，结合材料标准中的有关数据，经过综合分析后提出来的，做到既能适应屋面防水工程的需要，又能满足材料标准的要求。

4. 为了统一口径，“2004 规范”中的表 5.2.3-2 合成高分子卷材的物理性能与“2002 规范”中的表 A.0.1-2.2 完全一致，以方便在设计、施工中执行。

5.2.3 进场防水卷材的物理性能抽检

在“2004 规范”的 5.2.7 条中增加了“在外观质量检验合格的卷材中，任取一卷做物理性能检验”。

为什么要明确这一点呢？因为在“94 规范”中只明确规定了外观质量的抽取卷数，没有明确规定物理性能检验的抽取卷数，这样在执行规范中就出现了不同的理解，譬如有的监理单位或甲方认为，外观检验抽几卷，物理性能检验也要检验几卷；而有的施工单位认为，是在外观检验合格的卷材中任取一卷作物理性能检验即可。

经规范编制组的专家讨论认为，卷材物理性能的抽检数量不需要与外观抽检的数量一样。因为同一批生产的卷材，在其原材料及配置，生产条件等基本相同，按标准抽取一卷，已具有一定的代表性，不必要对外观检验合格的卷材每卷均做物理性能检验。故在本条中明确规定：在抽检的外观合格的卷材中任取一卷做物理性能试验即可。

5.2.4 防水卷材的厚度要求

为确保防水工程质量，使屋面工程在防水层合理使用年限内不发生渗漏，对于防水卷材而言，除了材质、材性因素外，其厚度就是最主要的因素了。所以在“2004 规范”表 5.3.2 中规定了各种卷材的厚度，为什么对不同的卷材要规定不同的厚度呢？

1. 对于合成高分子防水卷材：因为其本身厚度就较薄，铺到屋面上后要经受人们的踩踏、机具的压轧、穿刺、紫外线的辐射及酸雨、臭氧的侵蚀，所以在本条中规定了卷材防水层要求的最小厚度，以确保在使用过程中的防水功能。

2. 对于高聚物改性沥青防水卷材：此类卷材以沥青为基料，单层施工，而且绝大多数是采用“热熔法”施工工艺，如果厚度过薄，在热熔施工时，容易将卷材烧穿，破坏了卷材的防水功能，因为此种卷材的底面，是一层热熔胶，施工时是将“热熔胶”烤化，当作粘结层来粘贴卷材，所以规定其厚度在Ⅲ级屋面上单独使用时不得小于4mm，在Ⅰ、Ⅱ级屋面上复合使用时，因已有二或三道设防，整体防水功能已大为提高，所以厚度可适当减薄，但不得小于3mm。

3. 此表中再一次明确沥青复合胎柔性防水卷材和纸胎沥青卷材是一个档次，只能在Ⅲ、Ⅳ级屋面上叠层使用，绝不容许在Ⅰ、Ⅱ级屋面上单层使用。

4. 自粘类聚合物改性沥青防水卷材，是近年新推出的产品，其行业标准 JC 898—2002 是在《屋面工程质量验收规范》颁发后才推出的，所以在《屋面工程质量验收规范》GB 50207—2002 的表 4.3.6 中未包括这两类卷材。对于此类卷材，由于其性能特点及改性剂的用量不同，且使用的条件也与其他类型的改性沥青防水卷材不同，故厚度的规定也不相同。此类卷材因其耐紫外线、耐硌破、耐冲击和耐踩踏等性能较差，不适用于做外露屋面防水层。

5.3 基层处理剂和粘结材料

5.3.1 基层处理材料

1. 冷底子油

铺贴石油沥青防水卷材时应预先在找平层上涂刷沥青冷底子油，其配合成分见表5-7。

冷底子油配合比参考表（重量%） 表5-7

用途	沥青			溶剂	
	10号、30号石油沥青	60号石油沥青	软化点为50~70℃的煤沥青	轻柴油（或煤油）	汽油
涂刷在终凝前的水泥砂浆找平层上	40			60	
		55		45	
			50	50	
涂刷在终凝后的水泥砂浆找平层上	50			50	
	30				70

配制时先将熬好的沥青倒入料桶中，再加入溶剂。如加入慢挥发性溶剂（如煤油），则沥青的温度不得超过140℃。如加入快挥发性溶剂（如汽油），则沥青的温度不得超过110℃。溶剂应分批加入，开始每次2~3L，以后每次5L。

2. 基层处理剂

铺贴合成高分子防水卷材时，应事先在找平层上涂刷基层处理剂（注：广义地说冷底子油也是基层处理剂，但为了照顾习惯用语，避免混淆，新规范中的基层处理剂，仅指铺贴合成高分子防水卷材时处理基层之用处理剂）。一般应根据卷材的品种使用专用基层处理剂，也可将该品种卷材的胶粘剂稀释后使用。可参考表5-8。

合成高分子防水卷材的基层处理剂 表5-8

卷材名称	基层处理剂
三元乙丙防水卷材	聚氨酯底胶甲组分:乙组分=1:3或聚氨酯防水涂料甲组分:乙组分:甲苯=1:1.5:2
氯化聚乙烯-橡胶共混防水卷材	聚氨酯涂料稀释，或用水乳型涂料喷涂
LYX-603氯化聚乙烯防水卷材	稀释胶粘剂，或乙酸乙酯:汽油=1:1
氯磺化聚乙烯防水卷材	用氯丁胶涂料稀释
三元丁橡胶防水卷材	CH-1配套胶粘剂稀释
丁基橡胶防水卷材	氯丁胶粘剂稀释
硫化型橡胶类防水卷材	氯丁胶乳

5.3.2 沥青玛琋脂的配制

在沥青中掺入10% ~25%的粉状填充料或掺入5% ~10%的纤维填充料即成为玛琋脂。

1. 石油沥青玛琋脂的配合比

石油沥青玛琋脂可采用10号、30号建筑石油沥青和普通石油沥青配制而成。每种沥青的配合量，宜按下列公式计算：

石油沥青熔合物

$$B_g = \left(\frac{t - t_2}{t_1 - t_2}\right) \times 100$$

$$B_d = 100 - B_g$$

式中 B_g——熔合物中高较化点石油沥青含量（%）；

B_d——熔合物中低软化点石油沥青含量（%）；

t——沥青玛琋脂熔合物所需的软化点（℃）；

t_1——高软化点石油沥青的软化点（℃）；

t_2——低软化点石油沥青的软化点（℃）。

2. 热玛琋脂配合比参考

在选定了热玛琋脂的标号后，可根据进场沥青等材料的品种，参考表5-9，进行热玛琋脂的试配和施工。

热玛琋脂配合比参考表 **表5-9**

耐热度（℃）	沥青标号			填充料				催化剂（占沥青重量的%）
	10	30	60	滑石粉	太白粉	石棉粉	石棉绒	
70	75			25				
70	65		10	20			5	
70	70	5		25				
70	65	10		25				
70	80			20				硫酸铜1.5%
75	75			25				硫酸铜1.5%
75	70		5	25				
75	75					25		
75	60	15			25			
75		75			25			
75	50	25			25			
80	75			20			5	氯化锌1.5%
80	75				25			硫酸铜1.5%
80	75			25				
80	80			20				氯化锌1.0%

3．玛琋脂耐热度与软化点的对应关系

玛琋脂的耐热度指标与软化点有一定的对应关系，在 GB 50345—2004 第 5.5.1 条的“2”中规定“现场配制玛琋脂的配合比及其软化点和耐热度的关系数据，应由试验部门根据所用原料试配后确定。”软化点与耐热度的关系，可用下式表述：

$$y = ax - b$$

式中 y——玛琋脂的软化点（℃）；

x——玛琋脂的耐热度（℃）；

a、b——系数，由试验室根据所用沥青配制成玛琋脂后，分别进行耐热度、软化点对比试验，找出对应关系，求出系数 a、b。

【例】 根据某工程所用玛琋脂，求出其耐热度与软化点的对应关系为：

$$y = 1.31x - 10.6℃$$

如要求玛琋脂的耐热度为60℃，则玛琋脂的软化点应是多少度？

解：

$$y = 1.31 \times 60 - 10.6 = 68.54℃$$

即如测得玛琋脂的软化点为68.54℃，则其耐热度可达到60℃。

5.3.3 沥青的脱蜡处理

沥青中的石蜡含量愈多，其粘结性和耐热性愈差。普通石油沥青中的含蜡量较高，施工后容易产生流淌现象。因此在屋面防水工程中不宜直接使用未经脱蜡处理的多蜡沥青，以免出现粘结不牢、流淌、老化等质量事故。如必须使用多蜡沥青配制玛琋脂进行屋面防水工程施工时，必须先对沥青进行脱蜡处理，改善其性能后方可使用。脱蜡处理的方法有以下几种：

1．吹氧处理法

将沥青在高温下进行氧化，使沥青中的油脂逐步氧化为胶脂，最后聚合为沥青脂。同时部分石蜡分解成气体挥发或脱出，从而提高了沥青的粘结力和软化点。其方法是沥青加热脱水后，使温度达到240～260℃，然后吹入空气2～4h后，沥青的软化点可提高15～20℃，性能有显著改善。

2．外加剂处理法

沥青加热脱水后，保持温度在260～280℃下不停地搅拌，并加入粉状氯化锌（$ZnCl_2$）1%，或三氯化铁（$FeCl_3$），或氯化铝（$AlCl_3$）等氯盐，然后保温0.5～1h至沥青中的泡沫消失后即可使用。

另外，可加入无规聚丙烯等进行改性，也可取得良好的效果。

3．混合处理法

即在多蜡沥青中掺入一定比例的10号建筑石油沥青，混合熔化，搅拌均匀，以增加沥青质含量，相对减少石蜡含量。一般掺配比例为：

多蜡沥青∶10号建筑石油沥青＝1∶0.7～1.5（重量比）

5.3.4 沥青玛琋脂的选用

粘贴各层卷材、粘结绿豆砂保护层采用的沥青玛琋脂的标号，应根据屋面的使用条件、坡度和当地历年极端最高气温，按表5-10选用。

沥青玛琋脂选用标号 表 5-10

材料名称	屋面坡度	历年极端最高气温	沥青玛琋脂标号
沥青玛琋脂	1%~3%	小于 38℃ 38~41℃ 41~45℃	S—60 S—65 S—70
	3%~15%	小于 38℃ 38~41℃ 41~45℃	S—65 S—70 S—75
	15%~25%	小于 38℃ 38~41℃ 41~45℃	S—75 S—80 S—85

注：1. 卷材上有块体保护层或整体刚性保护层，沥青玛琋脂标号可按表中数据降低 5 号；
2. 屋面受其他热源影响（如高温车间等）或屋面坡度超过 25% 时，应将沥青玛琋脂的标号适当提高。

5.3.5 合成高分子防水卷材的配套胶粘剂

铺贴合成高分子防水卷材时，应根据其不同的品种选用不同的专用胶粘剂，以确保粘结质量，大部分合成高分子防水卷材粘结时，卷材与基层、卷材与卷材（边部搭接缝），还需使用不同的胶粘剂，见表 5-11。

合成高分子防水卷材配套胶粘剂 表 5-11

序号	卷材名称	卷材与基层胶粘剂	卷材与卷材胶粘剂
1	三元乙丙橡胶防水卷材	CX-404 胶粘剂	丁基胶粘剂
2	LYX-603 氯化聚乙烯防水卷材	LYX-603-3（3 号胶）	LYX-603-2（2 号胶）
3	氯化聚乙烯—橡胶共混防水卷材	CX-404 或 409 胶粘剂	氯丁系胶粘剂
4	氯丁橡胶防水卷材	氯丁胶粘剂	氯丁胶粘剂
5	聚氯乙烯防水卷材	FL 型胶粘剂	
6	复合增强 PVC 防水卷材	GY-88 型乙烯共聚物改性胶	PA-2 型胶粘剂
7	TGPVC 防水卷材（带聚氨酯底衬）	TG-Ⅰ型胶粘剂	TG-Ⅱ型胶粘剂
8	氯磺化聚乙烯防水卷材	配套胶粘剂	配套胶粘剂
9	三元丁橡胶防水卷材	CH-1 型胶粘剂	CH-1 型胶粘剂
10	丁基橡胶防水卷材	氯丁胶粘剂	氯丁胶粘剂
11	硫化型橡胶防水卷材	氯丁胶粘剂	封口胶加固化剂（列克纳）5%~10%
12	高分子橡塑防水卷材	R-1 基层胶粘剂	R-1 卷材胶粘剂

5.3.6 合成高分子防水卷材铺贴用料参考

在铺贴合成高分子防水卷材时，应根据不同的铺贴方法考虑不同数量的材料消耗，一般可参考表 5-12。

合成高分子防水卷材铺贴用料参考 表 5-12

单方用量 铺贴方法 / 材料名称	满粘法	条粘法	空铺法
合成高分子防水卷材	1.15m^2/m^2	1.2m^2/m^2	1.2m^2/m^2
基层处理剂	0.15kg/m^2	0.15kg/m^2	0.075kg/m^2
基层胶粘剂	0.4kg/m^2	0.15kg/m^2	0.1kg/m^2
接缝胶粘剂	0.12kg/m^2	0.15kg/m^2	0.15kg/m^2
封边密封材料	0.1kg/m^2	0.1kg/m^2	0.1kg/m^2
溶剂（清洗）	适量	适量	适量

5.4 卷材防水屋面施工工艺和适用范围

卷材防水屋面目前常见的施工工艺有热施工工艺、冷施工工艺、机械固定三大类。每一种施工工艺又有若干不同的施工做法，各种不同的施工做法又各有其不同的适用范围。所以在 GB 50345—2004 的“5.5 沥青防水卷材施工”、“5.6 高聚物改性沥青防水卷材施工”、“5.7 合成高分子防水卷材施工”等章节中，对各种不同类型的卷材规定了不同的施工工艺，现分述于下。

5.4.1 热施工工艺

热施工工艺就是在铺贴卷材防水层时，需要对卷材或粘结材料加热，才能进行卷材防水层的铺贴。在一般热施工工艺中，常见的有热玛瑞脂粘贴法、热熔法、热风焊接法、热粘法等几种。

1. 热玛瑞脂粘贴法：这是一种传统的施工方法。其方法是将玛瑞脂加热，温度不应高于240℃，然后在找平层上边浇温度不低于190℃的热玛瑞脂，边滚铺油毡，逐层铺贴。

这种施工工艺，适用于石油沥青纸胎油毡三毡四油或二毡三油的叠层铺贴。

2. 热熔法：热熔法施工是将热熔型防水卷材的底胶用火焰加热器熔化后，进行卷材与基层或卷材之间粘结的施工方法。

这种施工工艺，适用于底层有热熔胶的高聚物改性沥青防水卷材的施工。

3. 热风焊接法：采用专用的热空气焊枪加热防水层搭接缝，进行卷材与卷材之间焊接的施工方法。根据焊接缝的型式，又可分为单焊缝和双焊缝两种。

这种施工工艺，一般用于合成高分子防水卷材搭接缝的焊接。

4. 热粘法：以热熔改性沥青胶为粘结材料，将卷材与基层或卷材与卷材之间粘结的施工方法。

这种施工工艺，主要用于不能采用热熔法施工的厚度较薄的高聚物改性沥青防水卷材。

5.4.2 热玛琋脂粘贴法与“热粘法”的区别

在《屋面工程技术规范》GB 50345—2004 第 5.6.4 条中，提出了“热粘法”铺贴高聚物改性沥青防水卷材的施工工艺。

为什么要提出“热粘法”的施工工艺呢？这是因为过去对高聚物改性沥青防水卷材一般都是采用“热熔法”施工，但是近年来出现了一些厚度不足 4mm 的改性沥青防水卷材，在热熔施工时，容易将卷材烧穿，破坏防水层的质量。所以近年来才出现，采用“热粘法”铺贴高聚物改性沥青卷材的做法。

那么“热熔法”与传统的热玛琋脂铺贴石油沥青纸胎油毡的做法有何不同之处，现分述于下：

1. 粘结材料不一样：“热熔法”使用的粘结材料是“热熔型改性沥青胶”；而石油沥青纸胎油卷使用的粘结材料是“热玛琋脂”。

2. 粘结材料的材性不一样：“热熔型改性沥青胶”系由工厂生产，用高聚物对沥青进行了改性，有较好的耐热度和低温柔性，能与高聚物改性沥青防水卷材的材性相适应；而玛琋脂则是在沥青中加入滑石粉等填充料，一般在现场熬制，沥青没有经过改性处理；

3. 加热方法不一样：按照 GB 50345—2004 中第 5.6.4 条的规定，“熔化热熔型改性沥青胶时，宜采用专用的导热油炉加热”；而热玛琋脂则是在现场用沥青锅加热熬制。

4. 加热温度和使用温度不一样：热熔型改性沥青胶的加热温度不应高于 200℃，使用温度不应低于 180℃；而热玛琋脂的加热温度不应高于 240℃，使用温度不宜低于 190℃。

5. 粘贴的对象不一样：热熔型改性沥青胶粘贴的对象是高聚物改性沥青防水卷材，而热玛琋脂粘贴的对象是石油沥青纸胎油毡。

5.4.3 冷施工工艺

冷施工工艺就是在铺贴卷材防水层时，不需要对卷材或粘结材料加热，就可以进行卷材防水层的铺贴。在一般冷施工工艺中，常见的有冷玛琋脂粘贴法、冷粘法、自粘法等3 种。

1. 冷玛琋脂粘贴法：冷玛琋脂系由石油沥青、填充料及有机溶剂等由工厂加工而成的冷用沥青胶结材料，施工时不需加热，可直接在找平层涂刮后粘贴油毡。

这种施工工艺，适合进行石油沥青纸胎油毡三毡四油或二毡三油的叠层铺贴。

2. 冷粘法：根据不同品种的卷材，采用不同的专用胶粘剂进行卷材与卷材、卷材与基层的粘结，而不需要加热的施工方法。

这种施工工艺，一般多用于合成高分子防水卷材，进行配套使用。

3. 自粘法：采用带有自粘胶的防水卷材，在进行屋面防水层施工时，不用热施工，也不需涂刷胶结材料，而直接在基层上进行卷材与基层粘结的方法。

这种施工工艺，一般是适用于带有自粘胶的合成高分子防水卷材及高聚物改性沥青防水卷材。

5.4.4 机械固定施工工艺

合成高分子防水卷材采用“机械固定法”这种施工方法，在《屋面工程技术规范》GB 50207—94、《屋面工程质量验收规范》GB 50207—2002 中均未提到。因为当时虽已出现了在屋面防水工程中对合成高分子防水卷材采用机械固定法的施工工艺，但使用范围很小，配套技术尚不完善，所以当时没有纳入规范中。经过近10年的发展，在工程实践中取得了较多的经验，配套技术已日趋完善，所以本次制定规范时，将其纳入04规范的5.7.5条的第4款中。至于详细的操作工艺，应按相应的工艺规程执行。目前国内的机械固定工艺又分为机械钉压法和压埋法两种。

1. 机械钉压法：是一种采用镀锌钢钉或铜钉等固定件将卷材防水层固定在基层上的施工方法。一般多用于坡度较大的屋面上铺贴卷材，或用于有特殊功能要求的合成高分子防水卷材。所采用的固定件应与基层固定牢固，固定件的间距应根据当地的使用环境与条件确定，并不宜大于600mm，距周边800mm范围内的卷材应满粘。

2. 压埋法：卷材与基层大部分不粘结，上面采用卵石等压埋，但搭接缝和周边要满粘。

这种施工工艺：一般多见于空铺法和倒置式屋面。

5.5 铺贴卷材防水层技术要求

5.5.1 关于厚度小于3mm的高聚物改性沥青防水卷材施工要求

在GB 50345—2004第5.6.5条的第“1”条中，规定了“厚度小于3mm的高聚物改性沥青防水卷材，严禁采用热熔法施工”。这是在本规范编辑室新增加的条文。

这是因为目前很多施工单位和操作人员，不了解“热熔法”的使用条件，凡是高聚物改性沥青防水卷材，不论厚薄，一律都是用热熔法施工，甚至将2mm厚的卷材也用热熔法施工，使卷材烧穿，严重的影响了防水层的质量及其耐久性，故在讨论本条时，增加了厚度小于3mm的高聚物改性沥青防水卷材不得用热熔法施工的规定。对于此类卷材不用热熔法施工，可以采用“热粘法”进行铺贴。

5.5.2 卷材防水层铺贴方法

在过去的卷材防水屋面施工中，都采用基层与防水层卷材全部粘结的“满粘法”施工，而且认为防水卷材与基层粘结的越结实，防水层的质量就越好。但是经过大量工程实践，后来在调研中发现，在卷材防水层与基层全部粘结牢固的屋面工程中，由于卷材防水层适应基层的变形能力差，当基层变形较大时，常常将卷材防水层拉裂破坏。如何解决这一问题，当时的思路是：提高卷材的延伸率、减小基层的变形、改进卷材铺贴的施工工艺。

所以在GB 50345—2004第5.1.7条中，着重由改进卷材铺贴的施工方法入手，提出“卷材防水层上有重物覆盖或基层变形较大时，应优先采用空铺法、点粘法、条粘法或机械固定法”。这样做的目的就是使卷材防水层与基层在一定范围内不粘结，让卷材防水层有一定的脱空长度来适应基层的变形，解决由于基层变形而将卷材防水层拉裂的问题。现将几种卷材防水层的施工工艺分述于下：

1. 空铺法：铺贴防水卷材时，卷材与基层仅在四周一定宽度内粘结，其余部分不粘结的施工方法。铺贴时，应在檐口、屋脊和屋面的转角处及突出屋的连接处，卷材与找平层应满涂玛𤧛脂粘结，其粘结宽度不得小于800mm，卷材与卷材的搭接缝应满粘，叠层铺设时，卷材与卷材之间应满粘。

由于这种方法可以使卷材与基层之间互不粘结，减小了基层变形对防水层的影响，有利于解决防水层开裂、起鼓等问题，但是对于叠层铺设的防水层由于减少了一层“油”，降低了防水功能，如一旦发生渗漏，也不容易找到漏点。

这种施工方法适用于基层温度过大，找平层中的水蒸汽难由排汽道排入大气的屋面，或用于压埋法施工的屋面。在沿海大风地区应慎用，以防被大风掀起。

2. 条粘法：铺贴防水卷材时，卷材与基层采用条状粘结的施工方法。每幅卷材与基层的粘结面不得少于两条，每条宽度不应小于150mm，每幅卷材与卷材的搭接缝应满粘。当采用叠层铺贴时，卷材与卷材间亦应满粘。

这种铺粘方法，由于卷材与基层在一定宽度内不粘结，增大了卷材防水层适应基层变形的能力，有利于解决卷材屋面的开裂、起鼓，但这种铺贴方法，操作比较复杂，且部分地方减少了“一油”，降低了防水功能。

这种铺贴方法适用于采用留槽排汽不能可靠地解决卷材防水层开裂和起鼓的无保温屋面，或者温差较大，而基层又十分潮湿的排汽屋面。

3. 点粘法：铺贴防水卷材时，卷材与基层采用点状粘结的施工方法。要求每平方米面积内至少有5个粘结点，每点面积不小于100mm×100mm，卷材与卷材搭接缝应满粘。当第一层采用打孔卷材时，也属于点粘法。防水层周边一定范围内也应与基层满粘牢固。点粘的面积和数量，必要时应根据当地风力大小经计算后确定。

由于这种铺贴方法增大了防水层适应基层变形的能力，有利于解决防水层的开裂、起鼓问题。但这种做法操作比较复杂，当第一层采用打孔卷材时，施工虽然方便，但仅可用于叠层铺贴工艺。

这种铺贴方法适用于留槽排汽不能可靠地解决卷材防水层开裂、起鼓的无保温层屋面，或者温差较大，而基层又十分潮湿的排汽屋面。

5.5.3 关于卷材搭接宽度

在GB 50345—2004第5.1.10条中明确规定了各种卷材的搭接宽度，见表5-13。但该表中的具体搭接内容和宽度与《屋面工程质量验收规范》GB 50207—2002中的表4.3.7相比又有了一些新的变化。

卷材搭接宽度（mm） **表5-13**

<table>
<tr><th colspan="2" rowspan="2">铺贴方法
卷材种类</th><th colspan="2">短边搭接</th><th colspan="2">长边搭接</th></tr>
<tr><th>满粘法</th><th>空铺、点粘、条粘法</th><th>满粘法</th><th>空铺、点粘、条粘法</th></tr>
<tr><td colspan="2">沥青防水卷材</td><td>100</td><td>150</td><td>70</td><td>100</td></tr>
<tr><td colspan="2">高聚物改性沥青防水卷材</td><td>80</td><td>100</td><td>80</td><td>100</td></tr>
<tr><td colspan="2">自粘聚合物改性沥青防水卷材</td><td>60</td><td>—</td><td>60</td><td>—</td></tr>
<tr><td rowspan="4">合成高分子防水卷材</td><td>胶粘剂</td><td>80</td><td>100</td><td>80</td><td>100</td></tr>
<tr><td>胶粘带</td><td>50</td><td>60</td><td>50</td><td>60</td></tr>
<tr><td>单缝焊</td><td colspan="4">60，有效焊接宽度不小于25</td></tr>
<tr><td>双缝焊</td><td colspan="4">80，有效焊接宽度10×2+空腔宽</td></tr>
</table>

1. 04 规范表 5.1.10 中的卷材搭接宽度，是根据 02 规范中表 4.3.7 的要求制定的，以便于施工操作中能够统一执行，以避免施工过程中的矛盾。

2. 但表 5.1.10 比 02 规范中的表 4.3.7 增加了“自粘聚合物改性沥青防水卷材”，这是因为在 02 规范发布后，又出现了行业标准 JC 898—2002《自粘聚合物改性沥青聚酯胎防水卷材》。而且这种卷材已在屋面工程中推广使用，为了控制其搭接质量，在本表中增加了这项内容，值得注意的是此种卷材，仅可用满粘法施工。

3. 与 94 规范 4.1.9 条相比较，在合成高分子防水卷材的搭接工艺有了较大的变化，这是根据当前防水施工技术发展的现状。增加了“胶粘带”和“双焊接”的内容。其中：胶粘带：有平接和搭接两种形式如图 5-1。双焊接的搭接形式如图 5-2。

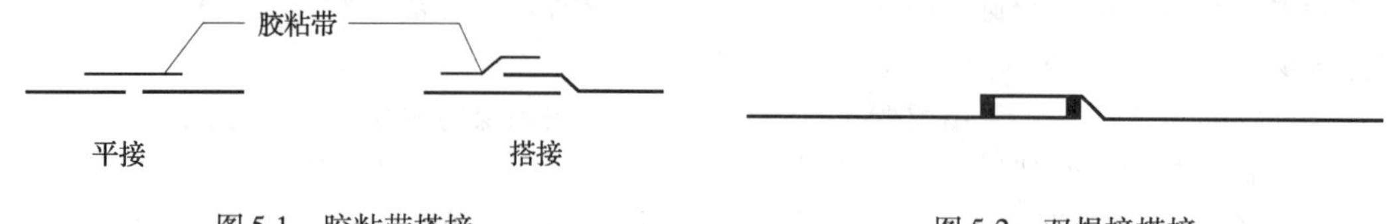

图 5-1　胶粘带搭接　　　图 5-2　双焊接搭接

5.5.4　卷材搭接缝技术要求

1. 平行于屋脊的搭接缝应顺流水方向搭接；

2. 垂直于屋脊的搭接缝应顺年最大频率风向搭接；

3. 高聚物改性沥青防水卷材、合成高分子防水卷材的搭接缝，宜用材性相容的密封材料封严；

4. 叠层铺贴时，上下层卷材间的搭接缝应错开 1/3 幅宽；

5. 叠层铺设的各层卷材，在天沟与屋面的连接处，应采用叉接法搭接，搭接缝应错开；

6. 天沟、檐沟处的卷材搭接缝，宜留在屋面或天沟侧面，不宜留在沟底。

5.5.5　卷材的铺贴方向

屋面防水层卷材的铺贴方向，在 GB 50345—2004 第 5.1.6 条中作了明确的规定，在选择卷材铺贴方向时，应根据所用卷材品种、屋面坡度及工作条件选定，见表 5-14。

卷材铺贴方向　　　**表 5-14**

屋面坡度及工作条件	铺贴方向		
	石油沥青防水卷材	高聚物改性沥青防水卷材	合成高分子防水卷材
坡度小于 3% 时	平行屋脊	平行屋脊	平行屋脊
坡度为 3% ~15%	平行或垂直屋脊	平行或垂直屋脊	平行或垂直屋脊
坡度大于 15% 时	垂直屋脊	平行或垂直屋脊	平行或垂直屋脊
坡度大于 25% 时	宜采取防止卷材下滑的措施		
屋面受振动时	垂直屋脊	平行或垂直屋脊	平行或垂直屋脊
叠屋铺贴时	上下层卷材不得互相垂直		
铺贴天沟、檐沟卷材时	宜顺天沟、檐沟方向，减少搭接		

5.5.6 卷材粘结技术要求

1. 石油沥青防水卷材屋面粘结：石油沥青防水卷材屋面，均系采用“三毡四油”或“二毡三油”铺贴，用热玛琋脂或冷玛琋脂进行粘结，按照04规范5.5.2条规定，粘结层玛琋脂的厚度应符合表5-15的要求。

玛琋脂粘结层厚度 **表5-15**

粘结部位	粘结层厚度（mm）	
	热玛琋脂	冷玛琋脂
卷材与基层粘结	1~1.5	0.5~1
卷材与卷材粘结	1~1.5	0.5~1
保护层粒料粘结	2~3	1~1.5

这是因为如果玛琋脂粘结层过薄，则会降低整个防水层的粘结质量；如果玛琋脂粘结层过厚，则易出现卷材滑移，玛琋脂流淌，如为冷玛琋脂时，则因溶剂不易充分挥发，而导致卷材鼓泡。至于保护层玛琋脂的厚度，当为热玛琋脂时，一般因上面铺撒绿豆砂，砂粒应嵌入玛琋脂中的深度为砂粒径的1/3~1/2，才能粘结牢固，所以粘结层的厚度定为2~3mm；当为冷玛琋脂时，一般因上面铺撒蛭石等，故粘结层的厚度可以适当减薄为1~1.5mm。

2. 高聚物改性沥青防水卷材屋面粘结

高聚物改性沥青防水卷材屋面，一般为单层铺贴，随其施工工艺不同，有不同的粘结要求，GB 50345—2004的5.6.3~5.6.6条分别提出对冷粘法、热粘法、热熔法、自粘法铺贴卷材的技术要求，见表5-16。

高聚物改性沥青防水卷材粘结技术要求 **表5-16**

冷粘法	热粘法	热熔法	自粘法
1. 均匀涂刷胶粘剂，不漏底、不堆积 2. 根据胶粘剂性能及温度，控制涂胶后粘合的最佳时间 3. 滚压、排气、粘牢 4. 溢出的胶随即刮平封口	1. 用导油炉加热热熔型改性沥青胶 2. 加热温度小于200℃，使用温度大于180℃ 3. 粘结层厚度为1~1.5mm 4. 随刮胶，随滚铺卷材，并展平、压实	1. 幅宽内应均匀加热，熔融至光亮黑色的程度 2. 不得过分加热，以免烧穿卷材 3. 热熔后立即滚铺 4. 滚压、排气，使之平展、粘牢 5. 搭接部位溢出熔胶后，随即刮封接口 6. 厚度小于3mm的卷材，严禁用热熔法施工	1. 基层表面应涂刷基层处理剂 2. 自粘胶底面的隔离纸应全部撕净 3. 滚压、排气、粘牢 4. 搭接部分用热风焊枪加热，溢出自粘胶随即刮平、封口 5. 铺贴立面或大坡面时，应先加热后粘贴牢固

3. 合成高分子卷材防水屋面粘结

合成高分子防水卷材屋面一般均系单层铺贴，随其施工工艺不同，有不同的粘结要求，GB 50345—2004的第5.7.3~5.7.5条，分别提出对冷粘法、自粘法、焊接法、机械固定法铺贴卷材的技术要求，见表5-17。

合成高分子防水卷材粘结技术要求　表5-17

冷粘法	自粘法	热风焊接法	机械固定法
1. 在找平层上均匀涂刷基层处理剂 2. 在基层或卷材底面和基层上涂刷配套的胶粘剂 3. 控制胶粘剂涂刷后的粘合时间 4. 粘合时不得用力拉伸卷材，避免卷材铺后处于受拉状态 5. 滚压、排气、粘牢 6. 清理干净卷材搭接缝处的搭接面，涂刷接缝专用胶粘剂，滚压、排气、粘牢	同高聚物改性沥青防水卷材的粘结技术要求	1. 先将卷材结合面清洗干净 2. 卷材铺放平整、顺直，搭接尺寸准确 3. 控制热风加热的温度和时间 4. 滚压、排气、粘牢 5. 先焊长边搭接缝，后焊短边搭接缝 6. 可采用单焊缝或双焊缝	1. 固定件应与结构层固定牢固 2. 固定件间距应根据当地的使用环境与条件确定 3. 固定件的间距不宜大于600mm 4. 周边800mm范围内应满粘

5.6 排汽屋面

在《屋面工程技术规范》GB 50345—2004 第5.3.4条中规定："屋面保温层干燥有困难时，宜采用排汽屋面"。

5.6.1 排汽屋面的适用条件

排汽屋面又称"呼吸屋面"，其机理是使保温层和找平层中的水分蒸发时，沿着排汽道排入大气，因此可以有效地避免卷材起鼓，同时还可以使保温层逐年干燥，达到设计要求的保温效果。故在下列条件下宜采用排汽屋面：

1. 工程抢工，基层潮湿，且干燥有困难，可能引起卷材起鼓时；

2. 雨季施工，基层虽已干燥，但在未铺卷材时突然下雨，使基层潮湿，这样一晴一雨，一干一湿，很难等找平层干燥后再铺卷材时；

3. 屋面为封闭式保温层，且采用了含水量大的保温材料时（如现浇水泥膨胀珍珠岩、现浇水泥膨胀蛭石等）；

4. 基层整体刚度差，或基层开裂严重，可能引起卷材拉裂时。

5.6.2 排汽屋面的做法

排汽屋面一般由排汽道和排汽孔组成，常见的做法有三种：

1. 在基层上留槽排汽

即在保温层和找平层上留设排汽道，其位置一般与分格缝结合在一起，留设在支承板端缝及屋面坡面转折处，排汽道的做法见图5-3。

2. 空铺、条粘、点粘防水层

对于留排汽槽不能可靠地解决卷材鼓泡和拉裂的无保温屋面，或温差较大而基层又十分潮湿的屋面，可采用空铺、条粘、点粘防水层，让湿气由卷材与基层间的空隙中排出。

3. 采用带孔油毡、带楞油毡铺贴第一层。

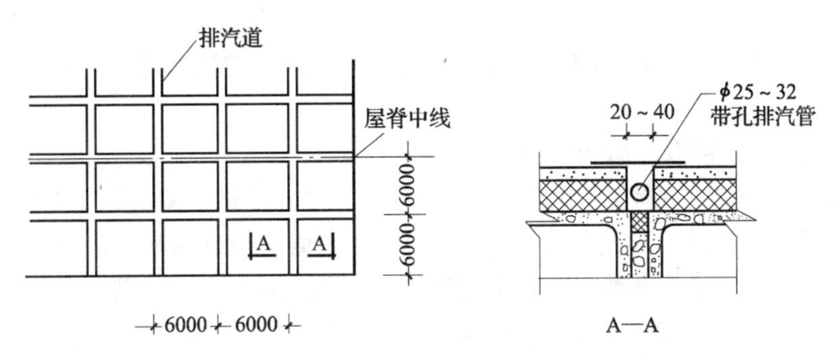

图 5-3　排汽道做法

这种做法可使水蒸气通过基层与卷材间的空隙自由移动扩散，通过排汽孔排入大气中。

5.6.3　排汽道设置

1. 排汽道间距一般为 6m 一道，并在屋面上纵横贯通。

2. 在排汽道中要保证空气流通，不得堵塞，要特别注意铺贴卷材时，应避免玛𤥂脂流入排汽道中。

3. 在保温层的排汽道中可以填入透气性好的材料或埋设打孔的塑料管（管径 ϕ25 ~ ϕ32）。

4. 当无保温层的屋面需要做排汽道时，排汽道可留置在找平层上，上面用卷材条封盖。

5.6.4　排汽孔设置

1. 排汽孔的位置

排汽孔应设置在纵、横排汽道的交叉点上，并与排汽道连通，见图 5-4。也可将排汽孔留在檐口侧面，或通过屋面结构板缝留管子向室内排汽（用于单层工业厂房）。

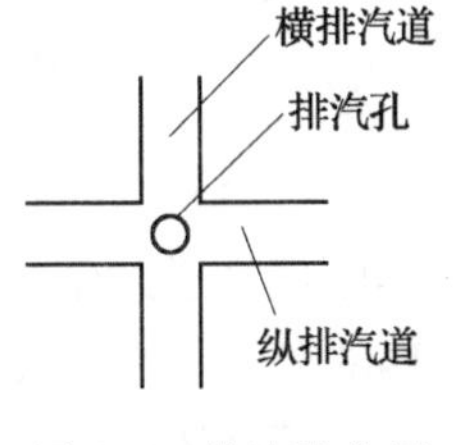

图 5-4　排汽孔位置

2. 排汽孔的数量

应根据屋面的构造情况，一般每 $36m^2$ 应设一个排汽孔。

3. 排汽孔的做法

常见的排汽孔做法有钢管、塑料管、薄钢板（白铁皮）等数种，钢管或塑料管的管径一般为 ϕ32 ~ 50，上部煨 180°半圆弯，以便既能排汽又能防止雨水进入管内，下部焊以带孔方板，以便于与找平层固定，在与保温层接触部分，应打成花孔，以便使潮气进入排汽孔排入大气中，见图 5-5。

薄钢板排汽孔一般做成 ϕ50 的圆管，上部设挡雨帽，下部将薄钢板剪口弯成 90°，坐在找平层上固定，见图 5-6。

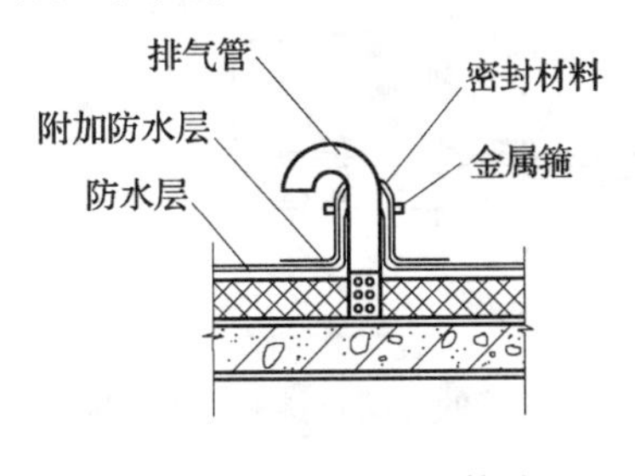

图 5-5　排汽出口构造

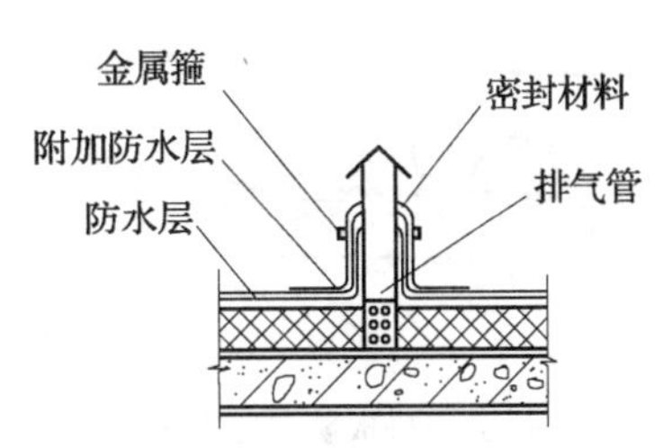

图 5-6　排汽出口构造

4．安设排汽孔的要求

排汽孔安设要固定牢靠、耐久，并要做好排汽孔根部的防水处理，以防雨水由根部渗入保温层内。

5.6.5 支点塑料板空腔排水排汽

在《屋面工程技术规范》GB 50345—2004 第 5.3.4 条的“4”提出“在保温层下也可以铺设带支点的塑料板，通过空腔排水、排汽”。这是一种近年来出现的屋面排水、排汽新做法，上海市工程建设标准化办公室推出了《建筑夹层塑料板防排水构造》推荐性应用图集，并在屋面工程上推广应用，取得了较好的效果。

带支点的“夹层塑料板”，系采用抗压强度高，能保证空隙夹层不变形的塑料制成带支点和凹槽的成卷板材，边部可以互相搭接，用专用胶水封严，如图 5-7。

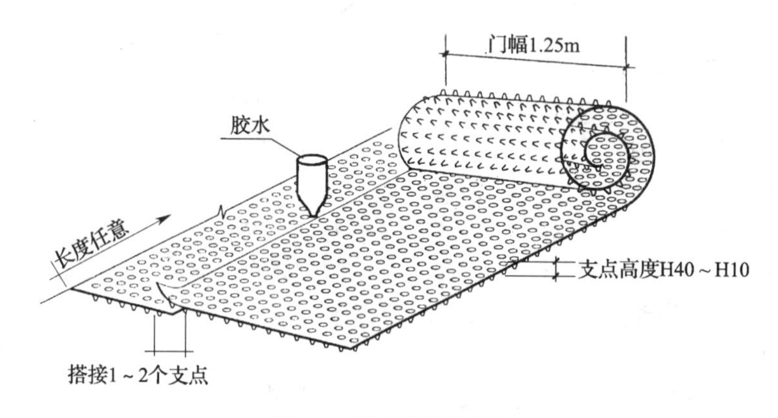

图 5-7　带支点的塑料板

其原理是通过带支点的“夹层塑料板”，使屋面与结构基层脱开，通过密集的支点传递上部的荷载，在支点间形成了整体的建筑空腔夹层，而空腔具有排水、排汽、隔热等多种功能。其具体的做法是在钢筋混凝土结构上做找坡层、保温层、找平层、防水层，然后将塑料夹层板支点向下铺设在防水层上，再在其上浇筑 40mm 厚的混凝土，混凝土中放置 $\phi 6$ 钢筋，间距 200mm（双向）。如图 5-8。当加排汽管时如图 5-9。空腔与大气连通，空腔内的水分可沿空腔流入屋面上设置的水落口内排出。

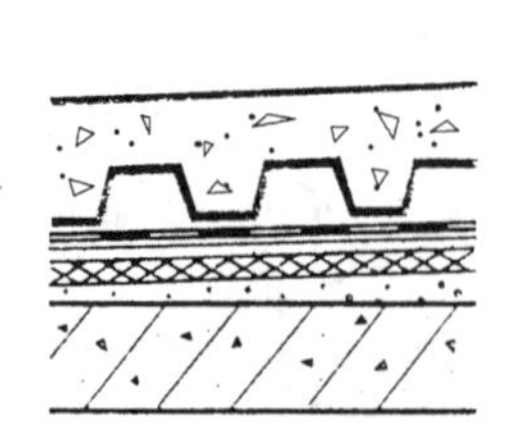

图 5-8　夹层塑料板防排水构造

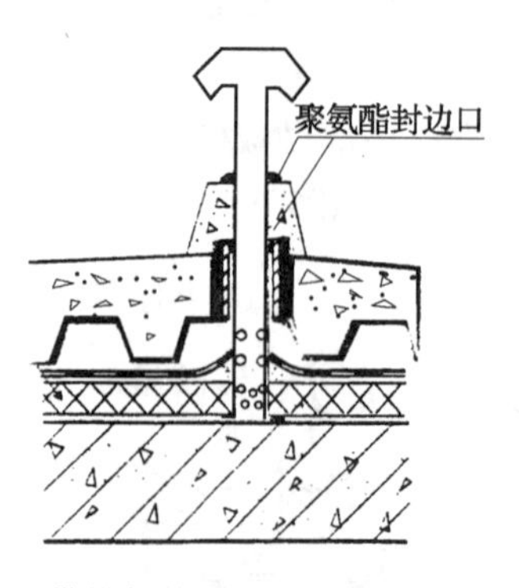

图 5-9　带排气管的夹层塑料板防排水构造

5.7 聚乙烯丙纶卷材复合防水

聚乙烯丙纶卷材复合防水技术，已在建筑防水工程中应用了 15～16 年的时间，近年来已大量推广使用。但是由于没有国家或行业制订的材料标准，致使一些材质低劣的产品充斥市场，给屋面防水工程的使用带来了质量事故或隐患。

由于聚乙烯丙纶卷材复合防水层在施工工艺方面，与其他的合成高分子防水卷材有所不同。其防水机理不是以单层的聚乙烯丙纶卷材防水，而是以聚乙烯丙纶卷材与一定厚度的聚合物水泥防水胶结材料复合，共同组成具有一道防水功能的防水层。所以要求粘结层不仅要保证粘结强度，而且还要满足防水功能的性能指标，并在一定的厚度条件下，才能确保屋面防水工程的质量。

由于这种材料和施工技术要求的国标或行标目前尚未出台，所以在编制《屋面工程技术规范》GB 50345—2004 时，暂未将其纳入。为了控制聚乙烯丙纶卷材、聚合物水泥防水胶结材料及其施工质量，目前正由中国工程建设标准化协会建筑防水委员会组织国内防水方面的专家，制订《聚乙烯丙纶卷材复合防水技术规程》的推荐性标准，现将有关技术要求重点介绍如下。

5.7.1 聚乙烯丙纶卷材的质量要求

1. 聚乙烯丙纶卷材生产时所使用聚乙烯必须是成品原料，严禁使用再生的聚乙烯；与其粘合的丙纶纤维应选用长丝纤维。

2. 聚乙烯丙纶卷材应采用一次成型工艺生产的卷材，不得采用二次成型工艺生产的卷材。

3. 当用于Ⅰ、Ⅱ级屋面防水时，聚乙烯丙纶卷材的厚度不得小于 0.7mm；当用于Ⅲ级屋面防水时，聚乙烯丙纶卷材的厚度不得小于 0.6mm。

4. 聚乙烯丙纶卷材的外观质量和物理性能要求应符合本书 2.4.2 中“15”之表 2-49、表 2-50 的规定。

5.7.2 聚合物水泥防水胶结材料的质量要求

1. 聚合物水泥防水胶结材料应采用符合环保要求的专用胶结材料，不得使用水泥原浆或水泥与聚乙烯醇缩合物混合的材料。

2. 聚合物水泥防水胶结材料不仅要求具有较强的粘结力，又要具有较好的防水功能，其性能指标要满足表 5-18 的规定。

聚合物水泥防水胶结材料的性能指标 　　　**表 5-18**

项　目		指标
拉伸粘结强度（与水泥基层）（MPa）	常温	≥0.6
	耐水	≥0.4
	耐冻融	≥0.4
操作时间（h）		≥2
抗渗性能（MPa）	抗渗压力差	≥0.2
	抗渗压力	≥1.0

续表

项　目		指标
抗压强度（MPa）7d		≥9
柔韧性	抗压强度/抗折强度	≤3
剪切状态下的粘合性（N/mm）常温	卷材与卷材	≥2.0
	卷材与基底	≥1.8

3．聚合物水泥防水胶结材料，还应符合环保性能指标的要求，见表5-19。

聚合物水泥防水胶结材料环保性能指标　　表5-19

序号	检验项目	环保性能指标
1	游离甲醛（g/kg）	≤1
2	苯（g/kg）	≤0.2
3	甲苯十二甲苯（g/kg）	≤10
4	总挥发性有机物（W），g/L	≤50

5.7.3　聚乙烯丙纶卷材复合防水技术要求

1．粘贴聚乙烯丙纶卷材的聚合物水泥防水胶结材料的粘结层厚度不应小于1.2mm。

2．聚乙烯丙纶卷材与基层粘贴应采用满粘法施工，其粘结面积不应小于90%。

3．聚乙烯丙纶卷材之间的搭接缝宽度不应小于100mm。搭接缝应粘结严密，不得翘边。

4．聚乙烯丙纶卷材同其他防水材料一起使用时，材性应相容。

5．防水层的阴阳角、管道根部、泛水等处，均应设置附加防水层。

6．在聚乙烯丙纶卷材复合防水层上，应做细石混凝土、块材等材料保护层。保护层上应设分格缝，分格缝间距不宜大于6m。

7．将配制好的聚合物水泥防水胶结材料均匀的批刮或抹压在基层上，并将其批抹均匀，不得有露底或堆积现象，用量不应小于2.5kg/m²。

8．胶结材料应边批抹、边铺卷材，卷材铺贴时不得拉紧，应保持自然状态。铺贴卷材时应向两边抹压赶出卷材下的空气，接缝部位应挤出胶结材料，并批刮封口。卷材铺贴后24h内禁止上人或在其上进行后道工序施工。

6 涂膜防水屋面

6.1 屋面防水层对涂料的质量要求

6.1.1 选用防水涂料注意事项

《屋面工程技术规范》GB 50345—2004 中的第“6”章涂膜防水屋面，是在 GB 50207—94 中第 5 章的基础上修订而成，但有几处较大的变化，现分述于下。

1. 删去了原《屋面工程技术规范》GB 50207—94 中的“沥青基防水涂料”，此类防水涂料包括水性石棉沥青防水涂料、膨润土沥青乳液、石灰乳化沥青等，此类涂料的沥青基本上没有进行改性，一般涂抹厚度为 4 ~ 8mm。这是一种低性能、低档次的防水涂料，由于过去我国高、中档防水涂料的品种少，价格高，所以在 94 规范中仍给予保留。近年来，高聚物改性沥青防水涂料、合成高分子防水涂料等高性能、高档次的防水涂料已大量推广使用，对沥青基等低档次、低性能的防水涂料已落后于时代的要求，故本次制定规范时将其删去。

2. 在合成高分子涂料中，焦油沥青聚氨酯防水涂料，因其含有毒物质，污染环境，危害人的身体健康，所以此类防水材料已严禁在屋面工程中使用。

3. 增加了“聚合物水泥防水涂膜”施工的条文。因为国家出台了《聚合物水泥防水涂料》JC/894—2001 新的材料标准，而且在国内一些建筑防水工程中使用效果好，可去潮湿和无积水的基层上涂布，所以本次制定规范时，将其明确进行规定。这样也就与《屋面工程质量验收规范》保持了一致。

6.1.2 高聚物改性沥青防水涂料质量要求

在 04 规范第 6.2.1 条提出了高聚物改性沥青防水涂料的质量要求。但是 04 规范中的表 6.2.1 与《屋面工程质量验收规范》GB 50207—2002 中的表 A.0.2-1，在“项目”和“涂料类型”等方面均不完全一样，这是因为：

1. 在 94 规范中，由于当时对此类防水涂料的柔性指标测试、固含量等尚无明确的指标规定。制定 94 规范时是参考当时的一些技术文献和一些科研单位的测试方法，整理成表 5.2.2。在进行 02 规范修订时，仍然沿用了 94 规范中的数据。

2. 在高聚物改性沥青防水涂料中，我国目前有两种，一种是水乳型，一种是溶剂型，其固含量、低温柔性、不透水性的质量指标并不完全相同，故这次制定时参考了有关资料和相关材料标准，将其分为水乳型和溶剂型两类，并分别提出了屋面防水工程要求达到的技术指标，以便于设计、施工中有所遵循，但因与 02 规范不一致，故在进行设计、施工时应按 04 规范 6.2.1 条执行。

6.1.3 合成高分子防水涂料质量要求

在 GB 50345—2004 中将合成高分子防水涂料分为反应固化型、挥发固化型和聚合物水泥防水涂料三种，并分别用表6.2.2-1、表6.2.2-2和表6.2.3等三个表来提出对三种防水涂料在屋面工程使用中的质量要求，这与现行的《屋面工程质量验收规范》GB 50207—2002表A.0.2-2中的"项目"和"质量要求"不一致。这是因为：合成高分子防水涂料的技术指标，是根据不同时期该类防水涂料的材料标准的变化而有所改变，应在满足屋面防水工程的技术条件下，尽量与新的材料标准协调，以适应设计与施工的需要。

1. 在94规范的表5.2.3中将质量要求分为Ⅰ、Ⅱ两种类型。其中Ⅰ型为反应固化型，如聚氨酯类防水涂料，其质量要求是参照《聚氨酯防水涂料》JC 500—92提出的；Ⅱ型为挥发固化型，如丙烯酸酯类防水涂料，其质量要求是参考CB型弹性丙烯酸酯类防水涂料提出的（见冶金部建筑研究总院试验厂产品）。

2. 02规范的附录表A.0.2-2，是在94规范表5.2.3的基础上增加了"聚合物水泥涂料"，并对反应固化型和挥发固化型防水涂料的个别指标进行调整，如将Ⅰ型的断裂延伸率由≥300%改为≥350%；Ⅱ型中的拉伸强度由≥0.5MPa改为≥1.5MPa，断裂伸长率由≥400%改为≥300%外，其余均未改动。

3. 在本次制定规范时，考虑到合成高分子涂料当前的发展现状，将其按反应固化型、挥发固化型、聚合物水泥防水涂料，按各自的特点和质量要求，分别用3个表提出，即表6.2.2-1、表6.2.2-2、表6.2.3。其中表6.2.2-1是参考了最新出台的《聚氨酯防水涂料》GB/T 19250—2003，按照此类材料的拉伸性能分为Ⅰ、Ⅱ两类，表中的质量要求则是根据材料标准综合考虑后提出的。表6.2.2-2挥发固化型合成高分子防水涂料，如丙烯酸酯防水涂料是参考《聚合物乳液建筑防水涂料》JC/T 864—2000提出的五项指标要求。而表6.2.3中列出的五项质量要求，则是参考《聚合物水泥防水涂料》JC/T 894—2001提出的。

4. 通过以上变化可以看出：

（1）在04规范中的反应固化型合成高分子防水涂料已按拉伸强度、断裂伸长率分为Ⅰ、Ⅱ两类，（已完全不同于94规范中Ⅰ、Ⅱ两类的含义）。质量要求与02规范也有较多的改变，故我认为，反应固化型合成高分子防水涂料的质量要求应按04规范执行。

（2）04规范表6.2.2-2挥发固化型合成高分子防水涂料的质量要求与02规范表A.0.2-2一致。

（3）04规范表6.2.3聚合物水泥防水涂料的技术要求与02规范表A.0.2-2中的质量要求完全一致。

即（2）、（3）中04规范与02规范的质量要求是一样的，避免了执行中的矛盾。

6.2 涂膜防水层的厚度及施工

6.2.1 涂膜防水层的厚度限值

涂膜厚度是涂膜防水屋面的一项重要指标，涂膜防水屋面是靠涂刷的防水涂料固化后形成一定厚度的涂膜来达到屋面防水的目的，如果涂膜太薄，容易被穿刺，易老化，很快会被破坏而达不到防水层的使用年限。过去的涂膜防水层质量是用几布几涂来表示，没有用厚度来控制，涂料的固含量也没有明确的规定，造成涂层过薄，导致屋面渗漏。由于涂膜防水层的厚度对确保屋面防水工程的质量有如此大的影响，故 GB 50345—2004 规范将第 6.3.2 条订为强制性条文，并废止几布几涂的做法。

1. 高聚物改性沥青防水涂料，由于对沥青进行了改性，材料的性能比沥青基大大提高，但如涂膜过薄，仍难以达到防水层耐用年限的要求，所以规定了其厚度不得小于 3mm，且不得在Ⅰ级屋面防水工程中使用。在Ⅳ级屋面中使用时，因其为半永久性建筑，涂膜厚度可以适当减薄，但不得小于 2mm。涂膜的厚度可通过薄涂多遍来达到其厚度要求。

2. 合成高分子防水涂料是以优质合成橡胶或合成树脂为原料配制成的防水涂料，其性能大大优于高聚物改性沥青防水涂料，所以涂膜厚度可以减薄，94 规范中规定涂膜厚度不应小于 2mm，这主要考虑如果涂膜过薄，则其耐穿刺、耐老化性能降低，所以规定其厚度不应小于 2mm。这次制定 04 规范时，编制组认为原规范中制定的 2mm 厚度，在Ⅲ级屋面中单独做为一道防水层时，其厚度的规定是完全正确的。但是对于Ⅰ、Ⅱ级防水屋面由于是多道防水设防，涂膜防水层一般均设置下面的层次，不直接承受阳光紫外线、酸雨，人为踩踏等影响，工作环境已有较大的改善，故其厚度可以适当减薄，但不应小于 1.5mm。

3. 04 规范规定的涂膜防水层的厚度与 02 规范完全一致，这样也便于涂膜防水工程的质量控制与验收。

4. 涂膜厚度如何检查认定：

(1) 按每 $100m^2$ 抽查一处，每处 $10m^2$，且不得少于 3 处。

(2) 检验方法：针刺法或取样量测

(3) 认定：平均厚度符合设计要求，最小厚度不应小于设计厚度的 80%。

6.2.2 涂膜防水层的施工方法

涂膜防水层的施工方法和各种施工方法的适用范围见表 6-1。

涂膜防水层施工方法和适用范围 **表 6-1**

施工方法	具体做法	适用范围
抹压法	涂料用刮板刮平后，待其表面收水而尚未结膜时，再用铁抹子压实抹光	用于流平性差的沥青基厚质防水涂膜施工
涂刷法	用棕刷、长柄刷、圆滚刷蘸防水涂料进行涂刷	用于涂刷立面防水层和节点部位细部处理
涂刮法	用胶皮刮板涂布防水涂料，先将防水涂料倒在基层上，用刮板来回涂刮，使其厚薄均匀	用于粘度较大的高聚物改性沥青防水涂料和合成高分子防水涂料在大面积上的施工
机械喷涂法	将防水涂料倒入设备内，通过喷枪将防水涂料均匀喷出	用于粘度较小的高聚物改性沥青防水涂料和合成高分子防水涂料的大面积施工

6.2.3 涂膜防水屋面施工要点

1. 基层要求和处理：要求涂刷防水层的基层应干净、干燥，无起砂、起皮和裂缝。如发现基层有过大裂缝或坑凹不平，应用聚合物水泥砂浆等进行处理。

2. 涂刷基层处理剂：

涂膜防水层施工前，应在基层上涂刷基层处理剂，其目的是：

(1) 堵塞基层毛细孔，使基层的潮湿水蒸气不易向上渗透至防水层，减少防水层起鼓；

（2）增加基层与防水层的粘结力；

（3）将基层表面的尘土清洗干净，以便于粘结。

所涂刷的基层处理剂可用防水涂料稀释后使用。涂刷基层处理剂时应用力薄涂，使其渗入基层毛细孔中。

3．准确计量，充分搅拌

对于多组分防水涂料，施工时应按规定的配合比准确计量，充分搅拌均匀；有的防水涂料，施工时要加入稀释剂、促凝剂或缓凝剂，以调节其稠度和凝固时间。掺入后必须搅拌充分，才能保证防水涂料的技术性能达到要求。特别是某些水乳型涂料，由于内部含有较多纤维状或粉粒状填充料，如搅拌不均匀，不仅涂布困难，而且会使没有拌匀的颗粒杂质残留在涂层中，成为渗漏的隐患。

4．薄涂多遍，确保厚度

在 GB 50345—2004 第 6.1.3 条规定："防水涂膜应分遍涂布，待先涂布的涂料干燥成膜后，方可涂布后一遍涂料"。因为涂料在成膜过程中，要释放出水份或气体，所以涂膜愈薄，则水份和气体愈容易挥发，并缩短了成膜的时间。但是，由于水份和气体的挥发，会在防水涂膜上留下一些毛细孔，会形成渗水的通道，所以在涂第二遍防水涂料时，涂料会将第一遍涂膜中的毛细孔封闭，堵塞住了第一遍涂膜中的渗水通道。涂刷第三遍渗防水涂料时，涂料又会将第二遍涂膜上的毛细孔堵塞。经过这样多次涂刷，用上边一遍涂料堵住下边一层涂膜的毛细孔，从而提高了涂膜防水层的整体防水功能。所以一般冷施工的防水涂料，都要经过多遍涂刷才能达到所需要的涂膜厚度，而不能一次就涂刷成到规定厚度。

5．铺贴胎体增强材料：

对于有胎体增强材料的涂膜防水层，在涂刷第二遍涂料后，在第三遍涂料涂刷前即可铺贴胎体增强材料。胎体增强材料的铺贴方向应视屋面坡度而定。新规范第 6.1.4 条中规定：屋面坡度小于 15% 时，可平行于屋脊铺设；屋面坡度大于 15% 时，应垂直于屋脊铺设。其胎体长边搭接宽度不应小于 50mm，短边搭接宽度不应小于 70mm。

若采用二层胎体增强材料时，上下层不得互相垂直铺设，搭接缝应错开，其间距不应小于幅宽的 1/3。

6．涂布方向和接茬

防水涂层涂刷致密是保证质量的关键。要求各遍涂膜的涂刷方向应相互垂直，使上下遍涂层互相覆盖严密，避免产生直通的针眼气孔，提高防水层的整体性和均匀性。

涂层间的接槎，在每遍涂布时应退槎 50～100mm，接槎时也应超过 50～100mm，避免在接槎处涂层薄弱，发生渗漏。

7．收头处理

在涂膜防水层的收头处应多遍涂刷防水涂料，或用密封材料封严。泛水处的涂膜宜直接涂布至女儿墙的压顶下，在压顶上部也应做防水处理，避免泛水处或压顶的抹灰层开裂，造成屋面渗漏。

收头处的胎体增强材料应裁剪整齐，粘结牢固，不得有翘边、皱折、露白等现象，否则应先处理后再行涂封。

8. 涂布顺序

涂布时应按照“先高后低、先远后近”的原则进行；在相同高度的大面积屋面上，要合理划分施工段，分段应尽量安排在变形缝处，根据操作和运输方便安排先后次序，在每段中要先涂布较远部分，后涂布较近屋面。先涂布排水较集中的水落口、天沟、檐沟，再往高处涂布至屋脊或天窗下。

9. 加强成品保护

整个涂膜防水层施工完后，应有一段自然养护的时间。特别是因涂膜防水层厚度较薄，耐穿刺能力较弱，为避免人为的因素破坏防水涂膜的完整性，保证其防水效果，在涂膜实干前，不得在防水层上进行其他施工作业，在涂膜防水层上不得直接堆放物品。

10. 施工气候条件

涂膜防水层施工的气候条件，比卷材防水层施工的要求更为严格。如涂膜施工时不仅不能刮风下雨，而且在施工完一定时间内还不能下雨，因为此时涂层尚未成膜（实干），如突遭雨淋，则尚未实干的涂膜就会被雨淋坏，还得重新涂刷。所以应根据气象预报，选择最佳日期施工。

在气温条件方面，如气温过低，不仅涂料变稠，施工操作困难，而且已涂布的防水层不易成膜；如气温过高，易使涂膜内的水份和气体蒸发过快，涂膜易产生收缩而出现裂缝。

6.2.4 细部处理要求

在 GB 50345—2004 第 6.3.3 条中规定了屋面涂膜防水层中对易开裂部分的处理措施，这里所指的易开裂部位一般是泛水、水落口、分格缝、变形缝等部位，这些部位人们都知道是屋面防水工程的薄弱环节，但是设计图纸对这些部位往往没有详细的节点大样，而施工单位的施工操作人员对这些部位不去认真处理，所以在渗漏屋面中节点渗漏占 70% 以上，为此，要求：

1. 按 04 规范有关章节的规定在易开裂部位应预留凹槽，槽内嵌填密封材料；

2. 要增设一层或多层带有胎体增强材料的附加层，进行加强处理。

6.2.5 热熔型改性沥青防水涂料施工

在 GB 50345—2004 的第 6.5.1 条新增加了一个新型的防水涂料：热熔型改性沥青防水涂料。因为在过去的防水涂料施工中一般都是采用涂刷、涂刮法、机械喷涂法等“冷”作业方法。但是随着防水材料品种的改进和发展；近年来出现了一种需要加热才能进行施工的防水涂料，我们叫它“热熔型改性沥青防水材料”，如 SBS 改性沥青防水涂料等。这种涂料施工时的特点是：

1. 要用环保型导热油炉加热熔化改性沥青。

2. 加热温度不应高于 200℃（注：石油沥青玛琋脂加热温度不应高于 240℃）；使用温度不应低于 180℃（注：石油沥青玛琋脂的使用温度为 190℃）。这是考虑因为沥青中有改性剂，如果熬制温度过高时，易使高分子聚合物变质，降低了防水效果。使用温度主要是考虑施工时便宜施工即可，因其上不铺贴卷材，热量损失小，故温度可适当降低。

3. 施工时可以一遍成活，也可以多遍涂刷。这一点是有别于其他防水涂料的。这是因为采用了“热施工”后，成膜时间快，也不存在释放气体的问题，故可以一次成活。

6.3 聚合物水泥防水涂料

“聚合物水泥防水涂料”是近年来发展的一个防水涂料新品种，其材料标准是《聚合物防水涂料》JC/T 894—2001。这种防水涂料是一种水性涂料，其生产、运用符合环保要求，能在潮湿的基层面上进行施工，操作简便。所以建设部在近期发布的《建设部推广应用和限制禁止使用技术》（建筑防水工程部分）中作为推广项目之一，因为此种防水涂料既不同于高聚物改性沥青防水涂料，也不同于合成高分子防水涂料，而是聚合物与水泥混合后的另一类防水涂料。所以，在这次制定规范时，将其单独列为一节。

这种涂膜防水屋面有如下一些特点：

1. 因本涂料为水性涂料，故可在潮湿和无积水的基层上涂布，对基层含水率无要求，只要不见“明水”即可，施工方便；

2. 但要求基层表面应平整及干净，无起砂、掉皮现象。因为基层表面如果凹凸不平，就会导致涂膜厚薄不均，影响防水效果和使用年限；如果基层表面起砂掉皮，就会使涂膜与基层粘结不牢出现脱离，降低了防水效果；

3. 关于基层处理剂：在基层上应涂刷基层处理剂，这种基层处理剂系由聚合物乳液与水泥在施工现场随配随用。所以必须充分搅拌均匀，不得有未搅开的小粉团等；

4. 聚合物水泥防水涂膜施工时，首先要保证聚合物乳液与水泥应按照产品说明和试验报告规定的配合比认真进行计量。当水泥与乳液混合后，要用电动搅拌器将其充分搅拌均匀，不得出现粉团，要使水泥与乳液完全溶合，否则将会造成涂料质量不稳定，影响涂膜防水效果。

7 刚性防水屋面

7.1 刚性防水屋面的适用范围和构造

7.1.1 关于“块体刚性防水屋面”

在原来的《屋面工程技术规范》GB 50207—94 中曾有“块体刚性防水屋面”的条文，所述的块体刚性防水屋面，是在防水砂浆层上铺以砖块，再用防水砂浆灌缝和抹面。其机理就是让底层防水砂浆，砖块和面层防水砂浆共同发生防水作用，另外可使屋面上可能产生的“大缝”，均匀分布到砖与砖的灰缝间，形成非常细微的“小缝”，从而达到防水的目的。此种屋面形式曾由中国建筑科学研究院机械化研究所编制了《块体刚性屋面施工及验收暂行规定》、并在全国24个省市推广使用了400多万 m^2。为了控制此类屋面的工程质量，消除渗漏隐患，所以在94规范中列为刚性防水屋面的一种类型。但是这种屋面存在以下一些问题。

1. 屋面铺设需要用黏土砖，而黏土砖生产要破坏农田，耗用大量能源，不符合我国的技术政策，国家已明令禁止在建筑工程中使用黏土砖。

2. 这种屋面的荷载太大，每 $1m^2$ 约200kg左右，为一般卷材屋面（包括找平层）的4~5倍，加大了梁、柱、基础等结构的承载能力。尤其在大跨度屋面上，很难满足荷载的要求。

3. 原来还提出这种做法可以提高屋面的保温性能，但实际上，因其导热系数较大，对保温效果无明显改善。

由于此种屋面存在以上一些问题，所以目前在国内的屋面工程中的使用量已大大减少，已不具备发展前途，故这次制订规范时，将其删除。

7.1.2 刚性防水屋面的适用范围

在GB 50345—2004的第7.1.1条明确规定了刚性防水屋面的适用范围。

由于刚性防水屋面所用的材料易得，价格便宜，耐久性好，维修方便。所以广泛用于一般工业与民用建筑。但是由于刚性防水屋面所用材料的表观密度大，抗拉强度低，极限拉应力变小，易因混凝土的干缩变形、温差变形及结构变形等的影响而产生裂缝，因此必须明确其使用范围，以免由于使用不当而造成屋面渗漏，故04规范7.1.1条规定的使用范围为：

1. 在Ⅰ、Ⅱ级防水屋面上使用时，刚性防水层必须与卷材或涂膜复合使用，刚性防水层只能做为多道防水设防中的一道防水层；

2. 在Ⅲ级防水屋面中可以做为一道防水层单独使用；

3. 因为刚性防水层在长期受振动或冲击下，混凝土容易出现裂缝，导致了防水工程失败，所以规定“刚性防水层不适用于受较大振动或冲击的屋面工程”。

7.1.3 关于刚性防水层上预留缝隙的处理

在 GB 50345—2004 的 7.1.3 条中，明确规定了刚性防水层与山墙、女儿墙、突出屋面结构等处预留缝隙的处理，并做为强制性条文，要求在设计、施工中认真执行。这是因为刚性防水屋面，必须贯彻“刚柔结合，以柔适度”的原则。也就是说，在刚性防水屋面中，其细部构造和各种缝隙，必须要用各种密封材料来进行嵌填。其中包括：

1. 刚性防水层与山墙、女儿墙的交接处；
2. 刚性防水层与突出屋面结构的交接处；
3. 刚性防水层与穿过屋面的各种管道根部；
4. 刚性防水层上的分格缝内；
5. 刚性防水层与屋面水落口交接的部位；
6. 刚性防水层与变形缝相交接的部位。

因为这些部位，是刚性防水层的干湿变形、温差变形比较敏感的部位，在工程中常见因此类变形导致相接触部位开裂或将女儿墙推裂，造成屋面渗漏，所以本条规定在这些部位必须预留缝隙，缝内嵌填密封材料，做到刚柔结合，以柔适变，克服渗漏。

7.1.4 隔离层的设置

在 GB 50345—2004 的第 7.1.4 条规定：“细石混凝土防水层与基层间宜设置隔离层”。这是因为当刚性防水层的混凝土直接浇筑在基层上时，由于温差、干缩、荷载作用等因素，会使结构层发生变形，从而导致刚性防水层随其变形而产生裂缝。

1. 为此根据各地施工单位的经验和有关资料表明，如果在刚性防水层与基层之间设置隔离层，使刚性防水层与结构层之间不粘结到一起，这样就可大大减少结构层变形对刚性防水层的影响，同时，刚性防水层可以自由伸缩，减少了裂缝的出现。

2. 补偿收缩混凝土防水层及钢纤维混凝土防水层，虽有一定的抗裂性，但仍以设置隔离层为佳。

3. 隔离层的具体做法：

（1）在结构层上抹 15mm 厚 1:4 石灰砂浆；

（2）在结构层上抹 10～20mm 厚石灰粘土砂浆；

（3）干铺 4～8mm 厚细砂上面干铺卷材一层；

（4）抹 5～7mm 厚纸筋麻刀灰一层。

7.1.5 分格缝的处理

GB 50345—2004 第 7.1.6 条规定：“刚性防水层在设置分格缝，分格缝内应嵌填密封材料”。并将其定为强制性条文，因为分格缝的设置位置、处理措施是否合理，直接关系到防水层质量的好坏，所以设计、施工单位都要严格执行。

1. 刚性防水层产生裂缝的原因

（1）混凝土本身的干缩变形使刚性防水层产生裂缝；

（2）温差引起的混凝土胀缩变形，使刚性防水层产生裂缝；

（3）在长期荷载作用下因结构挠曲变形，导致刚性防水层开裂。

2. 分格缝的位置

刚性防水层上产生的上述裂缝，在客观上是难以避免的，解决的措施就是在刚性防水层上设置分格缝，使裂缝集中在分格缝内，缝中嵌填密封材料，做到板面上不出裂缝，实现“以柔适变、刚柔结合”以确保防水功能。04 规范规定分格缝的间距为：

（1）普通细石混凝土和补偿收缩混凝土：纵、横间距不宜大于6m；

（2）钢纤维混凝土：在《钢纤维混凝土结构设计与施工规程》CECS38：92 第 8.4.4 条规定分格缝的纵、横间距不宜大于10m（因其收缩率小，抗裂好，因此分格缝的间距可以适当延长）。

关于分格缝的位置，04 规范 7.3.4 条有了明确的规定，并且要强制执行。这是因为在屋面板的支承端，屋面转折处、防水层与突出屋面结构的交接处等位置对屋面变形比较敏感，是屋面较易变形处。另外，考虑到我国工业柱网以 6m 为模数，而民用建筑的开间模数也多小于 6m。所以规定当在这些位置的刚性混凝土防水层上应设置分格缝。

3. 分格缝渗漏原因

据调查刚性防水屋面渗漏，70% 以上是分格缝处及细部构造等处渗漏，分析其原因主要有：

（1）缝槽槽壁未认真涂刷基层处理剂，密封材料与缝壁脱开；

（2）缝槽槽壁表面酥松、麻面、起砂，密封材料与槽壁粘结不牢，密封材料脱落；

（3）背衬材料用塑料棒，但施工时工具或槽壁上沾了二甲苯等有机溶剂，致使塑料棒溶化，密封材料塌陷；

（4）上面未做保护层，被人为的损坏。

所以对刚性防水屋面来讲，在混凝土防水层上的各种预留缝内嵌填密封材料的质量好坏，是影响整个刚性防水屋面质量的关键。而这一问题又往往被施工单位忽视。所以，必须强制执行，以确保屋面防水工程质量。

7.2 刚性防水屋面材料质量要求

7.2.1 水泥质量要求

刚性防水层的主要材料是水泥，水泥的品种及其特性，直接影响刚性防水层的质量。具体分析如下：

1. 普通硅酸盐水泥或硅酸盐水泥：早期强度高，干缩性小，性能较稳定，耐风化，同时比其他品种的水泥碳化速度慢，故宜在刚性防水屋面上使用。

2. 矿渣硅酸盐水泥：这种水泥泌水性大，抗渗性差，碳化速度快，所以不宜在刚性防水屋面工程中使用，如必须使用时应采取减少泌水性的针对性措施。

3. 火山灰质硅酸盐水泥：这种水泥干缩率大，混凝土易开裂，所以在刚性防水屋面上不准使用。

7.2.2 外加剂质量要求

在混凝土中掺入外加剂，已成为拌制混凝土的第五种材料，在刚性防水屋面的混凝土中掺入各种不同性能的外加剂可以提高混凝土的防水功能。由于外加剂的品种繁多，在屋面防水混凝土中常用的外加剂有三类：

1. 膨胀剂：有硫铝酸钙类、氧化钙类和复合类粉状混凝土膨胀剂，最常见的如 UEA

膨胀剂、复合膨胀剂等；

2. 减水剂：有早强型、缓凝型、引气型、高效型及普通型等。

3. 防水剂：有无机盐防水剂、有机硅防水剂等。

所以应根据混凝土防水层的使用条件、技术要求及各种外加剂的适用范围来选定采用何种外加剂，然后根据所选定的外加剂品种、特性，经过试验确定最佳掺量，并在施工过程中严格计量。

7.3 刚性防水层构造与施工

7.3.1 刚性防水屋面构造要求

GB 50345—2004 中第 7.3.3 条是刚性防水屋面的重要构造要求，必须强制执行。因为：

1. 关于防水层厚度问题：根据调查目前国内细石混凝土防水层的厚度为 40～60mm，本次制定规范时，明确规定“细石混凝土防水层的厚度不应小于 40mm”。这是考虑到如果厚度小于 40mm，混凝土失水很快，水泥水化不充分，降低了混凝土的抗渗性能。另外由于防水层过薄，一些石子的粒径可能超过了防水层厚度的一半，上部砂浆收缩后易在此处出现微裂，而造成渗水通道，故规定厚度不应小于 40mm。

2. 关于钢筋网片：规范规定配置直径 $\phi4$～$\phi6$ 间距 100～200mm 的双向钢筋网片。这是因为在防水层内配筋的目的是提高混凝土的抗裂度和限制裂缝宽度，一般采用 $\phi4$ 冷拔低碳钢丝既能满足构造要求，同时也比较经济，当然也可以采用 HPB235$\phi6$ 的圆钢。双向钢筋网片在分格缝处必须断开，这主要是将屋面由大块分为小块后，让分格缝内的小块刚性防水层能够自由伸缩，互不制约。

3. 关于钢筋网片在混凝土中的位置（04 规范 7.5.2 条）：刚性防水屋面中的混凝土，受到阳光等辐射，上表面温度往往高于下表面温度，由于上、下表面的温差，使刚性防水屋板块出现“反拱”，导致混凝土上表面的拉应力增大，故应将钢丝网片放在混凝土防水层的上部。另外钢筋网层片放在上部，还有利于减小或避免混凝土浇筑后产生的塑性裂缝。但在钢筋的上表面应有 10mm 厚的混凝土保护层。

7.3.2 补偿收缩混凝土自由膨胀率的控制

GB 50345—2004 中第 7.3.5 条规定“补偿收缩混凝土的自由膨胀率应为 0.05%～0.1%。”这是因为普通混凝土的干缩值一般在 0.04% 左右，在有约束的情况下，如果使混凝土的膨胀率稍大于 0.04%，就可以使混凝土产生少量的压应力，从而防止因混凝土干缩而引起开裂。在混凝土中掺膨胀剂时如果掺量过大，将会使混凝土破坏；如果掺量过小，则起不到补偿收缩的作用。但由于膨胀剂的类型不同。混凝土防水层的约束条件和配筋率不同，膨胀剂的掺量也就不一样，所以其掺量应根据试验确定。要求在刚性防水屋面混凝土中掺用膨胀剂后，补偿收缩混凝土一技术参数为：

1. 自由膨胀率：0.05%～0.1%；

2. 约束膨胀率：稍大于 0.04%（配筋率 0.25%）；

3. 自应力值：0.2～0.7MPa。

7.3.3 分格缝构造

在04规范第7.4.1条中主要是规定分格缝的构造，这是因为分格缝的做法、宽度、设缝工艺等均与旧规范（指GB 50207—94）有了较大的改变，现详述如下：

1. 在94规范中，分格缝的构造分为“平缝”和“凸缝”两种，“凸缝”因缝两侧混凝土高起50mm，屋面雨水很难流入缝内，对解决分格缝渗漏有较好的效果。但是这种做法，对于平行于屋脊的分格缝起了挡水作用，不利于屋面排水，甚至在每个板块间积水。另外，施工操作也极不方便。所以本次制定规范时，只保留“平缝”一种形式（04规范图7.4.1）。

2. 分格缝的宽度94规范规定宜为20~40mm。因为对分格缝的留设，过去都是采用预埋木条，但目前这种做法已很少采用，而是在混凝土达到一定强度后，用宽度5mm的合金钢锯片进行锯割。加之目前国内的一些高性能密封材料，完全可以对这些比较窄的缝进行密封处理，所以本条规定分格缝的宽度宜为5~30mm，以适应不同施工工艺的需要（注：当采用切割法施工时，必须严格控制切割深度，以防损坏结构层。04规范第7.5.3条规定：切割深度宜为混凝土防水层厚度的3/4）。

7.3.4 普通细石混凝土防水屋面技术参数

在GB 50345—2004的第7.5.1条中主要规定了刚性防水屋面混凝土的主要技术参数。根据国内外资料和调研证明，提高混凝土的密实性，有利于提高混凝土的抗风化能力和减缓碳化速度，也有利于提高混凝土的抗渗性能。而混凝土的密实性主要取决于混凝土的水灰比、水泥用量、骨料级配、匀质性、成型方法、振捣方法以及使用外加剂等因素。

1. 水灰比：水灰比是控制混凝土密实性的主要因素。由于水泥水化作用所需要的用水量，只相当于水泥质量的0.2~0.25。从理论上讲用水量少则混凝土的密实性好，过多的水分蒸发后会在混凝土中形成微小的孔隙，为施工方便，本条限定最大水灰比为0.55。

2. 最小水泥用量（330kg/m^3）、砂率（35%~40%）在砂比（1:2~1:2.5）等的限值，都是为了保证形成足够的水泥砂浆包裹粗骨料表面，并充分填塞粗骨料间的缝隙；形成足够的水泥浆包裹细骨料表面，并填充细骨料间的空隙，以保证混凝土的密实性和抗渗性。

7.3.5 刚性防水屋面施工要点

在刚性混凝土防水层施工时要严格掌握以下几点：

1. 关于混凝土搅拌时间：

普通细石混凝土：不应少于2min（04规范7.5.5条）

补偿收缩混凝土：不应少于3min（04规范7.6.2条）

钢纤维混凝土：应比普通混凝土延长1~2min（04规范7.7.5条）

2. 关于施工缝：每个分格板块的混凝土防水层应一次浇注完毕不得留施工缝，这是考虑到在一个板块中的新、旧混凝土如果接槎处理不好，就会形成渗水的通道，导致屋面渗漏。

3. 关于混凝土防水层表面抹压：刚性防水层的混凝土浇注后，应进行抹压，但严禁在混凝土表面任意洒水或加铺水泥浆，或撒干水泥做抹压处理，因为这些做法只能使混凝土表面产生一层浮浆，硬化后混凝土内部与表面的强度和干缩不一致，极易产生面层的收缩龟裂、脱皮现象，降低了防水层的防水效果。

4. 关于二次抹压：混凝土收水后进行二次压光，可以切断和封闭混凝土在凝固过程中因释放水气而形成的毛细孔道，从而保证防水层表面的密实度，提高混凝土防水层的抗渗性。

7.4 钢纤维混凝土

7.4.1 钢纤维混凝土机理和应用

钢纤维混凝土是混凝土中掺入一定数量的钢纤维，而形成一种性能优良的新型建筑材料，钢纤维混凝土能显著提高混凝土的抗拉、抗剪、抗折强度和抗裂、抗冲击、抗疲劳、抗震抗爆等性能。由于钢纤维混凝土的优良性能，在国外已推广应用到工业与民用建筑、水利、港口、交通及地下工程等项目。我国在20世纪80年代开始对钢纤维混凝土进行了研究，并于1992年制定了推荐性国家标准，《钢纤维混凝土结构设计与施工规程》CECS38：92。

试验证明：乱向分布的钢纤维，限制收缩的效果也比较明显，用于刚性防水屋面能充分体现钢纤维混凝土的优点，所以近年来已在我国南北各地得到了推广应用，经过严冬炎夏的“冷”“热”考验，表明使用效果良好，所以在本次制定规范时，将其纳入04规范中。

其中钢纤维的类型，可分为以下三种如表7-1。

表7-1

类型号	类型名称	截面形状	长度方向形状
Ⅰ	圆直型	圆形	直
Ⅱ	熔抽型	月牙形	直
Ⅲ	剪切型	矩形	直、扭曲或两端带钩

钢纤维的长度可分为20、25、35、40、45、50mm各种不同规格。

钢纤维截面的直径或等效直径应在0.3～0.8mm的范围内。

由于当钢纤维混凝土破坏时，钢纤维是由基体中拔出而不是被拉断，因此钢纤维的增强主要取决于钢纤维与基体的粘结性能，在刚性防水层混凝土中我国目前多用直圆型。

7.4.2 钢纤维混凝土的基本技术参数

在04规范第7.7.1条中规定了钢纤维混凝土的一些基本技术参数，这些技术参数，是确保钢纤维混凝土质量的重要环节，其中：

1. 水灰比和水泥用量：水灰比和水泥用量是钢纤维混凝土的基本技术参数，如水灰比过大或水泥用量过少，虽然可以满足抗压强度要求，但由于钢纤维周围未能包裹足够的水泥砂浆，就会降低钢纤维混凝土的抗拉、抗折、韧性和抗裂性；如水泥用量过多，则混凝土的收缩大，对抗裂不利。故根据国内应用情况并参照国外规范，确定水灰比为0.45～0.5；水泥和掺合料用量宜为360～400kg/m^3，但纯水泥用量一般为320～340kg/m^3。

2. 钢纤维体积率：是混凝土拌合物中钢纤维所占的体积百分率。钢纤维体积率的大小，直接影响着钢纤维混凝土的技术性能，所以应根据钢纤维混凝土所用结构类型和不同部位，选定不同的钢纤维体积率。因为钢纤维体积率过大，则拌合物和易性差，施工质量难以保证；钢纤维体积率过小，则增强作用不明显。所以根据《钢纤维混凝土设计与施工规程》CECS38：92 的规定。对于刚性防水屋面，钢纤维体积率宜为 0.8% ~1.2%。

7.4.3 钢纤维混凝土对粗骨料的要求

在 04 规范第 7.7.2 条中针对钢纤维混凝土的特点，规定了粗骨料的粒径。即当钢纤维混凝土用作屋面刚性防水层时，规定粗骨料粒径不宜大于 15mm，这是因为钢纤维在混凝土中有沿粗骨料界面取向的趋势，当粗骨料粒径大而钢纤维短时，钢纤维就起不到增强的作用。试验表明，当钢纤维长度为粗骨料粒径 2 倍时增强效果较好，所以规定粗骨料的粒径不宜大于钢纤维长度的 2/3，也不宜大于 15mm。

7.4.4 钢纤维的技术要求

由于钢纤维的增强效果与钢纤维的长度、直径、长径比等技术参数有关，所以在 04 规范第 7.7.3 条中规定了一些必要的技术参数：

1. 钢纤维长度：因钢纤维太短，起不到增强作用，而钢纤维太长又会影响拌合的质量。大量试验表明，在刚性混凝土防水层中钢纤维的长度为 20 ~50mm 较为理想。

2. 钢纤维的直径：如果钢纤维直径太细，则在拌合过程中易被弯折；如果钢纤维直径太粗，则在相同体积含量中的增强效果差，一般选择钢纤维的直径为 0.3 ~0.8mm 较为合适。

3. 钢纤维的长径比：长径比是钢纤维的又一项技术指标，由试验得知长径比在 40 ~100 范围内的钢纤维，其增强效果和拌合性能可满足设计和施工的要求，故本规范规定钢纤维的长径比为 40 ~100。

4. 当钢纤维中有粘连的团片时，则混凝土拌合物中的钢纤维就不能均匀分布，影响了钢纤维混凝土的匀质性，降低了钢纤维混凝土的抗裂性能，故本条规定粘连成团片的钢纤维，不得超过钢纤维质量的 1%。

7.4.5 钢纤维混凝土的搅拌

钢纤维混凝土的搅拌与普通混凝土搅拌有所不同，在 04 规范第 7.7.5 条、7.7.6 条中做了明确规定，具体要注意以下几点：

1. 搅拌机的选择：国内外工程实践证明，使用强制式搅拌机拌制钢纤维混凝土的效果较好。采用这种机械搅拌钢纤维混凝土，搅拌时钢纤维不易结团或折断，有利于钢纤维在混凝土中的均匀分布，确保钢纤维混凝土的匀质性。

2. 一次搅拌量：当钢纤维体积率较高或拌合物稠度较大时，如果仍按原额定容量拌制混凝土，容易出现搅拌机超载，根据工程实践经验，以每次搅拌量为搅拌机额定容量的 80% 时，就可避免搅拌机的超载现象。

3. 搅拌时的投料顺序：钢纤维混凝土搅拌时的投料顺序与施工条件、钢纤维的形状、长径比、体积率等有关，其投料顺序和方法应以搅拌中钢纤维不产生结团和保证一定的生产率为原则，并通过现场实际搅拌后确定。一般投料顺序有以下几种：

（1）将钢纤维、水泥、粗细骨料先进行干拌，然后再加水湿拌；

（2）先投放水泥，粗细骨料和水进行湿拌，在拌合过程中分散加入钢纤维；

（3）当采用自落式搅拌机搅拌时，宜先投 50% 的砂和 50% 的石料与钢纤维干拌均匀，再投入水泥、其余粗、细骨料和水一起湿拌均匀。

不论采用何种拌合方法和投料顺序，均必须保证搅拌均匀，而且搅拌时间应较普通混凝土搅拌时间延长1～2min。

要求搅拌好的钢纤维混凝土应拌合均匀，颜色一致，不得有离析、泌水、钢纤维结团现象。

7.4.6　钢纤维混凝土的浇筑及振捣

在04规范的第7.7.7条至7.7.8条强调钢纤维混凝土浇筑及振捣的要求。

1. 在规定的连续施工区域内的钢纤维混凝土必须连续浇筑。若中断，由于钢纤维沿接缝的表面排到，起不到增强作用，易在此处产生裂缝。

2. 由于钢纤维混凝土中的水泥含量较高，初凝时间较短，坍落度损失较快，因此曾在7.7.7条中要求从出料到浇筑完毕的时间不宜超过30min，这是参照美国、日本规范，并根据国内工程实践确定的。

3. 稠度相同的钢纤维混凝土比普通混凝土干涩，必须采用机械振捣，使钢纤维在与浇筑方向垂直的平面内，有两维分布的趋势，以增强钢纤维混凝土整体性和密实性，提高混凝土的抗渗能力。

7.4.7　强调二次抹压

在04规范第7.7.9条中强调钢纤维混凝土防水层在浇筑后应进行两次抹压：

1. 当钢纤维混凝土振捣完毕后，由于钢纤维在混凝土中呈三维方向排列，钢纤维易露出混凝土防水层表面，不仅影响钢纤维混凝土的强度，而且容易形成渗水通道，所以必须人工或机械进行抹压平整，将外露的钢纤维压入混凝土中。

2. 当钢纤维混凝土收水后，应对混凝土表面进行二次抹压，消除防水层表面可能出现的塑性裂缝，并将钢纤维混凝土表面的毛细孔封闭，提高刚性防水层的抗渗能力。

8 屋面接缝密封防水

8.1 屋面接缝密封防水部位

屋面接缝密封防水，本身不是一道防水层，但它是与各种屋面防水配套使用的重要部位，每种屋面防水层，都涉及到接缝密封的内容，但是在施工过程中，施工操作人员对于接缝密封防水往往重视不够，因此带来了屋面防水工程的质量隐患。

04 规范规定屋面接缝密封防水的部位，有以下一些。见表 8-1。

屋面接缝密封防水部位 **表 8-1**

屋面类别	密封材料嵌填部位	规范条文
卷材屋面	找平层分格缝内 高聚物改性沥青卷材、合成高分子卷材封边	4.2.5 5.6.3-5　5.6.6-5　5.7.3-6
涂膜屋面	找平层分格缝内 屋面的板端缝内和非保温屋面的板端缝和板侧缝内	4.2.5　6.5.2-2 6.5.2-1　6.6.2　6.7.2
刚性屋面	结构层板缝内 防水层与女儿墙、山墙、突出屋面结构的交接处 刚性防水层分格缝内 防水层与天沟、檐沟、伸出屋面管道交接处	7.1.2 7.4.2 7.4.1　7.7.10 7.4.2　7.4.3　7.4.5
油毡瓦屋面	泛水上口与墙间的缝隙	10.6.5
金属板材屋面	相邻两块板搭接缝内	10.7.3
细部构造	泛水、檐口和伸出屋面管道处的卷材、涂膜收头 天沟、檐边与墙、板交接处 伸出屋面管道与找平层交接处 水落口杯周围与找平层、混凝土交接处	5.4.1-1　5.4.1-2　5.4.3 5.4.2　6.4.2 6.4.1 5.4.8　7.4.5 5.4.5-1　5.4.5-2

8.2 屋面接缝密封防水材料要求

8.2.1 关于背衬材料功能和技术要求

在 04 规范的第 8.2.1 条、第 8.2.2 条、第 8.3.4 条、第 8.5.2 条、第 8.6.2 条都由不同的角度，规定了有关背衬材料的条文。

1. 什么是“背衬材料”：首先要明确“背衬材料”不是“衬垫材料”。背衬材料是为控制密封材料嵌填深度，防止密封材料与接缝底部粘结，而在接缝底部与密封材料中间设置的可变形的材料。或者说设置背衬材料后，使密封材料由“三面受力”变为“两面受力”，以确保接缝密封的质量。而“衬垫材料”如《屋面工程技术规范》GB 50345—2004

中的图 5. 4. 4　6. 4. 4　7. 4. 3 等只起“衬垫作用”，不改变上部的受力情况。所以，这是两个不同的概念，不能混为一谈。

2. 对背衬材料的技术要求：

（1）选用与密封材料不粘结或粘结力弱的材料；

（2）背衬材料的宽度应比接缝宽度大 20%，以保证背衬材料与缝壁间不留空隙；

（3）采用热灌法施工时，应选用耐热性好的背衬材料。

3. 背衬材料的种类：常用的背衬材料有：聚乙烯泡沫塑料棒、塑料带、油毡条、塑料膜等。

4. 背衬材料填放：一般常见的情况有三种：

（1）圆形背衬材料，如图 8-1。

（2）扁平隔离垫层，如图 8-2。

（3）转角处背衬材料，如图 8-3。

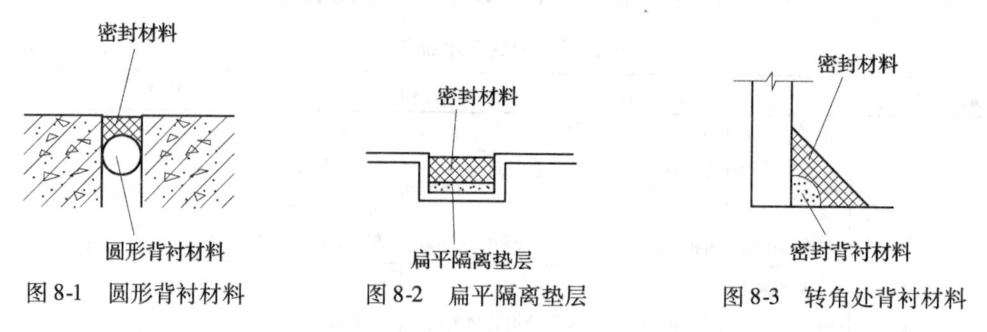

图 8-1　圆形背衬材料　　图 8-2　扁平隔离垫层　　图 8-3　转角处背衬材料

8. 2. 2　改性石油沥青密封材料

在 04 规范第 8. 2. 4 条中讲的是“改性石油沥青密封材料”，其分类和指标要求与 94 规范相比均有较大的变化。

1. 在 94 规范表 7. 2. 2 中的高聚物改性沥青密封材料分为两类：Ⅰ类为改性石油沥青密封材料，Ⅱ类为改性煤焦油沥青密封材料。但由于其中的改性煤焦油沥青密封材料，系有毒物质，建设部已明令禁止使用。所以实际上只剩下“改性石油沥青密封材料”一种。

2. 在 04 规范表 8. 2. 4 中，按照改性石油沥青密封材料的耐热度、低温柔性也分为Ⅰ、Ⅱ两类，所以这里的Ⅰ、Ⅱ两类与 94 规范中的Ⅰ、Ⅱ两类是完全不同的两个概念。

3. 在 04 规范 8. 2. 4 中的Ⅰ类，是指耐热度 70℃、低温柔性 -20℃；Ⅱ类是指耐热度 80℃，低温柔性 -10℃。

4. 04 规范中改性石油沥青密封材料的技术指标与《质量验收规范》中的表 A. 0. 3-2 一致，便于施工质量控制。

8. 2. 3　合成高分子密封材料

由于近年来合成高分子密封材料发展很快，材料标准也陆续出台，所以对于合成高分子密封材料的技术要求在这次制订规范时，与 94 规范相比，也有较大的变化。分述如下：

1. 94 规范表 7. 2. 3 中将合成高分子密封材料分为Ⅰ、Ⅱ两类，其中Ⅰ类指弹性体密封材料，Ⅱ类指塑性体密封材料，这是参考当时的一些密封材料标准分类制定的。

2. 在修定 02 规范时，由于一些新修订的密封材料标准尚未正式出台，所以，这一部分仍然采用了 94 规范表 7. 2. 3 的标准。

3. 新出台的《混凝土建筑接缝用密封胶》JC/T 881—2001，将合成高分子密封材料重新进行了分类，即：

(1) 按密封胶位移能力分为25、20、12.5、7.5四个级别；

(2) 在25级和20级中按密封胶的拉伸模量又分为低模量（LM）和高模量（HM）两个次级别；

(3) 12.5级密封胶按弹性恢复率又分为弹性（E）、和塑性（P）两个次级别；

(4) 故一般将25级、20级、12.5E级称为弹性密封胶；把12.5P级、7.5P级称为塑性密封胶；

(5) 这次制定04规范时，考虑到屋面工程中的密封材料要求要与当前合成高分子密封材料的标准相适应，使设计、施工时能与现行材料标准接轨，所以在04规范表8.2.5中，根据屋面工程中对合成高分子密封材料的特点和技术要求，提出了最基本的7项要求。

8.3 屋面接缝密封防水施工

8.3.1 关于接缝宽度的规定

1. 最早的规范限定屋面接缝的宽度为20~40mm，后来在修订94规范时将其改为10~40mm，这主要是结合当时的接缝密封材料是以改性沥青密封材料为主，如果缝隙太窄，不仅在找平层上预留缝难以操作，而且密封材料也不易嵌填。如果缝隙太宽，不仅造成材料浪费，而且如果设计计算接缝宽度尺寸超过40mm时，还要重新选择位移能力较大密封材料。

2. 近年来，合成高分子密封材料已在屋面接缝密封作业中大量使用，这些密封材料的位移能力也有了较大幅度提高。同时，随着施工工艺的改进，分格缝大多采用砂轮切割机进行事后切割，缝宽也可大大减少。

3. 根据以上情况，结合屋面工程接缝密封的要求，04规范规定接缝宽度改为5~30mm，这样，当选用改性沥青密封材料时，可选用较宽的接缝；当选用合成高分子密封材料时，可选用较窄的接缝，这样就可以适应不同情况的需要。

8.3.2 接缝密封防水的施工方法（表8-2）

屋面接缝密封防水的施工方法 **表8-2**

施工方法		具体做法	适用条件
热灌法		采用塑化炉加热，将锅内材料加温，使其熔化，加热温度为110~130℃，然后用灌缝车或鸭嘴壶将密封材料灌入接缝中，浇灌时不宜低于110℃	适用于平面接缝的密封处理
冷嵌法	批刮法	密封材料不需加热，手工嵌填时可用腻子刀或刮刀先将密封材料批刮到缝槽两侧的粘结面，然后将密封材料填满整个接缝	适用于平面或立面接缝的密封处理
	挤出法	可采用专用的挤出枪，并根据接缝宽度选用合适的枪嘴，将密封材料挤入接缝内。若采用桶装密封材料时，可将包装筒塑料嘴斜向切开作为枪嘴，将密封材料挤入接缝内	适用于平面或立面接缝的密封材料

8.3.3 接缝密封防水的施工工序

一般进行接缝密封防水的施工工序如图 8-4。

8.3.4 接缝密封防水的施工要点

在进行屋面接缝密封防水施工中，最关键的一条就是要保证密封材料与两侧缝壁粘结牢固，所以在缝槽壁上涂刷基层处理剂就是一道十分重要的工序，是能否确保接缝密封防水质量的重要环节。

1. 涂刷基层处理剂的作用，有以下主要作用：

（1）涂刷基层处理剂后，使被粘结表面受到浸透和湿润作用，提高了密封材料与缝槽壁之间的粘结力；

（2）可以封闭混凝土或砂浆的缝槽表面，防止从其内部渗出的碱性物质及水分，从而确保粘结牢固、持久；

（3）可将缝槽壁上的灰尘清洗干净，防止了灰尘在密封材料与缝槽壁间形成隔离层。

2. 涂刷基层处理剂的要求，注意以下几点：

（1）根据不同的密封材料品种，选择与其相适应的基层处理剂，要注意材料相容；

（2）要与被粘结体有良好的粘结性；

（3）当先放背衬材料，后涂刷基层处理剂时，要注意基层处理剂不得玷污在背衬材料上；

（4）涂刷基层处理剂时要求涂刷均匀，不得漏涂。

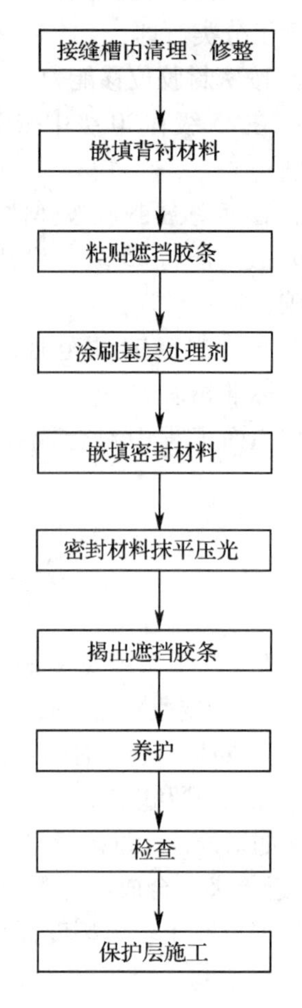

图 8-4　接缝密封防水施工工序

（5）当基层处理剂稍表干后，立即嵌填密封材料，以防时间过久在已刷好的基层处理剂表面又被灰尘二次玷污，也会削弱密封材料与基层的粘结强度。

目前一些施工单位对缝槽壁涂刷基层处理剂的工序极不重视，往往因为未涂刷基层处理剂，或涂刷基层处理剂不符合要求，造成密封材料与缝槽壁粘结不牢，形不成一个连续的防水层整体，导致屋面防水工程出现渗漏。

9　保温隔热屋面

9.1　保温隔热屋面的种类和适用范围

9.1.1　“保温”与“隔热”释义

“保温”、“隔热”一词的由来和演变，可以回朔到五十年代。在1956年由原国家建委颁发的《建筑安装工程施工及验收暂行技术规范》第七篇“屋面和隔绝工程”这里所指的“隔绝”是指隔断热量由外向内或由内向外的传递。在修订GBJ 16—66时将其改为“隔热”工程，主要是通过“松散”、“板状”、“整体”三种隔热层来确保室内温度不向室外传递。随着屋面工程技术的发展，在修订GBJ 207—83规范时修订组认为“保温”与“隔热”的物理意义是一致的，其目的都是为了阻止或减少热的传递，从而使建筑物满足使用要求。但在上世纪八十年代初期，随着人们对居住功能要求的提高和屋面工程技术的发展，在我国南方出现了只起隔热作用的架空屋面、蓄水屋面，这些屋面不起“保温”作用。因此考虑到我国的习惯，将防止室内热量散发出来的叫“保温”，防止室外热量进入室内的叫“隔热”，因这两类做法和要求也有较大差别，故将保温和隔热作为两部分，将其改为“保温隔热屋面”并按其不同的要求作出了相应的规定。

9.1.2　屋面保温层的种类

在重新制订的《屋面工程技术规范》GB 50345—2004中将屋面保温层分为板状材料保温层和整体现浇（喷）保温层两大类：

1. 板状材料保温层包括：矿棉、岩棉板、聚乙烯泡沫塑料板、聚苯乙烯泡沫塑料板、聚氨酯硬泡塑料板、聚氯乙烯硬泡塑料板、水泥膨胀珍珠岩板、水泥膨胀蛭石板、沥青膨胀珍珠岩板、沥青膨胀蛭石板、预制加气泡沫混凝土板等；

2. 整体现浇（喷）保温层：包括现喷硬质聚氨酯泡沫塑料、沥青膨胀珍珠岩、沥青膨胀蛭石；

3. 在屋面保温中应注意的两个问题：用04规范与94规范对比，有两个值得注意的问题：

（1）在04规范中删去了“松散材料保温层”的做法。由上世纪50年代开始一直到94规范，均有这种保温层做法。这里所指的松散材料保温层系指干铺水渣、炉渣、干铺膨胀蛭石、膨胀珍珠岩等。这类保温层导热系数大，在通常厚度下，很难满足节能50%的要求。再者如一旦被雨水淋湿后干燥困难，直接影响防水层质量，过去由于缺乏更好的保温材料，所以一直被认可这种做法。近年来随着化学建材的发展，新型化工保温材料大量涌现，所以在制订04规范时，删去了“松散材料保温层”的做法。

（2）否定了现浇水泥膨胀蛭石和现浇水泥膨胀珍珠岩保温层的做法：在上世纪70年代以后，在屋面工程中曾大量推广现浇水泥膨胀蛭石和现浇水泥膨胀珍珠岩保温层。但是随着多年的工程实践，开始认识到这种保温层由于在施工时要加入大量的水来进行拌合，施工完后保温层中的水分很难排出，经过大量实验得出，含水率每增大1%，导热系数就增大5%，所以如果保温层中的含水率高，则导热系数就随之增高，这就不仅导致保温性能大幅度降低，而且随着气温的升高，保温层中的水分蒸发，造成卷材、涂膜防水层起鼓，最终导致防水层被破坏，而出现屋面渗漏。由于此种保温层有诸多难于克服的弊端，所以这次制定规范时，将这两种保温层排出，不得再用于屋面工程中。

9.1.3　屋面隔热层的种类

在04规范中对屋面的隔热层只将其归纳为架空、蓄水、种植这三类，其实在每一类中又可按其使用材料、构造做法的不同，做成各种形式，如图9-1。

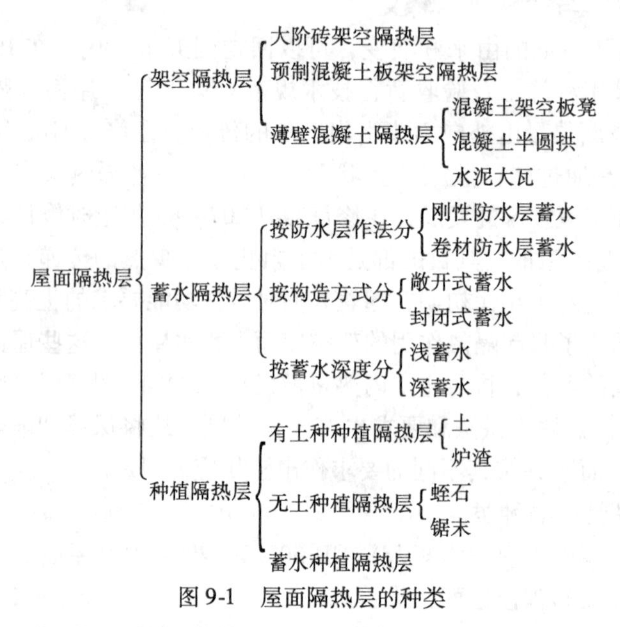

图9-1　屋面隔热层的种类

9.1.4　各种隔热屋面的适用范围

GB 50345—2004的第9.1.3条、9.1.4条、9.1.5条限定了架空、蓄水、种植隔热屋面的适用范围。

1. 架空隔热屋面：宜在通风较好建筑物上采用，不宜在寒冷地区采用。这是因为架空隔热屋面是利用架空层内空气的流动散热，并能防止太阳直射在防水层表面，所以宜在通风较好的建筑物上采用。在北方严寒地区，进入冬季后室外气温极低，此时在架空层内仍然能将室内散发出来的热量带走，造成室内温度降低，或能耗加大，所以不宜在严寒地区使用。

2. 蓄水屋面：不宜在严寒地区、地震地区和振动较大的建筑物上采用。这是因为严寒地区冬季蓄水冻冰，尤其我国一般均为“浅蓄水屋面”，在严寒地区冬季必须将水放干，以避免结冰，这样干湿交替易使防水层破坏。

至于在地震地区和振动较大的建筑物上的蓄水屋面，会由于地震或振动，使建筑物产生裂缝，导致蓄水屋面破坏，故亦不能采用蓄水屋面。

3. 种植屋面：应根据地域、气候、建筑环境、建筑功能选择相适应的屋面构造形式。因为种植屋面构造与区域气候密切相关，多雨与少雨地区的构造不同，炎热与寒冷地区的构造不同；种植屋面构造又和建筑环境与使用功能有关，如楼层屋面种植与地下车库、商场的顶板种植，构造也不一样。

9.2 屋面工程对保温材料质量要求

9.2.1 对板状保温材料的质量要求

对板状保温材料的质量要求，具体列于04规范的表9.2.1中。04规范表9.2.1与GB 50207—94规范的表8.2.3对比有较大的变化；与GB 50207—2002规范的表A.0.4-2对比，也有一些技术参数不一致，现将变化的情况分述如下：

1. 将94规范中的“泡沫塑料”类，分解为挤压聚苯乙烯泡沫塑料、模压聚苯乙烯泡沫塑料和硬质聚氨酯泡沫塑料等三种，并根据最新的有关材料标准，结合屋面工程的需要，重新给出了有关的质量指标。

2. 增加了“泡沫玻璃”的内容，泡沫玻璃是采用石英矿粉或废玻璃经煅烧形成独立闭孔的发泡体，是一种较好的无机保温材料，其最主要的特点是重量轻、抗压强度高，不怕腐蚀、吸水率低、不变形，导热系数和膨胀系数小、不燃烧、不霉变，确系一种较好的保温材料，现已开始推广使用，获得了较好的效果。所以本次制订规范时，将其纳入04规范的表9.2.1中，并规定了有关质量指标。几个主要指标是：表观密度≥150kg/m^3，抗压强度≥0.4MPa，导热系数≤0.062W/m·K，吸水率<0.5%，尺寸变化率在70℃经48h后≤0.5%，是所有保温材料中最小的一种。

3. 对于加气混凝土类和膨胀珍珠岩类板材，在本次制订规范时，按照最新出台的标准，对其质量指标进行了调整。如加气混凝土类，表观密度原为500~700kg/m^3，现调为400~600kg/m^3；膨胀珍珠岩类，表观密度由原300~800kg/m^3，调为200~350kg/m^3，导热系数由原来的0.1~0.26W/m·K，调整为≤0.087W/m·K等。

4. 04规范表9.2.1中的一些数据，与02规范表A.0.4-2中的一些技术指标，有所差异。这是由于2002年前后材料标准修改变化后引起的。如《绝热用模压聚苯乙烯泡沫塑料》GB/T 10801.1—2002。《绝热用挤压聚苯乙烯泡沫塑料》GB/T 10801.2—2002等。所以作者认为在设计、施工时，应以04规范的规定为准。

9.2.2 现喷硬质聚氨酯泡沫塑料的技术指标

现喷硬质聚氨酯泡沫塑料，是一种新型的保温材料。它是以多元醇/多异氰酸酯为主要原料，加入发泡剂、抗老化剂等多种助剂，在屋面工程上直接喷涂发泡而成为保温层，由于这种保温层具有质量轻、导热系数小、压缩强度能满足屋面工程需要等优点。所以，从上世纪90年代开始就已在我国屋面保温工程中推广应用，取得了良好的效果。所以在这次制订新规范GB 50345—2004时，将其施工要求纳入第9.5.2条中；将其对此种材料的技术指标纳入第9.2.2条中。

这个技术指标是怎样确定的呢，考虑到国家曾颁布了《建筑物隔热用硬质聚氨酯泡沫塑料》GB 10800—89，这主要是对用此类材料生产的板状或异形板状制品而言，对于现喷的硬质聚氨酯泡沫塑料的技术要求未作具体规定。但在这个标准中将“硬质聚氨酯泡沫塑料”分为Ⅰ、Ⅱ两类，每类中又分为A、B两个型号，在Ⅱ类B型中要求密度不应小于

30kg/m³，压缩性能不小于150kPa，导热系数不大于0.027W/m·K。另外我们还参考了山东省标准《现场喷涂硬质发泡聚氨酯屋面防水保温工程技术规程》DBJ 14—BJ 13—2001，其中要求密度≥40kg/m³、抗压强度≥0.2MPa、导热系数≤0.024W/m·K。在以上基础上，结合现场喷涂硬质聚氨酯泡沫塑料保温层的情况调查，进行综合考虑后认为：密度以35～40kg/m³较为合适。在确定导热系数时，考虑到保温层是在现场屋顶上作业，不仅施工条件差，而且还有人为的因素，所以可以适当放宽一点，即要求小于0.03W/m·K。在压缩强度方面，我们仍采用GB 10800—89中的Ⅱ类B型的压缩性能，即大于150kPa。将以上几项技术指标要求，明确规定在GB 50345—2004第9.2.2条中，作为对"现喷硬质聚氨酯泡沫塑料"屋面保温层的质量控制指标。

9.3 屋面保温层施工

9.3.1 板状材料保温层施工技术关键

屋面工程常用的板状保温材料一般分为两大类，一类为无机材料，如水泥膨胀珍珠岩板、水泥膨胀蛭石板、泡沫玻璃、预制加气泡沫混凝土板、岩棉板等；另一类为有机材料，如聚乙烯泡沫塑料板、聚苯乙烯泡沫塑料板、聚氯乙烯泡沫塑料板、聚氨酯硬泡塑料板等。不同种类的保温板，施工技术关键有所不同，现分述如下。

1. 无机材料类的板状保温层，由于其导热系数相对较大，所以按照热工要求计算出的保温层厚度一般较厚，在施工时应注意以下几点：

（1）当保温层厚度较小时，可以单层铺设，如保温层厚度较厚时，可以双层铺设。

（2）当采用干铺板材时，板材应紧靠在平整、干燥的基层上，局部不平处，可用同种材料的碎屑铺平垫稳。

（3）当采用水泥砂浆做粘结材料铺贴时，板材与基层应粘结牢固，板材与板材之间的缝隙应严密。

（4）当采用双层板材铺设时，上下两层板材之间的接缝应错开，板材之间的缝隙应用同类材料嵌填严实。

2. 有机材料类的板状保温层，由于其导热系数很小，保温效果好，施工也很方便，所以目前已在屋面保温层中大量推广使用，施工时应注意以下几点：

（1）由于有机材料的板状保温层，因其导热系数很小，所以一般均为单层铺贴；

（2）板材与基层、板材与板材之间所用的胶粘剂，必须与所粘结的保温板材的材性相容；

（3）在板材保温层上，应做30～35mm厚的细石混凝土找平层或25mm厚的水泥砂浆找平层；

（4）如用聚苯乙烯类泡沫塑料板做屋面保温层，则在施工屋面防水层时，应避免有机溶剂沿保护层的裂缝，渗入聚苯乙烯泡沫塑料板内，导致保温层被溶化、破坏。

9.3.2 现喷硬质聚氨酯泡沫塑料保温层施工技术关键

1. 严格计量：要根据设计图纸中对表观密度、压缩强度、导热系数的要求，在施工前做好配合比试验，在施工中严格计量；

2. 严格控制保温层的厚度，应随喷随检查，发现厚度不足时，应即时补喷；

3. 气候要求：施工时环境气温宜为15~30℃，气温的高低，直接影响发泡的效果，尤其是气温过低时，聚氨酯不容易发泡。

湿度的大小对硬质聚氨酯泡沫塑料的固结时间有很大关系，故规定湿度不宜大于85%。

对于风的要求，04规范规定现喷时的风力不宜大于三级，因为风力过大，喷出来的飞沫四散，不仅浪费材料，而且污染周围环境和建筑。所以规定风力大于三级时不宜喷涂。

9.4 隔热屋面技术关键

9.4.1 架空隔热屋面

1. 架空隔热屋面的原理和优点：架空隔热屋面是利用通风的架空层散热来提高屋面隔热能力的一种屋面形式。04规范给出的定义是："在屋面防水层上采用薄型制品架设一定高度的空间，起到隔热作用的屋面"。架空隔热屋面的优点是：

（1）隔热性能好：架空隔热板可遮挡太阳光的辐射，架空层可利用空气流动带走屋面散发的热量，从而降低了室内温度；

（2）构造简单、维护方便、容易更换处理；

（3）技术经济指标好。

2. 架空隔热屋面的技术关键

架空屋面在设计和施工时应注意以下几点：

（1）架空层的高度，应按照屋面宽度和坡度大小来确定，一般以180~300mm为宜；

（2）当屋面较宽时风道中的阻力增加，宜采用较高的架空层；屋面坡度较小，则进风口和出风口之间的温差相对较小，为便于风道中的空气流通，宜采用较高的架空层，反之可采用较低的架空层；

（3）架空的砖墩支座宜整齐划一，条形支座应沿纵向与屋脊垂直排列，以确保通风顺畅无阻；

（4）对有女儿墙的屋面，架空层与女儿墙间至少离开250mm，以便通风和清扫；

（5）在卷材或涂膜防水层上砌筑支墩时，在支墩下面应有增强防水层的措施；

（6）在架空层中的砂浆等杂物应清刷干净，以保证空气流通顺畅。

9.4.2 蓄水屋面

1. 蓄水屋面的原理和优点：蓄水屋面是一种新型的屋面隔热形式，它是利用水的蓄热和蒸发作用，使照射到屋面上的辐射热大量消耗，从而减少室外热量通过屋面传入室内，以达到隔热的目的。04规范对蓄水屋面的定义是："在屋面防水层上蓄积一定高度的水，起到隔热作用的屋面"。这种屋面的优点是：

（1）有良好的隔热性。由于辐射到屋面上的阳光90%被水吸收，减小了外部温度由屋面传入室内的热量，发挥了良好的隔热作用。另外，蓄水层中的水蒸发需要消耗大量汽化热，对室内可起到散热降温的作用；

（2）由于蓄水层吸收和发散热量，降低了刚性防水层外表面的温度，减小了混凝土防水层及其基层内部产生的温度应力，避免了防水层或基层因过大温差而产生的变形开裂；

（3）蓄水屋面还可以保护屋面防水卷材、密封嵌缝材料，使其与空气隔绝，避免了氧化作用和阳光直接辐射，延长了防水层的寿命。

2. 蓄水屋面的技术关键

（1）合理划分蓄水分区，每边长度不宜大于10m，长度超过40m的屋面应设分仓缝，以防止蓄水面积过大而引起屋面开裂及损坏防水层；

（2）蓄水深度：宜为150~200mm。根据实测结果证明，蓄水深度过浅，隔热效果不理想，如蓄水深度过深，加大了屋面荷载，隔热效果提高并不大，且当水较深时夏季白天水温升高，夜间散热反而导致室温增加；

（3）节点处理至关重要，处理不当就会造成渗漏，故对节点部位应采取刚柔结合，多道设防的处理措施；

（4）在蓄水屋面上应有排水管、溢水口、给水管等特殊设施，并符合有关排水和溢水的构造要求；

（5）为了保证每个蓄水区混凝土的整体防水性，防水混凝土应一次浇筑完毕，不得留施工缝，避免因混凝土接头处理不好而导致渗漏；

（6）蓄水屋面刚性防水层混凝土养护好后方可进行蓄水，并不可断水，以防混凝土干涸开裂。

9.4.3 种植屋面

1. 种植屋面的原理和优点：种植屋面是在屋顶防水层上铺设一层种植介质，然后种植植物，这样不仅可以降低室内温度，而且有利于空气净化，美化环境和收获果实。在04规范中定义为："在屋面防水层上铺以种植介质，并种植植物，起到隔热作用的屋面"。

我们知道当植物生长的绿叶严密覆盖在屋面上时，太阳光直接辐射在绿叶的上部，绿叶植物吸收太阳的辐射热，经过光合作用进行能量较换、调节平衡，使绿叶面保持在一定的温度范围内，而在绿叶下部的屋面就不会受阳光的辐射。从而使传入室内的热量大幅度减小，有效的达到降低室内温度的目的。其优点是：

（1）屋盖的传热方向几乎昼夜完全是由室内向室外传递；

（2）屋盖外表面可长期处于湿润，且在温度变化很小的环境中，从而避免了防水层因温度应力而开裂；

（3）植物根部有保持热量的作用，使屋盖有良好的热稳定性；

（4）屋面种植层在冬季还有一定的保温作用，可减室内的热损失，有利于节约能源。

2. 种植屋面的技术关键

（1）种植屋面由于增加了屋面荷载，所以屋面结构应按种植介质的品种，厚度所增加的重量进行计算，提高屋面结构的承载能力和刚度；

（2）种植介质的选择：用于种植层的介质有土、砂砾、炉渣、蛭石、锯末等。其中蛭石重量轻，结构疏松、保水性好，且化学稳定性好，不易腐烂，有利于植物生长。而用土作种植介质，因材料易得，费用低，便于推广；

（3）种植层的坡度和厚度：种植屋面的坡度不宜大于3%。以便介质铺设和控制介质流失。介质层的厚度应根据不同介质和植物种类等确定；

（4）种植屋面四周应设挡墙，挡墙下部设泄水孔；

（5）种植介质的填设厚度必须符合设计规定的厚度，严防超载；

（6）挡墙泄水孔的位置尺寸，孔口做法必须符合设计要求；

（7）种植屋面的防水层当选用卷材防水层时，应选用耐腐蚀、耐霉烂、耐穿刺性能好的材料，上面应设置细石混凝土保护层；

（8）屋面防水层完工后，应作24h蓄水试验，无渗漏后方可覆盖种植介质。

9.4.4 倒置式屋面

倒置式屋面在上世纪50年代首创于美国，70年代在日本、欧美广泛应用，我国在70年代中期开始研究试验，近年来在我国发展较快。在04规范中将倒置式屋面的定义为“将保温层设置在防水层上的屋面”。

1. 倒置式屋面的原理和优点

（1）由于保温层设置于防水层上部，使防水层避免了阳光紫外线及臭氧等的直接作用，有利于延缓防水层的寿命；

（2）倒置式屋面上的防水层表面温度波动值，较传统屋面大大减小（根据美国资料介绍：在同时同地测出倒置式屋面防水层上表面温度的最大最小值分别为24℃和8.5℃，波动值15.5℃；而同一时间传统屋面相应的温度最大值与最小值分别为43℃和-5℃，波动值为58℃），所以可减少因气温剧烈变化而引起的防水层开裂，提高了防水层的耐久性。

2. 倒置式屋面的技术关键

（1）倒置式屋面的保温层应选用吸水率低的保温材料。如聚苯泡沫板、现喷硬质聚氨酯泡沫塑料、泡沫玻璃等；

（2）在保温层上应用混凝土、水泥砂浆或干铺卵石做保护层；

（3）排水坡度应大于3%，以防止屋面积水；

（4）当为卵石保护层时，在卵石与保温层间应铺设一层耐穿刺，且耐久性和耐腐蚀性好的纤维织物；

（5）当铺设板状保温材料时，拼缝应严密，铺设应平整；

（6）当采用现喷硬质聚氨酯泡沫塑料时，应符合有关该种材料的操作规定；

（7）铺设卵石保护层时，卵石应分布均匀，防止超厚以免增大屋面荷载。

10 瓦 屋 面

10.1 规范中的瓦屋面变化情况

在 GBJ 16—66 及 GBJ 16—66（修订本）中，就有“波形铁皮屋面”（也就是当时俗称的瓦垄铁）和“波形石棉水泥瓦屋面”。在 GBJ 207—83 规定中，将其改为“波形薄钢板屋面”。在进行修订 94 规范时，考虑到 83 规范中的“薄钢板屋面”和“波形薄钢板屋面”，已经远远不能适应多种多样金属板材屋面发展的要求，尤其是其中的“波形薄钢板”屋面现在已不使用，至于“薄钢板屋面”由于目前板材屋面不仅有薄钢板，还有合金铝板、不锈钢板、钛合金板、复合夹芯压型钢板、钢化玻璃夹胶玻璃板、聚碳酸酯板等多种多样的材料。施工工艺也各不一样，情况较为复杂，所以在 94 规范修订时，删去了原规范中的“波形薄钢板屋面”和“薄钢板屋面”，仅根据当时情况，改为“压型钢板屋面”，放入“瓦屋面”一章中。这次制订 04 规范时，考虑到在板材屋面中，不仅只有“压型钢板”一种，所以将其改为“金属板材屋面”，当然 04 规范只是规定了在金属板材屋面施工中，有共性的几条条文，对各种不同材质、不同品种、不同规格的板材屋面设计和施工，应按该种板材的说明书及有关规定进行。

至于 83 规范中的“波形石棉水泥瓦屋面”，在进行 94 规范时，考虑到“波形瓦”的种类也有增加，如有玻璃钢波形瓦、氯镁氧波形瓦等，故不能用材质来命名，而将其按形状命名，在 94 规范中改为“波形瓦屋面”。本次制订规范时，编制组认为波形瓦屋面，目前我国仅用于一些临时性的建筑，已不属于本规范限令的范围。加之石棉水泥瓦中石棉系有毒物质，危害人们身体健康，已禁止在建筑工程中使用。至于玻璃钢瓦屋面因其为易燃品，不利于消防。所以根据以上意见，将“波形瓦屋面”全部删去。

10.2 关于油毡瓦屋面的技术规定

近年来油毡瓦屋面在我国已大量推广使用，由于这种屋面既有较好的装饰功能，又有良好的防水效果，它既不会像卷材屋面开裂、起鼓；又不会像“装饰瓦”只美观而不防水。所以我国目前一些“平改坡”的屋面较多的采用了油毡瓦屋面。

10.2.1 油毡瓦的适用范围

1. 油毡瓦单独使用时，可用于屋面防水等级为Ⅲ级的屋面防水；（第 10.3.1 条）

2. 油毡瓦与防水卷材或防水涂膜复合使用时可用于防水等级为Ⅱ级的屋面防水。

10.2.2 油毡瓦屋面的构造要求

1. 为防止雨雪沿瓦的搭接缝形成“爬水”现象，在 04 规范中规定油毡瓦屋面的排水坡度应大于 20%；（第 10.3.3 条）

2. 油毡瓦下应先铺一层垫毡（可用卷材），铺在木基层上时可用油毡钉固定；铺在混凝土基层上时，可用水泥钉固定。铺垫毡的目的是为防止雨水沿瓦间缝隙进入而浸湿基层甚至造成渗漏。所以不能忽略这一层卷材。垫毡卷材宜平行屋脊铺设，搭接缝宽度不宜小于50mm，搭接缝应顺水流方向；

3. 当油毡瓦屋坡度大于150%时，应采取固定加强措施；

4. 增加了油毡瓦的细部构造：如04规范中的图10.4.1-3、图10.4.1-4、图10.4.2-2、图10.4.3-2、图10.4.4、图10.4.6-2等。增加这些细部构造的原因，主要是规范油毡瓦屋面在檐口、泛水、檐沟、屋脊等部位的做法要求，因为这些部位是油毡瓦屋面的薄弱环节，必须在规范中进行规定。

10.2.3 油毡瓦屋面施工要点

1. 在突出屋面的烟囱、管道等交接处，应先做二毡三油防水层，待铺完油毡瓦后，再用高聚物改性沥青卷材做单层防水。以保证"根"部的防水可靠，减少沿这些位置渗漏的可能。

2. 铺贴方法：油毡瓦应自檐口向上铺，檐口第一行瓦，系由两层油毡瓦组成，下面一层油毡瓦的"切槽"应指向屋脊，上面一层油毡瓦的"切槽"应指向檐口。

3. 每片油毡瓦不得少于4个油毡钉，油毡钉应垂直钉入，钉帽应被上一层油毡瓦覆盖，不得露出油毡瓦表面。

11 学习《屋面工程技术规范》GB 50345—2004 应注意的问题

11.0.1 屋面防水等级不是建筑物等级

1. 建筑物的等级是根据建筑物的不同使用功能，按有关设计规范确定的。如：

(1)《油库设计规范》，是按储油量的大小分为4级，即Ⅰ级5万t以上，Ⅱ级1~5万t，Ⅲ级0.25~1万t，Ⅳ级0.05~0.25万t；

(2)《旅馆设计规范》由条件高到低分为6个等级；

(3)《客运站设计规范》是按人流多少分为4级，即Ⅰ级7000~10000人次，Ⅱ级3000~7000人次，Ⅲ级500~3000人次，Ⅳ级500人次以下。

2. 屋面防水等级则是按照建筑物的性质、重要程度、使用功能要求、防水层合理使用年限等，将屋面防水分为4个等级，并按不同等级规定了设防要求。也就是说屋面防水等级是专门针对屋面工程防水功能的不同而划分的。

3. 因此不能将屋面防水等级与建筑物的等级混为一谈。不能认为某种建筑物等级为Ⅰ级时，就必须选定屋面防水等级为Ⅰ级；建筑物等级为Ⅱ级时，就必须是Ⅱ级。因为建筑物等级与屋面防水等级是两个不同的概念，屋面防水等级不能按建筑物等级来认定，而只能按建筑物的性质、重要程度、使用功能要求、防水层合理使用年限来确定。

11.0.2 防水层合理使用年限不是建筑物的耐用年限

1. 防水层合理使用年限，在04规范中定义为："屋面防水层能满足正常使用的年限"。也就是说防水层在不遭受特殊自然灾害或人为破坏情况下的防水层寿命，防水层在合理使用年限内，屋面不允许出现渗漏。在本规范中根据不同屋面防水等级、设防构造、防水材料档次等将屋面防水层合理使用年限划分为：

Ⅰ级25年、Ⅱ级15年、Ⅲ级10年、Ⅳ级5年等4个使用年限要求，或者说这4个年限规定，是指不同屋面防水等级的保证期。

2. 建筑物的耐久年限，是根据《民用建筑设计通则》JGJ 37—87，将建筑物的耐久年限分为4个等级，即：Ⅰ级100年以上，Ⅱ级50~100年，Ⅲ级25~50年，Ⅳ级15年以下。

3. 因此不能将防水层的合理使用年限与建筑物的耐用年限混为一谈。因为这两者所涵盖的不是同一个内容，不能说建筑物耐用年限是多少年，也要求屋面防水层耐用年限是多少年。

11.0.3 屋面防水层合理使用年限不是防水层的保修期

屋面防水层的合理使用年限与防水层的保修期是不同的。屋面防水层合理使用年限，是指防水层在正常使用情况下的寿命。而保修期则是指防水层在合理使用情况下，在一定的时间阶段内，如发生质量问题由原施工单位进行无偿的修理。根据《建筑工程质量管理条例》规定防水层的保修期为5年。也就是说如果不是因特殊自然灾害或人为的破坏，在5年时间内如发生屋面渗漏等质量情况，由原施工单位无偿进行修理。目前有的防水施工企业为了争夺市场，提高信誉度，提出保修10年，甚至终身保修，但这已经不是国家规定的保修期了。

11.0.4　一道防水设防不一定是一层或一遍

在04规范中对一道防水设防的定义为：“具有单独防水能力的一道防水层次”。即本规范中所指的“一道”，既不是指“一遍”，也不一定指“一层”。

1. 譬如“三毡四油”是由三层油毡,四层玛琋脂组合而成,既不能叫三道,也不能叫七道,因为“三毡四油”才能算是一个具有单独防水能力的防水层次,所以只能叫“一道”。当然如果采用一定厚度的高聚物改性沥青防水卷材或合成高分子防水卷材,因为这种卷材只需铺设一层就具有单独防水的能力,那么虽然只是一层卷材,也应是“一道”防水层次。

2. 又如在涂膜防水屋面中过去提的“两布六涂”，既不能叫“两道”，也不能叫“六道”，这仅指是铺了两层胎体增强材料和涂刷了6遍防水涂料，在确保本规范中规定厚度的情况下，才能形成具有单独防水能力的“一道”防水层。

所以不能将本规范中的“一道”理解为“一层”或“一遍”，而应理解为具有单独防水能力的一个防水层次。

11.0.5　对防水材料的物理性能要求不是该材料的产品标准

在04规范中，由屋面工程使用的技术角度出发，参考国内现有的防水、保温材料产品标准，经过归类和综合分析后，在各章的“材料要求”一节中，对各类防水、保温材料在屋面工程使用时，根据“屋面工程”这个特定的分部工程，提出了所用材料应满足哪些指标要求，方能在屋面工程中使用。而这些指标要求，并没有包括该类产品的全部技术指标，换句话说某种产品的某几项指标符合04规范中“材料要求”的指标，方允许在屋面工程中使用。

当然对防水保温材料本身而言，则需满足该种产品标准的全部技术性能，是合格的产品。如聚氯乙烯防水卷材在其产品标准中有10项技术指标，符合10项技术指标方为合格产品。但在屋面工程中使用时，则强调必须满足拉伸强度、断裂伸长率、低温弯折、不透水性、加热收缩率、热老化保持率等几项技术要求。所以，绝不能将04规范中对某类防水保温材料提出的一些技术要求，看成是对该类防水保温材料的产品标准。

11.0.6　防水材料的现场抽样复试项目不是该材料检验的全部项目

在04规范中对屋面工程所使用的防水材料，提出了一些现场抽样复验的项目，其目的就是要控制一些不合格的防水材料流入“现场”，使用到屋面工程上，降低了屋面防水工程的质量。如在04规范中对卷材、涂料、密封材料的现场抽样复验的项目做了具体规定。归纳起来见表11-1。

建筑防水工程材料现场抽样复验项目　　　　表11-1

序号	材料名称	现场抽样数量	外观质量检验	物理性能检验
1	沥青防水卷材	大于1000卷抽5卷，每500～1000卷抽4卷，100～499卷抽3卷，100卷以下抽2卷，进行规格尺寸和外观质量检验。在外观质量检验合格的卷材中，任取一卷作物理性能检验	孔洞、硌伤、露胎、涂盖不匀，折纹、皱折、裂纹、裂口、缺边，每卷卷材的接头	纵向拉力，耐热度，柔度，不透水性

续表

序号	材料名称	现场抽样数量	外观质量检验	物理性能检验
2	高聚物改性沥青防水卷材	大于1000卷抽5卷，每500~1000卷抽4卷，100~499卷抽3卷，100卷以下抽2卷，进行规格尺寸和外观质量检验。在外观质量检验合格的卷材中，任取一卷作物理性能检验	孔洞、缺边、裂口，边缘不整齐，胎体露白、未浸透，撒布材料粒度、颜色，每卷卷材的接头	可溶物含量、拉力，最大拉力时延伸率，耐热度，低温柔度，不透水性
3	合成高分子防水卷材	大于1000卷抽5卷，每500~1000卷抽4卷，100~499卷抽3卷，100卷以下抽2卷，进行规格尺寸和外观质量检验。在外观质量检验合格的卷材中，任取一卷作物理性能检验	折痕，杂质，胶块，凹痕，每卷卷材的接头	断裂拉伸强度，扯断伸长率，低温弯折，不透水性
4	改性沥青胶粘剂	同一批至少抽一次		剥离强度
5	合成高分子胶粘剂	每一批至少抽一次		剥离强度和浸水168h后的保持率
6	双面胶粘带	每一批至少抽一次		剥离强度和浸水168h后的保持率
7	高聚物改性沥青防水涂料	每10t为一批，不足10t按一批抽样	包装完好无损，且标明涂料名称、生产日期、生产厂名、产品有效期；无沉淀、凝胶、分层	固含量，耐热度，低温柔性，不透水性，延伸性或抗裂性
8	合成高分子防水涂料和聚合物水泥防水涂料	每10t为一批，不足10t按一批抽样	包装完好无损，且标明涂料名称、生产日期、生产厂名、产品有效期	固体含量，拉伸强度，断裂延伸率，低温柔性，不透水性
9	胎体增强材料	每3000m^{2}为一批，不足3000m^{2}按一批抽样	均匀，无团状，平整，无折皱	拉力，延伸率
10	改性石油沥青密封材料	每2t为一批，不足2t按一批抽样	黑色均匀膏状，无结块和未浸透的填料	耐热度，低温柔性，拉伸粘结性，施工度
11	合成高分子密封材料	每1t为一批，不足1t按一批抽样	均匀膏状物，无结皮、凝胶或不易分散的固体团状	拉伸模量，定伸粘结性，断裂伸长率
12	平瓦	同一批至少抽一次	边缘整齐，表面光滑，不得有分层、裂纹、露砂	
13	油毡瓦	同一批至少抽一次	边缘整齐，切槽清晰，厚薄均匀，表面无孔洞、硌伤、裂纹、折皱及起泡	耐热度，柔性
14	金属板材	同一批至少抽一次	边缘整齐，表面光滑，色泽均匀，外形规则，不得有扭翘、脱膜、锈蚀	

从上表可看出，现场抽样复验的项目，并不是材料的全部项目。对于防水材料作为产品来说，必须按照有关材料标准的规定进行全部项目的测试。而现场抽样复验的目的，就是为了防止“样品”合格，但进场材料不合格的现象，就是要对现场材料质量进行控制。但另一方面考虑到施工现场的条件，要做到对某种防水材料进行全部项目的测试，客观上是难以做到的，所以，04 规范从屋面防水必须保证的要求出发，用抽检进场防水材料的一些关键性质量指标来对进场材料的质量进行控制。

11.0.7　基层处理剂不是冷底子油

1. 在 04 规范 5.5.5-5 中规定：“当采用热玛琋脂时应涂刷冷底子油”。这种冷底子油，系由汽油和沥青配制而成，在铺贴卷材前涂刷在基层上的涂料，所以从广义的来说，冷底子油也是一种基层处理剂。但是长期以来在铺贴石油沥青卷材前在基层上涂刷的涂料，已为人习惯的称呼为“冷底子油”，故 04 规范中对此类涂料仍沿用“冷底子油”的名称。

2. 但是在铺贴合成高分子防水卷材时，则是根据不同的材性，选用与其相适应的涂料来做基层处理剂，就决不能用“冷底子油”来做基层处理剂了。

3. 为了避免混淆不清，在 04 规范中对用沥青和汽油配制成的涂料仍称为“冷底子油”；用于合成高分子防水卷材涂刷基层的涂料，叫做基层处理剂。

11.0.8　“细部构造”不是标准大样图

04 规范第 5 章至第 10 章中均有“细部构造”一节，大都是对屋面上比较敏感，容易渗漏的节点部位进行了导向性的规定，这是为了因文字不易表述清楚，用示意图的方式，让人们对这些重要部位和主要规定尺寸，有一个更为直观的了解，以避免理解上的差异。

但是有人认为规范中的细部不细，尺寸不全，不能据以施工，这种认识是不对的，因为屋面工程技术规范，不是全国统一的节点标准大样图集，不可能像各地区的标准大样图集那样详细；标准图集可以指导施工；而 04 规范中的细部构造，则是规定了在编制屋面工程标准图集时的导向性原则。

11.0.9　背衬材料不是衬垫材料

“背衬材料”和“衬垫材料”两者的含义是完全不相同的。背衬材料是为控制密封材料的嵌填深度，防止密封材料和接缝底部粘结，而在接缝底部与密封材料中间设置的可变形材料。背衬材料应选用与上部密封材料不粘结或粘结力小并具有一定弹性的材料，如泡沫芯棒等。在“缝”中设置背衬材料后，防止密封材料与缝的底部粘结而形成“三面粘合”造成应力集中，导致密封防水破坏，也就是说设置背衬材料后，使缝中的密封材料只在水平方向发生拉伸、压缩变形，而不会在垂直方向同时发生变形和应力，从而保证缝中密封材料的使用年限。

衬垫材料一般是衬垫在变形缝的两层卷材之间，用聚乙烯发泡圆棒等作为卷材的造型模架，使卷材保持一定形状，以适应沉降变形的要求。所以不能将背衬材料错误的理解为衬垫材料。

11.0.10　热粘法不是热熔法

对于高聚物改性沥青防水卷材的铺贴，大都是采用热熔法进行施工，也就是用火焰加热器对高聚物改性沥青防水卷材底部的热熔胶进行烘烤，使其熔化后进行粘结，在 04 规范中定义为："将热熔型防水卷材底层加热熔化后，进行卷材与基层或卷材之间粘结的施工方法"。采用热熔法施工时卷材必须具有一定的厚度，如卷材厚度小于3mm时，就不能再用热熔施工，否则就很容易将卷材烧穿，严重破坏了卷材的防水功能，所以，并不是所有的高聚物改性沥青防水卷材都可以用热熔法施工。

在04规范5.6.4条中，规定了高聚物改性沥青防水卷材可用热粘法进行施工，在04规范中的定义为："以热熔胶粘剂将卷材与基层或卷材之间粘结的施工方法"。这种方法是将热熔型改性沥青胶用导油炉加热熔化到规定温度至200℃后，在基层上随涂刮热熔改性沥青胶，随滚铺卷材。对于一些不宜用热熔法施工的高聚物改性沥青防水卷材，可以用热粘法进行施工。

11.0.11　冷粘法不是自粘法

04规范对冷粘法的定义为："在常温下采用胶粘剂（带）将卷材与基层或卷材之间粘结的施工方法"。冷粘法一般是在铺贴合成高分子防水卷材时采用。施工时，可将胶粘剂涂刷在基层或涂刷在基层和卷材底面，待胶粘剂中的溶剂基本挥发后，将卷材和基层粘结到一起。卷材搭接部位可以采用专用胶粘剂或胶粘带粘结。

而自粘法，虽然也是"冷"施工，但他与冷粘法的施工工艺是完全不一样。在04规范中自粘法的定义为："采用带有自粘胶的防水卷材进行粘结的施工方法"。对于带有自粘胶的高聚物改性沥青防水卷材、合成高分子防水卷材都可以采用自粘法进行施工，铺贴卷材时，边撕去卷材底面自粘胶的隔离纸，边按要求位置滚铺卷材，让卷材底部的自粘胶与基层紧密粘结。所以不能将"冷粘法"与"自粘法"混为一谈。

11.0.12　"施工要求"不是具体的操作规程

在04规范的第5章至第10章中，均有有关施工要求的条文，应该说明的是，这些有关的施工条文，仅是对该类屋面工程施工的原则性要求，不能具体的代替该种屋面的施工操作规程。但是具体的施工操作规程不能违背04规范中提出的这些原则。

譬如04规范5.7.3-2规定对合成高分子防水卷材用冷粘法施工时"根据胶粘剂的性能，应控制胶粘剂涂刷与卷材铺贴的间隔时间"。到底"间隔时间"是多少，这就涉及到所用胶粘剂的品种，施工时的气温等具体因素的不同而变化，象这些具体的规定，只能在所用防水材料的操作规程、施工工法等中才能具体的反映出来。所以不能把规范当作具体的操作规程，但是具体的操作规程，必须符合规范中制订的原则。

附录

中华人民共和国国家标准

屋面工程技术规范

Technical code for roof engineering

GB 50345—2004

主编部门：山 西 省 建 设 厅
批准部门：中华人民共和国建设部
施行日期：2 0 0 4 年 9 月 1 日

中国建筑工业出版社

2004 北 京

中华人民共和国建设部
公　　告

第230号

建设部关于发布国家标准《屋面工程技术规范》的公告

现批准《屋面工程技术规范》为国家标准，编号为GB 50345—2004，自2004年9月1日起实施。其中，第3.0.1、4.2.1、4.2.4、4.2.6、5.1.3、5.3.2、5.3.3、6.3.2、7.1.3、7.1.6、7.3.3、7.3.4条为强制性条文，必须严格执行。

本规范由建设部标准定额研究所组织中国建筑工业出版社出版发行。

中华人民共和国建设部
2004年4月7日

前　言

本规范是根据建设部《关于印发二〇〇二～二〇〇三年度工程建设国家标准制订、修订计划的通知》（建标［2003］102号）的要求，由山西省建设厅主编部门负责，具体由山西建筑工程（集团）总公司会同有关单位共同制订而成。

在制订过程中，规范编制组广泛征求了全国有关单位的意见，总结了近年来我国屋面工程设计与施工的实践经验，与相关的标准规范进行了协调，最后经全国审查会议定稿。

本规范的主要内容有：总则、术语、基本规定、屋面工程设计、卷材防水屋面、涂膜防水屋面、刚性防水屋面、屋面接缝密封防水、保温隔热屋面、瓦屋面及有关的附录。

本规范将来可能需要进行局部修订，有关局部修订的信息和条文内容刊登在《工程建设标准化》杂志上。

本规范以黑体字标志的条文为强制性条文，必须严格执行。

本规范由建设部负责管理和对强制性条文的解释，山西省建设厅负责具体管理。由山西建筑工程（集团）总公司负责具体技术内容的解释。请各单位在执行本规范的过程中，注意总结经验和积累资料，随时将意见和建议寄给山西建筑工程（集团）总公司（地址：山西太原市新建路35号，邮政编码：030002），以供今后修订时参考。

本规范主编单位：山西建筑工程（集团）总公司

本规范参编单位：北京市建筑工程研究院
中国建筑设计研究院
浙江工业大学
太原理工大学
中国建筑标准设计研究所
四川省建筑科学研究院
中国化学建材公司苏州防水材料研究设计所
徐州卧牛山新型防水材料有限公司
山东力华防水建材有限公司。

本规范主要起草人：哈成德　王寿华　朱忠厚　严仁良　叶林标　王　天　项桦太
马芸芳　高延继　王宜群　杨　胜　李国干　孙晓东

本规范在编制过程中得到深圳市卓宝科技有限公司、北京东方雨虹防水技术股份有限公司、广东科顺化工实业有限公司的大力协助。

目　次

1 总　　则

1.0.1 为提高我国屋面工程的技术水平，确保防水、保温隔热工程的功能与质量，制定本规范。

1.0.2 本规范适用于建筑屋面工程的设计和施工。

1.0.3 屋面工程的设计和施工应遵守国家及地方有关环境保护和建筑节能的规定，并采取相应措施。

1.0.4 屋面工程的设计和施工除应符合本规范外，尚应符合国家现行有关标准规范的规定。

1.0.5 屋面工程施工质量验收，应符合国家标准《屋面工程质量验收规范》GB 50207—2002 的规定。

2 术　　语

2.0.1 防水层合理使用年限 life of waterproof layer

屋面防水层能满足正常使用要求的年限。

2.0.2 一道防水设防 a separate waterproof barroer

具有单独防水能力的一道防水层次。

2.0.3 沥青防水卷材（油毡）bituminous waterproof sheet（felt）

以原纸、织物、纤维毡、塑料膜等材料为胎基，浸涂石油沥青，矿物粉料或塑料膜为隔离材料，制成的防水卷材。

2.0.4 高聚物改性沥青防水卷材 high polymer modifided bituminous waterproof sheet

以高分子聚合物改性石油沥青为涂盖层，聚酯毡、玻纤毡或聚酯玻纤复合为胎基，细砂、矿物粉料或塑料膜为隔离材料，制成的防水卷材。

2.0.5 合成高分子防水卷材 high polymer waterproof sheet

以合成橡胶、合成树脂或两者共混为基料，加入适量的助剂和填料，经混炼压延或挤出等工序加工而成的防水卷材。

2.0.6 基层处理剂 basic lever paint

在防水层施工前，预先涂刷在基层上的涂料。

2.0.7 满粘法 full adhibiting method

铺贴防水卷材时，卷材与基层采用全部粘结的施工方法。

2.0.8 空铺法 border adhibiting method

铺贴防水卷材时，卷材与基层在周边一定宽度内粘结，其余部分不粘结的施工方法。

2.0.9 点粘法 spot adhibiting method

铺贴防水卷材时，卷材或打孔卷材与基层采用点状粘结的施工方法。

2.0.10 条粘法 strip adhibiting method

铺贴防水卷材时，卷材与基层采用条状粘结的施工方法。

2.0.11 热粘法 hot adhibiting method

以热熔胶粘剂将卷材与基层或卷材之间粘结的施工方法。

2.0.12 冷粘法 cold adhibiting method

在常温下采用胶粘剂（带）将卷材与基层或卷材之间粘结的施工方法。

2.0.13 热熔法 heat fusion method

将热熔型防水卷材底层加热熔化后，进行卷材与基层或卷材之间粘结的施工方法。

2.0.14 自粘法 self-adhibiting method

采用带有自粘胶的防水卷材进行粘结的施工方法。

2.0.15 焊接法 welding method

采用热风或热锲焊接进行热塑性卷材粘合搭接的施工方法。

2.0.16 高聚物改性沥青防水涂料 high polymer modifided bituminous waterproof paint

以石油沥青为基料，用高分子聚合物进行改性，配制成的水乳型或溶剂型防水涂料。

2.0.17 合成高分子防水涂料 high polymer waterproof paint

以合成橡胶或合成树脂为主要成膜物质，配制成的单组分或多组分防水涂料。

2.0.18 聚合物水泥防水涂料 polymer modified cementitious waterproof paint

以丙烯酸酯等聚合物乳液和水泥为主要原料，加入其他外加剂制得的双组分水性建筑防水涂料。

2.0.19 胎体增强材料 reinforcement material

用于涂膜防水层中的化纤无纺布、玻璃纤维网布等，作为增强层的材料。

2.0.20 密封材料 sealing material

能承受接缝位移以达到气密、水密目的而嵌入建筑接缝中的材料。

2.0.21 背衬材料 back-up material

用于控制密封材料的嵌填深度，防止密封材料和接缝底部粘结而设置的可变形材料。

2.0.22 平衡含水率 balanced water content

材料在自然环境中，其孔隙中所含有的水分与空气湿度达到平衡时，这部分水的质量占材料干质量的百分比。

2.0.23 架空屋面 elevated overhead roof

在屋面防水层上采用薄型制品架设一定高度的空间，起到隔热作用的屋面。

2.0.24 蓄水屋面 impounded roof

在屋面防水层上蓄积一定高度的水，起到隔热作用的屋面。

2.0.25 种植屋面 planted roof

在屋面防水层上铺以种植介质，并种植植物，起到隔热作用的屋面。

2.0.26 倒置式屋面 inversion type roof

将保温层设置在防水层上的屋面。

3 基本规定

3.0.1 屋面工程应根据建筑物的性质、重要程度、使用功能要求以及防水层合理使用年限，按不同等级进行设防，并应符合表3.0.1的要求。

表3.0.1 屋面防水等级和设防要求

项目	屋面防水等级			
	Ⅰ级	Ⅱ级	Ⅲ级	Ⅳ级
建筑物类别	特别重要或对防水有特殊要求的建筑	重要的建筑和高层建筑	一般的建筑	非永久性的建筑
防水层合理使用年限	25年	15年	10年	5年
设防要求	三道或三道以上防水设防	二道防水设防	一道防水设防	一道防水设防
防水层选用材料	宜选用合成高分子防水卷材、高聚物改性沥青防水卷材、金属板材、合成高分子防水涂料、细石防水混凝土等材料	宜选用高聚物改性沥青防水卷材、合成高分子防水卷材、金属板材、合成高分子防水涂料、高聚物改性沥青防水涂料、细石防水混凝土、平瓦、油毡瓦等材料	宜选用高聚物改性沥青防水卷材、合成高分子防水卷材、三毡四油沥青防水卷材、金属板材、高聚物改性沥青防水涂料、合成高分子防水涂料、细石防水混凝土、平瓦、油毡瓦等材料	可选用二毡三油沥青防水卷材、高聚物改性沥青防水涂料等材料

注：1. 本规范中采用的沥青均指石油沥青，不包括煤沥青和煤焦油等材料。
2. 石油沥青纸胎油毡和沥青复合胎柔性防水卷材，系限制使用材料。
3. 在Ⅰ、Ⅱ级屋面防水设防中，如仅作一道金属板材时，应符合有关技术规定。

3.0.2 屋面工程应根据工程特点、地区自然条件等，按照屋面防水等级的设防要求，进行防水构造设计，重要部位应有节点详图；对屋面保温隔热层的厚度，应通过计算确定。

3.0.3 屋面工程施工前应通过图纸会审，掌握施工图中的细部构造及有关技术要求；施工单位应编制屋面工程的施工方案或技术措施。

3.0.4 在屋面工程施工中，应进行过程控制和质量检查，并有完整的检查记录。

3.0.5 屋面防水工程应由相应资质的专业队伍进行施工。作业人员应持有当地建设行政主管部门颁发的上岗证。

3.0.6 屋面工程所采用的防水、保温隔热材料应有产品合格证书和性能检测报告，材料的品种、规格、性能等应符合现行国家产品标准和设计要求。

材料进场后，应按规定抽样复验，提出试验报告，严禁在工程中使用不合格的材料。

3.0.7 施工的每道工序完成后，应经监理或建设单位检查验收，合格后方可进行下道工序的施工。当下道工序或相邻工程施工时，对屋面工程已完成的部分应采取保护措施。

3.0.8 伸出屋面的管道、设备或预埋件等，应在防水层施工前安设完毕。屋面防水层完工后，不得在其上凿孔、打洞或重物冲击。

3.0.9 屋面工程中推广应用的新技术，必须经过科技成果鉴定（评估）或新产品、新技术鉴定，并应制定相应的技术标准，经工程实践符合有关安全及功能的检验。

3.0.10 屋面工程应建立管理、维修、保养制度；屋面排水系统应保持畅通，严防水落口、天沟、檐沟堵塞。

4 屋面工程设计

4.1 一般规定

4.1.1 屋面工程设计应包括以下内容：

1 确定屋面防水等级和设防要求；

2 屋面工程的构造设计；

3 防水层选用的材料及其主要物理性能；

4 保温隔热层选用的材料及其主要物理性能；

5 屋面细部构造的密封防水措施，选用的材料及其主要物理性能；

6 屋面排水系统的设计。

4.1.2 屋面工程防水设计应遵循“合理设防、防排结合、因地制宜、综合治理”的原则。

4.1.3 屋面防水多道设防时，可将卷材、涂膜、细石防水混凝土、瓦等材料复合使用，也可使用卷材叠层。

4.1.4 屋面防水设计采用多种材料复合时，耐老化、耐穿刺的防水层应放在最上面，相邻材料之间应具相容性。

4.1.5 不同地区采暖居住建筑和需要满足夏季隔热要求的建筑，其屋盖系统的最小传热阻应按现行《民用建筑热工设计规范》GB 50176、《民用建筑节能设计标准（采暖居住建筑部分）》JGJ 26 和《夏热冬冷地区居住建筑节能设计标准》JGJ 134 确定。

4.1.6 屋面防水层细部构造，如天沟、檐沟、阴阳角、水落口、变形缝等部位应设置附加层。

4.1.7 屋面工程采用的防水材料应符合环境保护要求。

4.2 构造设计

4.2.1 结构层为装配式钢筋混凝土板时，应用强度等级不小于 C20 的细石混凝土将板缝灌填密实；当板缝宽度大于 40mm 或上窄下宽时，应在缝中放置构造钢筋；板端缝应进行密封处理。

注：无保温层的屋面，板侧缝宜进行密封处理。

4.2.2 单坡跨度大于 9m 的屋面宜作结构找坡，坡度不应小于 3%。

4.2.3 当材料找坡时，可用轻质材料或保温层找坡，坡度宜为 2%。

4.2.4 天沟、檐沟纵向坡度不应小于 1%，沟底水落差不得超过 200mm；天沟、檐沟排水不得流经变形缝和防火墙。

4.2.5 卷材、涂膜防水层的基层应设找平层，找平层厚度和技术要求应符合表 4.2.5 的规定；找平层应留设分格缝，缝宽宜为 5 ~ 20mm，纵横缝的间距不宜大于 6m，分格缝内宜嵌填密封材料。

表 4.2.5 找平层厚度和技术要求

类别	基层种类	厚度（mm）	技术要求
水泥砂浆找平层	整体现浇混凝土	15～20	1:2.5～1:3（水泥:砂）体积比，宜掺抗裂纤维
	整体或板状材料保温层	20～25	
	装配式混凝土板	20～30	
细石混凝土找平层	板状材料保温层	30～35	混凝土强度等级 C20
混凝土随浇随抹	整体现浇混凝土	—	原浆表面抹平、压光

4.2.6 在纬度40°以北地区且室内空气湿度大于75%，或其他地区室内空气湿度常年大于80%时，若采用吸湿性保温材料做保温层。应选用气密性、水密性好的防水卷材或防水涂料做隔汽层。

隔汽层应沿墙面向上铺设，并与屋面的防水层相连接，形成全封闭的整体。

4.2.7 多种防水材料复合使用时，应符合下列规定：

1 合成高分子卷材或合成高分子涂膜的上部，不得采用热熔型卷材或涂料；

2 卷材与涂膜复合使用时，涂膜宜放在下部；

3 卷材、涂膜与刚性材料复合使用时，刚性材料应设置在柔性材料的上部；

4 反应型涂料和热熔型改性沥青涂料，可作为铺贴材性相容的卷材胶粘剂并进行复合防水。

4.2.8 涂膜防水层应以厚度表示，不得用涂刷的遍数表示。

4.2.9 卷材、涂膜防水层上设置块体材料或水泥砂浆、细石混凝土时，应在二者之间设置隔离层；在细石混凝土防水层与结构层间宜设置隔离层。

隔离层可采用干铺塑料膜、土工布或卷材，也可采用铺抹低强度等级的砂浆。

4.2.10 在下列情况中，不得作为屋面的一道防水设防：

1 混凝土结构层；

2 现喷硬质聚氨酯等泡沫塑料保温层；

3 装饰瓦以及不搭接瓦的屋面；

4 隔汽层；

5 卷材或涂膜厚度不符合本规范规定的防水层。

4.2.11 柔性防水层上应设保护层，可采用浅色涂料、铝箔、粒砂、块体材料、水泥砂浆、细石混凝土等材料；水泥砂浆、细石混凝土保护层应设分格缝。

架空屋面、倒置式屋面的柔性防水层上可不做保护层。

4.2.12 屋面水落管的数量，应按现行《建筑给水排水设计规范》GB 50015 的有关规定，通过水落管的排水量及每根水落管的屋面汇水面积计算确定。

4.2.13 高低跨屋面设计应符合下列规定：

1 高低跨变形缝处的防水处理，应采用有足够变形能力的材料和构造措施；

2 高跨屋面为无组织排水时，其低跨屋面受水冲刷的部位，应加铺一层卷材附加层，上铺 300～500mm 宽的 C20 混凝土板材加强保护；

3 高跨屋面为有组织排水时，水落管下应加设水簸箕。

4.3 材料选用

4.3.1 屋面工程选用的防水材料应符合下列要求：

1 图纸应标明防水材料的品种、型号、规格，其主要物理性能应符合本规范对该材料质量指标的规定；

2 在选择屋面防水卷材、涂料和接缝密封材料时，应按本规范第5章、第6章和第8章设计要点的有关内容选定；

3 考虑施工环境的条件和工艺的可操作性。

4.3.2 在下列情况下，所使用的材料应具相容性：

1 防水材料（指卷材、涂料，下同）与基层处理剂；

2 防水材料与胶粘剂；

3 防水材料与密封材料；

4 防水材料与保护层的涂料；

5 两种防水材料复合使用；

6 基层处理剂与密封材料。

4.3.3 根据建筑物的性质和屋面使用功能选择防水材料，除应符合本规范第4.3.1条和第4.3.2条的规定外，尚应符合以下要求：

1 外露使用的不上人屋面，应选用与基层粘结力强和耐紫外线、热老化保持率、耐酸雨、耐穿刺性能优良的防水材料。

2 上人屋面，应选用耐穿刺、耐霉烂性能好和拉伸强度高的防水材料。

3 蓄水屋面、种植屋面，应选用耐腐蚀、耐霉烂、耐穿刺性能优良的防水材料。

4 薄壳、装配式结构、钢结构等大跨度建筑屋面，应选用自重轻和耐热性、适应变形能力优良的防水材料。

5 倒置式屋面，应选用适应变形能力优良、接缝密封保证率高的防水材料。

6 斜坡屋面，应选用与基层粘结力强、感温性小的防水材料。

7 屋面接缝密封防水，应选用与基层粘结力强、耐低温性能优良，并有一定适应位移能力的密封材料。

4.3.4 屋面应选用吸水率低、密度和导热系数小，并有一定强度的保温材料；封闭式保温层的含水率，可根据当地年平均相对湿度所对应的相对含水率以及该材料的质量吸水率，通过计算确定。

4.3.5 屋面工程常用防水、保温隔热材料，应遵照本规范附录A选定。

5 卷材防水屋面

5.1 一 般 规 定

5.1.1 卷材防水屋面适用于防水等级为Ⅰ~Ⅳ级的屋面防水。

5.1.2 找平层表面应压实平整，排水坡度应符合设计要求。采用水泥砂浆找平层时，水泥砂浆抹平收水后应二次压光和充分养护，不得有酥松、起砂、起皮现象。

5.1.3 卷材防水屋面基层与突出屋面结构（女儿墙、立墙、天窗壁、变形缝、烟囱等）的交接处，以及基层的转角处（水落口、檐口、天沟、檐沟、屋脊等），均应做成圆弧。内部排水的水落口周围应做成略低的凹坑。

找平层圆弧半径应根据卷材种类按表5.1.3选用。

表5.1.3 找平层圆弧半径（mm）

卷材种类	圆弧半径	卷材种类	圆弧半径
沥青防水卷材	100~150	合成高分子防水卷材	20
高聚物改性沥青防水卷材	50		

5.1.4 铺设屋面隔汽层或防水层前，基层必须干净、干燥。

注：干燥程度的简易检验方法，是将1m^2卷材平坦地干铺在找平层上，静置3~4h后掀开检查，找平层覆盖部位与卷材上未见水印，即可铺设隔汽层或防水层。

5.1.5 采用基层处理剂时，其配制与施工应符合下列规定：

1 基层处理剂的选择应与卷材的材性相容；

2 喷、涂基层处理剂前，应用毛刷对屋面节点、周边、转角等处先行涂刷；

3 基层处理剂可采取喷涂法或涂刷法施工。喷、涂应均匀一致，待其干燥后应及时铺贴卷材。

5.1.6 卷材铺贴方向应符合下列规定：

1 屋面坡度小于3%时，卷材宜平行屋脊铺贴；

2 屋面坡度在3%~15%时，卷材可平行或垂直屋脊铺贴；

3 屋面坡度大于15%或屋面受振动时，沥青防水卷材应垂直屋脊铺贴，高聚物改性沥青防水卷材和合成高分子防水卷材可平行或垂直屋脊铺贴；

4 上下层卷材不得相互垂直铺贴。

5.1.7 卷材的铺贴方法应符合下列规定：

1 卷材防水层上有重物覆盖或基层变形较大时，应优先采用空铺法、点粘法、条粘法或机械固定法，但距屋面周边800mm内以及叠层铺贴的各层卷材之间应满粘；

2 防水层采取满粘法施工时，找平层的分格缝处宜空铺，空铺的宽度宜为100mm；

3 卷材屋面的坡度不宜超过25%，当坡度超过25%时应采取防止卷材下滑的措施。

5.1.8 屋面防水层施工时，应先做好节点、附加层和屋面排水比较集中等部位的处理，然后由屋面最低处向上进行。铺贴天沟、檐沟卷材时，宜顺天沟、檐沟方向，减少卷材的搭接。

5.1.9 铺贴卷材应采用搭接法。平行于屋脊的搭接缝，应顺流水方向搭接；垂直于屋脊的搭接缝，应顺年最大频率风向搭接。

叠层铺贴的各层卷材，在天沟与屋面的交接处，应采用叉接法搭接，搭接缝应错开；搭接缝宜留在屋面或天沟侧面，不宜留在沟底。

5.1.10 上下层及相邻两幅卷材的搭接缝应错开，各种卷材搭接宽度应符合表5.1.10的要求。

表5.1.10 卷材搭接宽度（mm）

铺贴方法 卷材种类		短边搭接		长边搭接	
		满粘法	空铺、点粘、条粘法	满粘法	空铺、点粘、条粘法
沥青防水卷材		100	150	70	100
高聚物改性沥青防水卷材		80	100	80	100
自粘聚合物改性沥青防水卷材		60	—	60	—
合成高分子防水卷材	胶粘剂	80	100	80	100
	胶粘带	50	60	50	60
	单缝焊	60，有效焊接宽度不小于25			
	双缝焊	80，有效焊接宽度10×2+空腔宽			

5.1.11 在铺贴卷材时，不得污染檐口的外侧和墙面。

5.2 材料要求

5.2.1 沥青防水卷材的质量应符合下列要求：

1 沥青防水卷材的外观质量和规格应符合表5.2.1-1和表5.2.1-2的要求。

表5.2.1-1 沥青防水卷材外观质量

项目	质量要求
孔洞、硌伤	不允许
露胎、涂盖不匀	不允许
折纹、皱折	距卷芯1000mm以外，长度不大于100mm
裂纹	距卷芯1000mm以外，长度不大于10mm
裂口、缺边	边缘裂口小于20mm；缺边长度小于50mm，深度小于20mm
每卷卷材的接头	不超过1处，较短的一段不应小于2500mm，接头处应加长150mm

表5.2.1-2 沥青防水卷材规格

标号	宽度（mm）	每卷面积（m^2）	卷重（kg）	
350号	915	20±0.3	粉毡	≥28.5
	1000		片毡	≥31.5
500号	915	20±0.3	粉毡	≥39.5
	1000		片毡	≥42.5

2　沥青防水卷材的物理性能应符合表 5.2.1-3 的要求。

表 5.2.1-3　沥青防水卷材物理性能

项　目		性能要求	
		350 号	500 号
纵向拉力（25±2℃时）(N)		≥340	≥440
耐热度（85±2℃，2h）		不流淌，无集中性气泡	
柔度（18±2℃）		绕 ϕ20mm 圆棒无裂纹	绕 ϕ25mm 圆棒无裂纹
不透水性	压力（MPa）	≥0.10	≥0.15
	保持时间（min）	≥30	≥30

5.2.2　高聚物改性沥青防水卷材的质量应符合下列要求：

1　高聚物改性沥青防水卷材的外观质量应符合表 5.2.2-1 的要求。

表 5.2.2-1　高聚物改性沥青防水卷材外观质量

项　目	质量要求
孔洞、缺边、裂口	不允许
边缘不整齐	不超过 10mm
胎体露白、未浸透	不允许
撒布材料粒度、颜色	均匀
每卷卷材的接头	不超过 1 处，较短的一段不应小于 1000mm，接头处应加长 150mm

2　高聚物改性沥青防水卷材的物理性能应符合表 5.2.2-2 的要求。

表 5.2.2-2　高聚物改性沥青防水卷材物理性能

项　目	性能要求				
	聚酯毡胎体	玻纤毡胎体	聚乙烯胎体	自粘聚酯胎体	自粘无胎体
可溶物含量（g/m²）	3mm 厚≥2100 4mm 厚≥2900		—	2mm≥1300 3mm 厚≥2100	—
拉力（N/50mm）	≥450	纵向≥350 横向≥250	≥100	≥350	≥250
延伸率（%）	最大拉力时≥30	—	断裂时≥200	最大拉力时≥30	断裂时≥450
耐热度（℃，2h）	SBS 卷材 90， APP 卷材 110， 无滑动、流淌、滴落		PEE 卷材 90，无流淌、起泡	70，无滑动、流淌、滴落	70，无起泡、滑动
低温柔度（℃）	SBS 卷材-18，APP 卷材-5，PEE 卷材-10			-20	
	3mm 厚，r=15mm；4mm 厚，r=25mm；3s，弯 180°无裂纹			r=15mm，3s，弯 180°无裂纹	ϕ20mm，3s，弯 180°无裂纹

续表 5.2.2-2

项目		性能要求				
		聚酯毡胎体	玻纤毡胎体	聚乙烯胎体	自粘聚酯胎体	自粘无胎体
不透水性	压力（MPa）	≥0.3	≥0.2	≥0.3	≥0.3	≥0.2
	保持时间（min）	≥30				≥120

注：SBS 卷材——弹性体改性沥青防水卷材；
APP 卷材——塑性体改性沥青防水卷材；
PEE 卷材——高聚物改性沥青聚乙烯胎防水卷材。

5.2.3 合成高分子防水卷材的质量应符合下列要求：

1 合成高分子防水卷材的外观质量应符合表 5.2.3-1 的要求。

表 5.2.3-1 合成高分子防水卷材外观质量

项目	质量要求
折痕	每卷不超过 2 处，总长度不超过 20mm
杂质	大于 0.5mm 颗粒不允许，每 $1m^2$ 不超过 $9mm^2$
胶块	每卷不超过 6 处，每处面积不大于 $4mm^2$
凹痕	每卷不超过 6 处，深度不超过本身厚度的 30%；树脂类深度不超过 5%
每卷卷材的接头	橡胶类每 20m 不超过 1 处，较短的一段不应小于 3000mm，接头处应加长 150mm；树脂类 20m 长度内不允许有接头

2 合成高分子防水卷材的物理性能应符合表 5.2.3-2 的要求。

表 5.2.3-2 合成高分子防水卷材物理性能

项目		性能要求			
		硫化橡胶类	非硫化橡胶类	树脂类	纤维增强类
断裂拉伸强度（MPa）		1≥6	≥3	≥10	≥9
扯断伸长率（%）		≥400	≥200	≥200	≥10
低温弯折（℃）		-30	-20	-20	-20
不透水性	压力（MPa）	≥0.3	≥0.2	≥0.3	≥0.3
	保持时间（min）	≥30			
加热收缩率（%）		<1.2	<2.0	<2.0	<1.0
热老化保持率（80℃，168h）	断裂拉伸强度	≥80%			
	扯断伸长率	≥70%			

5.2.4 卷材的贮运、保管应符合下列规定：

1 不同品种、型号和规格的卷材应分别堆放；

2 卷材应贮存在阴凉通风的室内，避免雨淋、日晒和受潮，严禁接近火源。沥青防水卷材贮存环境温度，不得高于 45℃；

3　沥青防水卷材宜直立堆放，其高度不宜超过两层，并不得倾斜或横压，短途运输平放不宜超过四层；

4　卷材应避免与化学介质及有机溶剂等有害物质接触。

5.2.5　卷材胶粘剂、胶粘带的质量应符合下列要求：

1　改性沥青胶粘剂的剥离强度不应小于8N/10mm；

2　合成高分子胶粘剂的剥离强度不应小于15N/10mm，浸水168h后的保持率不应小于70%；

3　双面胶粘带的剥离强度不应小于6N/10mm，浸水168h后的保持率不应小于70%。

5.2.6　卷材胶粘剂和胶粘带的贮运、保管应符合下列规定：

1　不同品种、规格的卷材胶粘剂和胶粘带，应分别用密封桶或纸箱包装；

2　卷材胶粘剂和胶粘带应贮存在阴凉通风的室内，严禁接近火源和热源。

5.2.7　进场的卷材抽样复验应符合下列规定：

1　同一品种、型号和规格的卷材，抽样数量：大于1000卷抽取5卷；500~1000卷抽取4卷；100~499卷抽取3卷；小于100卷抽取2卷。

2　将受检的卷材进行规格尺寸和外观质量检验，全部指标达到标准规定时，即为合格。其中若有一项指标达不到要求，允许在受检产品中另取相同数量卷材进行复检，全部达到标准规定为合格。复检时仍有一项指标不合格，则判定该产品外观质量为不合格。

3　在外观质量检验合格的卷材中，任取一卷做物理性能检验，若物理性能有一项指标不符合标准规定，应在受检产品中加倍取样进行该项复检，复检结果如仍不合格，则判定该产品为不合格。

5.2.8　进场的卷材物理性能应检验下列项目：

1　沥青防水卷材：纵向拉力，耐热度，柔度，不透水性。

2　高聚物改性沥青防水卷材：可溶物含量，拉力，最大拉力时延伸率，耐热度，低温柔度，不透水性。

3　合成高分子防水卷材：断裂拉伸强度，扯断伸长率，低温弯折，不透水性。

5.2.9　进场的卷材胶粘剂和胶粘带物理性能应检验下列项目：

1　改性沥青胶粘剂：剥离强度。

2　合成高分子胶粘剂：剥离强度和浸水168h后的保持率。

3　双面胶粘带：剥离强度和浸水168h后的保持率。

5.3　设计要点

5.3.1　防水卷材品种选择应符合下列规定：

1　根据当地历年最高气温、最低气温、屋面坡度和使用条件等因素，应选择耐热度、柔性相适应的卷材；

2　根据地基变形程度、结构形式、当地年温差、日温差和振动等因素，应选择拉伸性能相适应的卷材；

3　根据屋面防水卷材的暴露程度，应选择耐紫外线、耐穿刺、热老化保持率或耐霉烂性能相适应的卷材；

4　自粘橡胶沥青防水卷材和自粘聚酯胎改性沥青防水卷材（铝箔覆面者除外），不得用于外露的防水层。

5.3.2 每道卷材防水层厚度选用应符合表5.3.2的规定。

表5.3.2 卷材厚度选用表

屋面防水等级	设防道数	合成高分子防水卷材	高聚物改性沥青防水卷材	沥青防水卷材和沥青复合胎柔性防水卷材	自粘聚酯胎改性沥青防水卷材	自粘橡胶沥青防水卷材
Ⅰ级	三道或三道以上设防	不应小于1.5mm	不应小于3mm	—	不应小于2mm	不应小于1.5mm
Ⅱ级	二道设防	不应小于1.2mm	不应小于3mm	—	不应小于2mm	不应小于1.5mm
Ⅲ级	一道设防	不应小于1.2mm	不应小于4mm	三毡四油	不应小于3mm	不应小于2mm
Ⅳ级	一道设防	—	—	二毡三油	—	—

5.3.3 屋面设施的防水处理应符合下列规定：

1 设施基座与结构层相连时，防水层应包裹设施基座的上部，并在地脚螺栓周围做密封处理；

2 在防水层上放置设施时，设施下部的防水层应做卷材增强层，必要时应在其上浇筑细石混凝土，其厚度不应小于50mm；

3 需经常维护的设施周围和屋面出入口至设施之间的人行道应铺设刚性保护层。

5.3.4 屋面保温层干燥有困难时，宜采用排汽屋面，排汽屋面的设计应符合下列规定：

1 找平层设置的分格缝可兼作排汽道；铺贴卷材时宜采用空铺法、点粘法、条粘法。

2 排汽道应纵横贯通，并同与大气连通的排汽管相通；排汽管可设在檐口下或屋面排汽道交叉处。

3 排汽道宜纵横设置，间距宜为6m。屋面面积每$36m^2$宜设置一个排汽孔，排汽孔应做防水处理。

4 在保温层下也可铺设带支点的塑料板，通过空腔层排水、排汽。

5.4 细部构造

5.4.1 天沟、檐沟防水构造应符合下列规定：

1 天沟、檐沟应增铺附加层。当采用沥青防水卷材时，应增铺一层卷材；当采用高聚物改性沥青防水卷材或合成高分子防水卷材时，宜设置防水涂膜附加层。

2 天沟、檐沟与屋面交接处的附加层宜空铺，空铺宽度不应小于200mm（图5.4.1-1）。

3 天沟、檐沟卷材收头应固定密封。

4 高低跨内排水天沟与立墙交接处，应采取能适应变形的密封处理（图5.4.1-2）。

5.4.2 无组织排水檐口800mm范围内的卷材应采用满粘法，卷材收头应固定密封（图5.4.2）。檐口下端应做滴水处理。

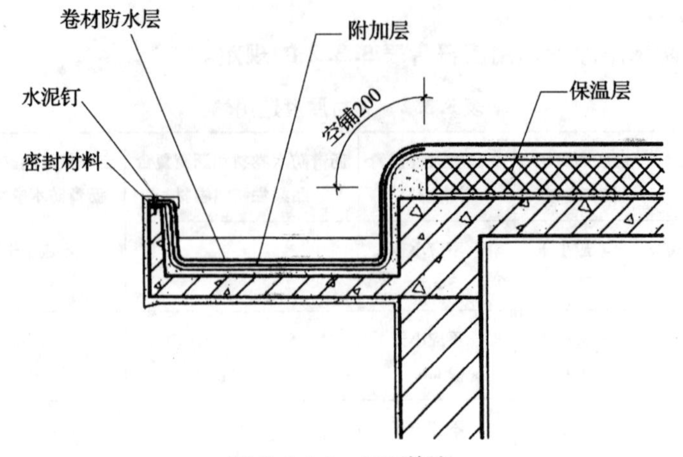

图 5. 4. 1-1　屋面檐沟

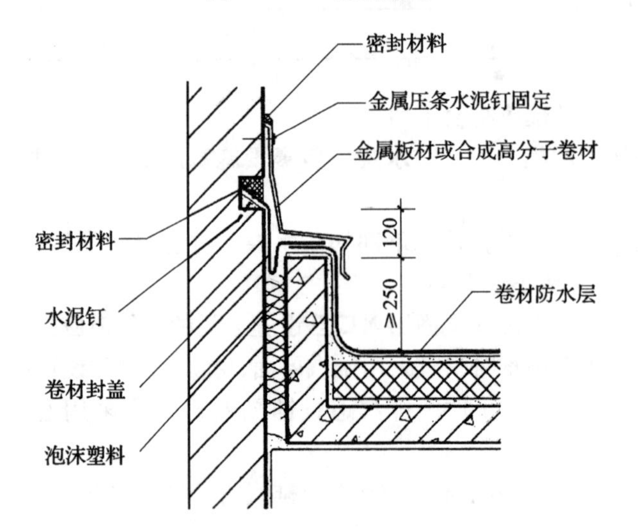

图 5. 4. 1-2　高低屋面变形缝

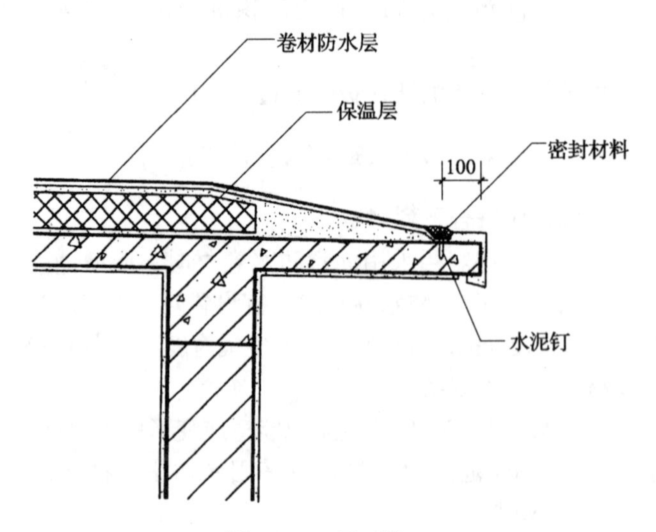

图 5. 4. 2　屋面檐口

5.4.3 泛水防水构造应遵守下列规定：

1 铺贴泛水处的卷材应采用满粘法。泛水收头应根据泛水高度和泛水墙体材料确定其密封形式。

1）墙体为砖墙时，卷材收头可直接铺至女儿墙压顶下，用压条钉压固定并用密封材料封闭严密，压顶应做防水处理（图5.4.3-1）；卷材收头也可压入砖墙凹槽内固定密封，凹槽距屋面找平层高度不应小于250mm，凹槽上部的墙体应做防水处理（图5.4.3-2）。

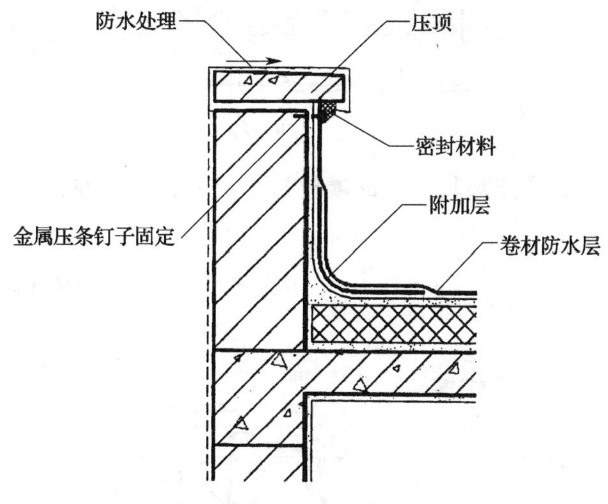

图5.4.3-1 屋面泛水（一）

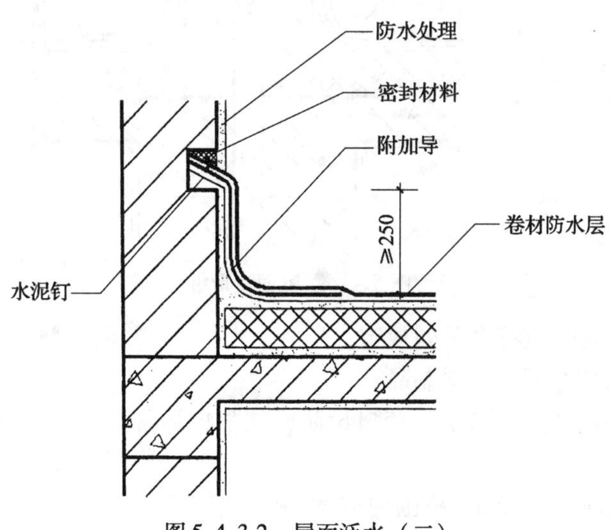

图5.4.3-2 屋面泛水（二）

2）墙体为混凝土时，卷材收头可采用金属压条钉压，并用密封材料封固（图5.4.3-3）。

2 泛水宜采取隔热防晒措施，可在泛水卷材面砌砖后抹水泥砂浆或浇筑细石混凝土保护，也可采用涂刷浅色涂料或粘贴铝箔保护。

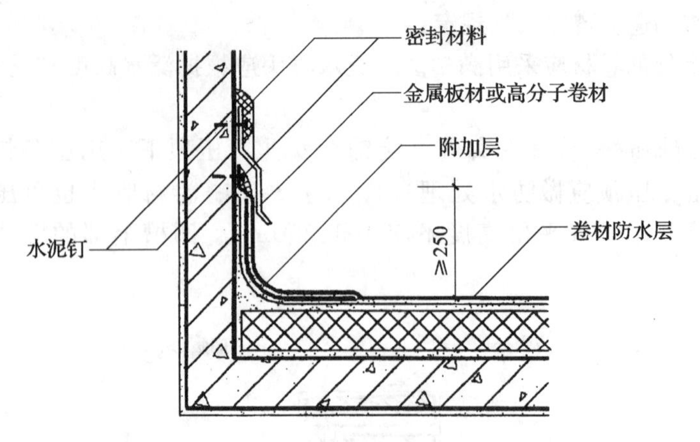

图 5.4.3-3　屋面泛水（三）

5.4.4　变形缝内宜填充泡沫塑料，上部填放衬垫材料，并用卷材封盖，顶部应加扣混凝土盖板或金属盖板（图 5.4.4）。

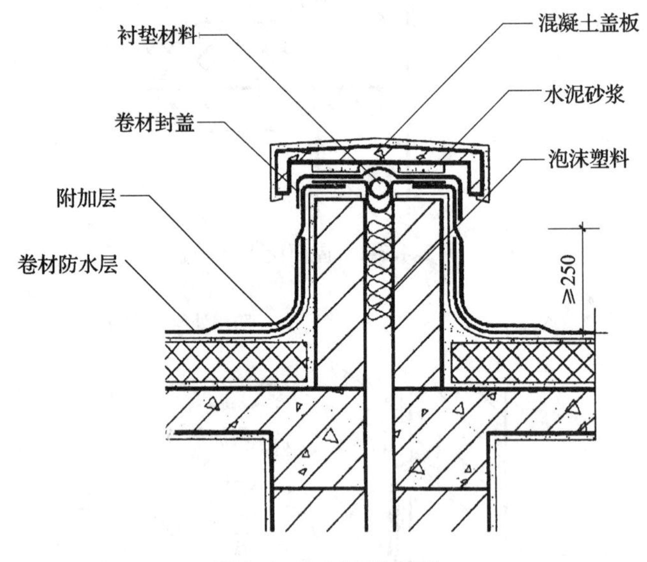

图 5.4.4　屋面变形缝

5.4.5　水落口防水构造应符合下列规定：

1　水落口宜采用金属或塑料制品；

2　水落口埋设标高，应考虑水落口设防时增加的附加层和柔性密封层的厚度及排水坡度加大的尺寸；

3　水落口周围直径 500mm 范围内坡度不应小于 5%，并应用防水涂料涂封，其厚度不应小于 2mm。水落口与基层接触处，应留宽 20mm、深 20mm 凹槽，嵌填密封材料（图 5.4.5-1 和图 5.4.5-2）。

5.4.6　女儿墙、山墙可采用现浇混凝土或预制混凝土压顶，也可采用金属制品或合成高分子卷材封顶。

5.4.7　反梁过水孔构造应符合下列规定：

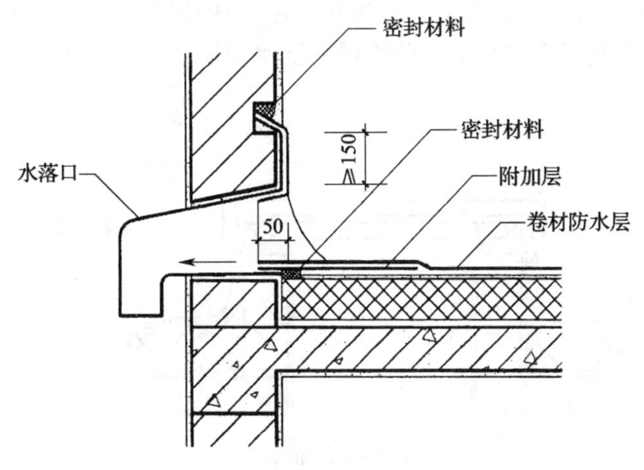

图 5.4.5-1　屋面水落口（一）

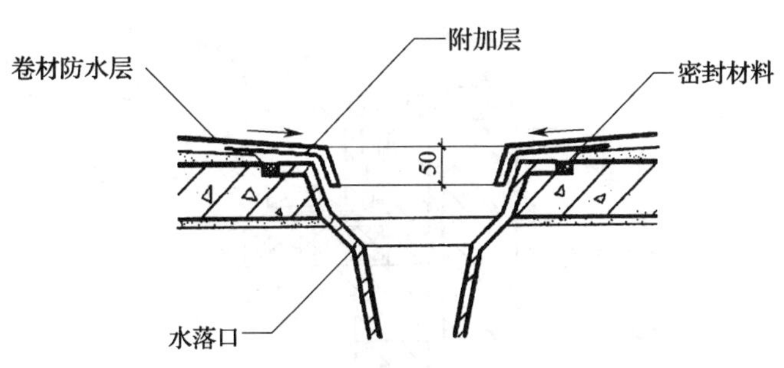

图 5.4.5-2　屋面水落口（二）

1　根据排水坡度要求留设反梁过水孔，图纸应注明孔底标高；

2　留置的过水孔高度不应小于 150mm，宽度不应小于 250mm，采用预埋管道时其管径不得小于 75mm；

3　过水孔可采用防水涂料、密封材料防水。预埋管道两端周围与混凝土接触处应留凹槽，并用密封材料封严。

5.4.8　伸出屋面管道周围的找平层应做成圆锥台，管道与找平层间应留凹槽，并嵌填密封材料；防水层收头处应用金属箍箍紧，并用密封材料填严（图 5.4.8）。

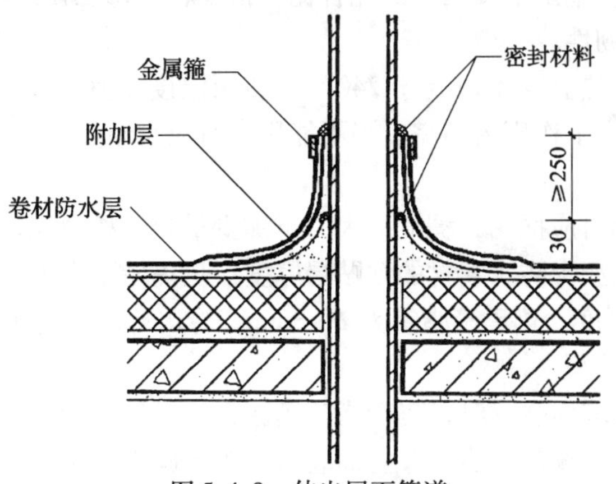

图 5.4.8　伸出屋面管道

5.4.9 屋面垂直出入口防水层收头，应压在混凝土压顶圈下（图5.4.9-1）；水平出入口防水层收头，应压在混凝土踏步下，防水层的泛水应设护墙（图5.4.9-2）。

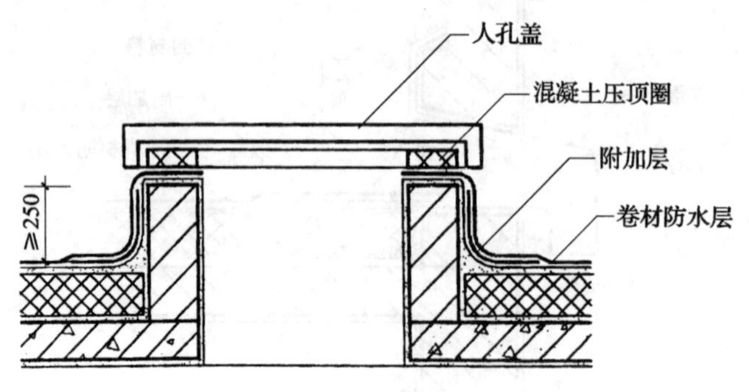

图5.4.9-1　屋面垂直出入口

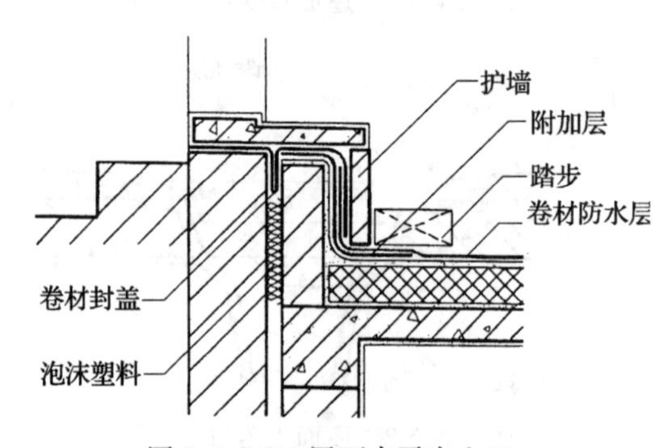

图5.4.9-2　屋面水平出入口

5.5　沥青防水卷材施工

5.5.1 配制沥青玛𤧛脂（以下简称"玛𤧛脂"）应遵守下列规定：

1 玛𤧛脂的标号，应视使用条件、屋面坡度和当地历年极端最高气温，遵照本规范附录B.1.1条选定，其性能应符合本规范附录B.1.2条的规定。

2 现场配制玛𤧛脂的配合比及其软化点和耐热度的关系数据，应由试验部门根据所用原料试配后确定。在施工中按确定的配合比严格配料，每工作班均应检查与玛𤧛脂耐热度相应的软化点和柔韧性。

3 热玛𤧛脂的加热温度不应高于240℃，使用温度不宜低于190℃，并应经常检查。熬制好的玛𤧛脂宜在本工作班内用完。当不能用完时应与新熬的材料分批混合使用，必要时还应做性能检验。

4 冷玛𤧛脂使用时应搅匀，稠度太大时可加少量溶剂稀释搅匀。

5.5.2 采用叠层铺贴沥青防水卷材的粘贴层厚度：热玛𤧛脂宜为1～1.5mm，冷玛𤧛脂宜为0.5～1mm；面层厚度：热玛𤧛脂宜为2～3mm，冷玛𤧛脂宜为1～1.5mm。玛𤧛脂应涂刮均匀，不得过厚或堆积。

5.5.3 铺贴立面或大坡面卷材时，玛𤧛脂应满涂，并尽量减少卷材短边搭接。

5.5.4 水落口、天沟、檐沟、檐口及立面卷材收头等施工应符合下列规定：

1 水落口应牢固地固定在承重结构上。当采用金属制品时，所有零件均应做防锈处理。

2 天沟、檐沟铺贴卷材应从沟底开始，当沟底过宽、卷材需纵向搭接时，搭接缝应用密封材料封口。

3 铺至混凝土檐口或立面的卷材收头应裁齐后压入凹槽，并用压条或带垫片钉子固定，最大钉距不应大于900mm，凹槽内用密封材料嵌填封严。

5.5.5 卷材铺贴应符合下列规定：

1 卷材在铺贴前应保持干燥，其表面的撒布料应预先清扫干净，并避免损伤卷材；

2 在无保温层的装配式屋面上，应沿屋面板的端缝先单边点粘一层卷材，每边的宽度不应小于100mm，或采取其他能增大防水层适应变形的措施，然后再铺贴屋面卷材；

3 选择不同胎体和性能的卷材复合使用时，高性能的卷材应放在面层；

4 铺贴卷材时应随刮涂玛琋脂随滚铺卷材，并展平压实；

5 采用空铺、点粘、条粘第一层卷材或第一层为打孔卷材时，在檐口、屋脊和屋面的转角处及突出屋面的交接处，卷材应满涂玛琋脂，其宽度不得小于800mm。当采用热玛琋脂时，应涂刷冷底子油。

5.5.6 沥青防水卷材保护层的施工应符合下列规定：

1 卷材铺贴经检查合格后，应将防水层表面清扫干净。

2 用绿豆砂做保护层时，应将清洁的绿豆砂预热至100℃左右，随刮涂热玛琋脂，随铺撒热绿豆砂。绿豆砂应铺撒均匀，并滚压使其与玛琋脂粘结牢固。未粘结的绿豆砂应清除。

3 用云母或蛭石做保护层时，应先筛去粉料，再随刮涂冷玛琋脂随撒铺云母或蛭石。撒铺应均匀，不得露底，待溶剂基本挥发后，再将多余的云母或蛭石清除。

4 用水泥砂浆做保护层时，表面应抹平压光，并应设表面分格缝，分格面积宜为$1m^2$。

5 用块体材料做保护层时，宜留设分格缝，其纵横间距不宜大于10m，分格缝宽度不宜小于20mm。

6 用细石混凝土做保护层时，混凝土应振捣密实，表面抹平压光，并应留设分格缝，其纵横缝间距不宜大于6m。

7 水泥砂浆、块体材料或细石混凝土保护层与防水层之间应设置隔离层。

8 水泥砂浆、块体材料或细石混凝土保护层与女儿墙之间应预留宽度为30mm的缝隙，并用密封材料嵌填严密。

5.5.7 沥青防水卷材严禁在雨天、雪天施工，五级风及其以上时不得施工，环境气温低于5℃时不宜施工。

施工中途下雨时，应做好已铺卷材周边的防护工作。

5.6 高聚物改性沥青防水卷材施工

5.6.1 水落口、天沟、檐沟、檐口及立面卷材收头等施工，应符合本规范第5.5.4条的规定。

5.6.2 立面或大坡面铺贴高聚物改性沥青防水卷材时，应采用满粘法，并宜减少短边搭接。

5.6.3 冷粘法铺贴卷材应符合下列规定：

1 胶粘剂涂刷应均匀，不露底，不堆积。卷材空铺、点粘、条粘时，应按规定的位置及面积涂刷胶粘剂。

2 根据胶粘剂的性能，应控制胶粘剂涂刷与卷材铺贴的间隔时间。

3 铺贴卷材时应排除卷材下面的空气，并辊压粘贴牢固。

4 铺贴卷材时应平整顺直，搭接尺寸准确，不得扭曲、皱折。搭接部位的接缝应满涂胶粘剂，辊压粘贴牢固。

5 搭接缝口应用材性相容的密封材料封严。

5.6.4 热粘法铺贴卷材应符合下列规定：

1 熔化热熔型改性沥青胶时，宜采用专用的导热油炉加热，加热温度不应高于200℃，使用温度不应低于180℃；

2 粘贴卷材的热熔改性沥青胶厚度宜为1～1.5mm；

3 铺贴卷材时，应随刮涂热熔改性沥青胶随滚铺卷材，并展平压实。

5.6.5 热熔法铺贴卷材应符合下列规定：

1 火焰加热器的喷嘴距卷材面的距离应适中，幅宽内加热应均匀，以卷材表面熔融至光亮黑色为度，不得过分加热卷材。厚度小于3mm的高聚物改性沥青防水卷材，严禁采用热熔法施工。

2 卷材表面热熔后应立即滚铺卷材，滚铺时应排除卷材下面的空气，使之平展并粘贴牢固。

3 搭接缝部位宜以溢出热熔的改性沥青为度，溢出的改性沥青宽度以2mm左右并均匀顺直为宜。当接缝处的卷材有铝箔或矿物粒（片）料时，应清除干净后再进行热熔和接缝处理。

4 铺贴卷材时应平整顺直，搭接尺寸准确，不得扭曲。

5 采用条粘法时，每幅卷材与基层粘结面不应少于两条，每条宽度不应小于150mm。

5.6.6 自粘法铺贴卷材应符合下列规定：

1 铺粘卷材前，基层表面应均匀涂刷基层处理剂，干燥后及时铺贴卷材。

2 铺贴卷材时应将自粘胶底面的隔离纸完全撕净。

3 铺贴卷材时应排除卷材下面的空气，并辊压粘贴牢固。

4 铺贴的卷材应平整顺直，搭接尺寸准确，不得扭曲、皱折。低温施工时，立面、大坡面及搭接部位宜采用热风机加热，加热后随即粘贴牢固。

5 搭接缝口应采用材性相容的密封材料封严。

5.6.7 高聚物改性沥青防水卷材保护层的施工应符合下列规定：

1 采用浅色涂料做保护层时，应待卷材铺贴完成，并经检验合格、清扫干净后涂刷。涂层应与卷材粘结牢固，厚薄均匀，不得漏涂。

2 采用水泥砂浆、块体材料或细石混凝土做保护层时，应符合本规范第5.5.6条4款至8款的规定。

5.6.8 高聚物改性沥青防水卷材，严禁在雨天、雪天施工；五级风及其以上时不得施工；环境气温低于5℃时不宜施工。

施工中途下雨、下雪，应做好已铺卷材周边的防护工作。

注：热熔法施工环境气温不宜低于－10℃。

5.7 合成高分子防水卷材施工

5.7.1 水落口、天沟、檐沟、檐口及立面卷材收头等施工，应符合本规范第5.5.4条的规定。

5.7.2 立面或大坡面铺贴合成高分子防水卷材时，应符合本规范第5.6.2条的规定。

5.7.3 冷粘法铺贴卷材应符合下列规定：

1 基层胶粘剂可涂刷在基层或涂刷在基层和卷材底面，涂刷应均匀，不露底，不堆积。卷材空铺、点粘、条粘时，应按规定的位置及面积涂刷胶粘剂。

2 根据胶粘剂的性能，应控制胶粘剂涂刷与卷材铺贴的间隔时间。

3 铺贴卷材不得皱折，也不得用力拉伸卷材，并应排除卷材下面的空气，辊压粘贴牢固。

4 铺贴的卷材应平整顺直，搭接尺寸准确，不得扭曲。

5 卷材铺好压粘后，应将搭接部位的粘合面清理干净，并采用与卷材配套的接缝专用胶粘剂，在搭接缝粘合面上涂刷均匀，不露底，不堆积。根据专用胶粘剂性能，应控制胶粘剂涂刷与粘合间隔时间，并排除缝间的空气，辊压粘贴牢固。

6 搭接缝口应采用材性相容的密封材料封严。

7 卷材搭接部位采用胶粘带粘结时，粘合面应清理干净，必要时可涂刷与卷材及胶粘带材性相容的基层胶粘剂，撕去胶粘带隔离纸后应及时粘合上层卷材，并辊压粘牢。低温施工时，宜采用热风机加热，使其粘贴牢固、封闭严密。

5.7.4 自粘法铺贴卷材应符合本规范第5.6.6条的规定。

5.7.5 焊接法和机械固定法铺设卷材应符合下列规定：

1 对热塑性卷材的搭接缝宜采用单缝焊或双缝焊，焊接应严密；

2 焊接前，卷材应铺放平整、顺直，搭接尺寸准确，焊接缝的结合面应清扫干净；

3 应先焊长边搭接缝，后焊短边搭接缝；

4 卷材采用机械固定时，固定件应与结构层固定牢固，固定件间距应根据当地的使用环境与条件确定，并不宜大于600mm。距周边800mm范围内的卷材应满粘。

5.7.6 合成高分子防水卷材保护层的施工，应符合本规范第5.6.7条的有关规定。

5.7.7 合成高分子防水卷材，严禁在雨天、雪天施工；五级风及其以上时不得施工；环境气温低于5℃时不宜施工。

施工中途下雨、下雪，应做好已铺卷材周边的防护工作。

注：焊接法施工环境气温不宜低于－10℃。

6 涂膜防水屋面

6.1 一般规定

6.1.1 涂膜防水屋面主要适用于防水等级为Ⅲ级、Ⅳ级的屋面防水，也可用作Ⅰ级、Ⅱ级屋面多道防水设防中的一道防水层。

6.1.2 对基层的要求应符合本规范第5.1.2条至第5.1.4条的有关规定。

6.1.3 防水涂膜应分遍涂布，待先涂布的涂料干燥成膜后，方可涂布后一遍涂料，且前后两遍涂料的涂布方向应相互垂直。

6.1.4 需铺设胎体增强材料时，当屋面坡度小于15%，可平行屋脊铺设；当屋面坡度大于15%，应垂直于屋脊铺设，并由屋面最低处向上进行。胎体增强材料长边搭接宽度不得小于50mm，短边搭接宽度不得小于70mm。采用二层胎体增强材料时，上下层不得垂直铺设，搭接缝应错开，其间距不应小于幅宽的1/3。

6.1.5 涂膜防水层的收头，应用防水涂料多遍涂刷或用密封材料封严。

6.1.6 涂膜防水层在未做保护层前，不得在防水层上进行其他施工作业或直接堆放物品。

6.2 材料要求

6.2.1 高聚物改性沥青防水涂料的质量应符合表6.2.1的要求。

表6.2.1 高聚物改性沥青防水涂料质量要求

项目		质量要求	
		水乳型	溶剂型
固体含量（%）		≥43	≥48
耐热性（80℃，5h）		无流淌、起泡、滑动	
低温柔性（℃，2h）		-10，绕ϕ20mm圆棒无裂纹	-15，绕ϕ10mm圆棒无裂纹
不透水性	压力（MPa）	≥0.1	≥0.2
	保持时间（min）	≥30	≥30
延伸性（mm）		≥4.5	—
抗裂性（mm）		—	基层裂缝0.3mm，涂膜无裂纹

6.2.2 合成高分子防水涂料的质量应符合表6.2.2-1和表6.2.2-2的要求。

表 6.2.2-1　合成高分子防水涂料（反应固化型）质量要求

项　　目		质量要求	
		Ⅰ类	Ⅱ类
拉伸强度（MPa）		≥1.9（单、多组分）	≥2.45（单、多组分）
断裂伸长率（%）		≥550（单组分） ≥450（多组分）	≥450（单、多组分）
低温柔性（℃，2h）		-40（单组分），-35（多组分），弯折无裂纹	
不透水性	压力（MPa）	≥0.3（单、多组分）	
	保持时间（min）	≥30（单、多组分）	
固体含量（%）		≥80（单组分），≥92（多组分）	
注：产品按拉伸性能分为Ⅰ、Ⅱ两类。			

表 6.2.2-2　合成高分子防水涂料（挥发固化型）质量要求

项　　目		质量要求
拉伸强度（MPa）		≥1.5
断裂伸长率（%）		≥300
低温柔性（℃，2h）		-20，绕 ϕ10mm 圆棒无裂纹
不透水性	压力（MPa）	≥0.3
	保持时间（min）	≥30
固体含量（%）		≥65

6.2.3　聚合物水泥防水涂料的质量应符合表 6.2.3 的要求。

表 6.2.3　聚合物水泥防水涂料质量要求

项　　目		质量要求
固体含量（%）		≥65
拉伸强度（MPa）		≥1.2
断裂伸长率（%）		≥200
低温柔性（℃，2h）		-10，绕 ϕ10mm 圆棒无裂纹
不透水性	压力（MPa）	≥0.3
	保持时间（min）	≥30

6.2.4　胎体增强材料的质量应符合表 6.2.4 的要求。

表 6.2.4　胎体增强材料的质量要求

项　　目		质量要求	
		聚酯无纺布	化纤无纺布
外　　观		均匀，无团状，平整无折皱	
拉力（N/50mm）	纵向	≥150	≥45
	横向	≥100	≥35
延伸率（%）	纵向	≥10	≥20
	横向	≥20	≥25

6.2.5 进场的防水涂料和胎体增强材料抽样复验应符合下列规定：

1 同一规格、品种的防水涂料，每10t为一批，不足10t者按一批进行抽样。胎体增强材料，每3000m² 为一批，不足3000m² 者按一批进行抽样。

2 防水涂料和胎体增强材料的物理性能检验，全部指标达到标准规定时，即为合格。其中若有一项指标达不到要求，允许在受检产品中加倍取样进行该项复检，复检结果如仍不合格，则判定该产品为不合格。

6.2.6 进场的防水涂料和胎体增强材料物理性能应检验下列项目：

1 高聚物改性沥青防水涂料：固体含量，耐热性，低温柔性，不透水性，延伸性或抗裂性；

2 合成高分子防水涂料和聚合物水泥防水涂料：拉伸强度，断裂伸长率，低温柔性，不透水性，固体含量；

3 胎体增强材料：拉力和延伸率。

6.2.7 防水涂料和胎体增强材料的贮运、保管应符合下列规定：

1 防水涂料包装容器必须密封，容器表面应标明涂料名称、生产厂名、执行标准号、生产日期和产品有效期，并分类存放。

2 反应型和水乳型涂料贮运和保管环境温度不宜低于5℃。

3 溶剂型涂料贮运和保管环境温度不宜低于0℃，并不得日晒、碰撞和渗漏；保管环境应干燥、通风，并远离火源。仓库内应有消防设施。

4 胎体增强材料贮运、保管环境应干燥、通风，并远离火源。

6.3 设 计 要 点

6.3.1 防水涂料品种选择应符合下列规定：

1 根据当地历年最高气温、最低气温、屋面坡度和使用条件等因素，应选择耐热性和低温柔性相适应的涂料；

2 根据地基变形程度、结构形式、当地年温差、日温差和振动等因素，应选择拉伸性能相适应的涂料；

3 根据屋面防水涂膜的暴露程度，应选择耐紫外线、热老化保持率相适应的涂料；

4 屋面排水坡度大于25%时，不宜采用干燥成膜时间过长的涂料。

6.3.2 每道涂膜防水层厚度选用应符合表6.3.2的规定。

表6.3.2 涂膜厚度选用表

屋面防水等级	设防道数	高聚物改性沥青防水涂料	合成高分子防水涂料和聚合物水泥防水涂料
Ⅰ级	三道或三道以上设防	—	不应小于1.5mm
Ⅱ级	二道设防	不应小于3m	不应小于1.5mm
Ⅲ级	一道设防	不应小于3m	不应小于2mm
Ⅳ级	一道设防	不应小于2m	—

6.3.3 按屋面防水等级和设防要求选择防水涂料。对易开裂、渗水的部位，应留凹槽嵌填密封材料，并增设一层或多层带有胎体增强材料的附加层。

6.3.4 涂膜防水层应沿找平层分格缝增设带有胎体增强材料的空铺附加层，其空铺宽度宜为100mm。

6.3.5 涂膜防水屋面应设置保护层。保护层材料可采用细砂、云母、蛭石、浅色涂料、水泥砂浆、块体材料或细石混凝土等。采用水泥砂浆、块体材料或细石混凝土时，应在涂膜与保护层之间设置隔离层。水泥砂浆保护层厚度不宜小于20mm。

6.4 细部构造

6.4.1 天沟、檐沟与屋面交接处的附加层宜空铺，空铺宽度不应小于200mm（图6.4.1）。

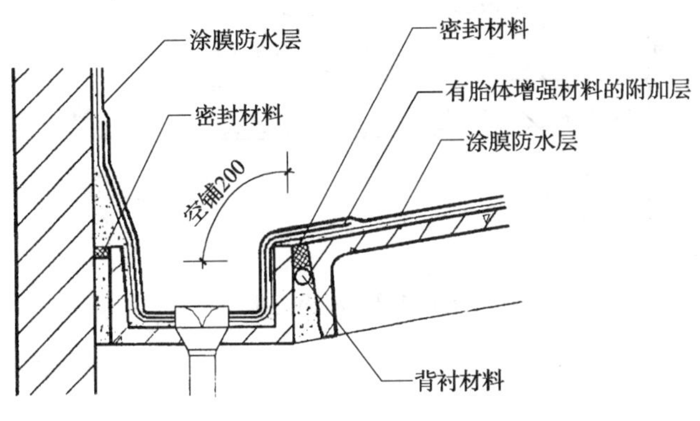

图6.4.1 屋面天沟、檐沟

6.4.2 无组织排水檐口的涂膜防水层收头，应用防水涂料多遍涂刷或用密封材料封严（图6.4.2）。檐口下端应做滴水处理。

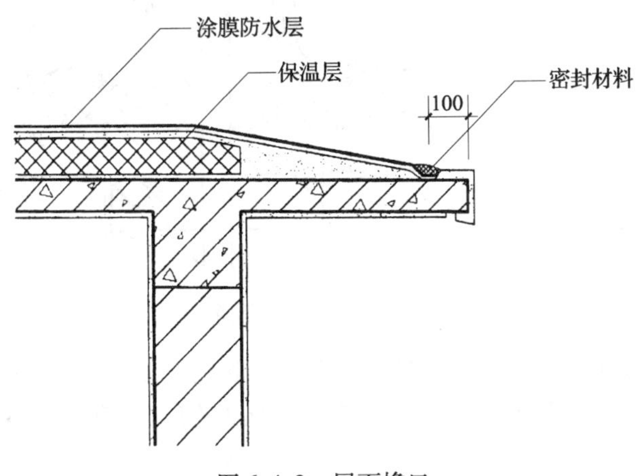

图6.4.2 屋面檐口

6.4.3 泛水处的涂膜防水层，宜直接涂刷至女儿墙的压顶下，收头处理应用防水涂料多遍涂刷封严；压顶应做防水处理（图6.4.3）。

6.4.4 变形缝内应填充泡沫塑料，其上放衬垫材料，并用卷材封盖；顶部应加扣混凝土盖板或金属盖板（图6.4.4）。

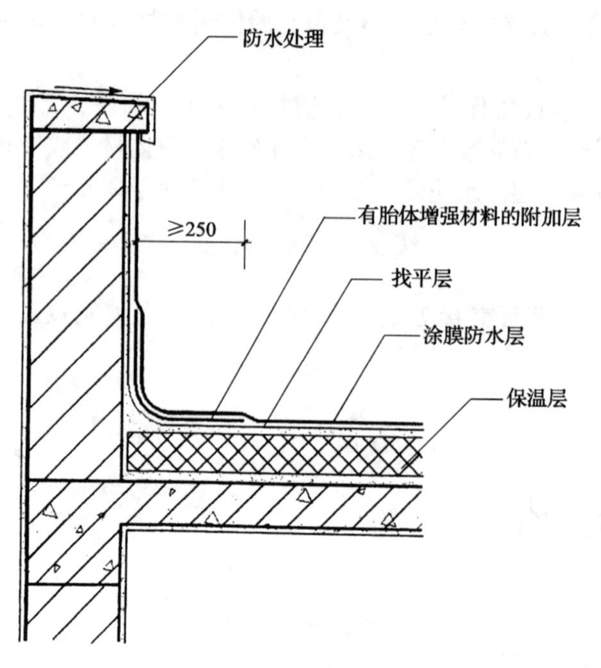

图 6.4.3　屋面泛水

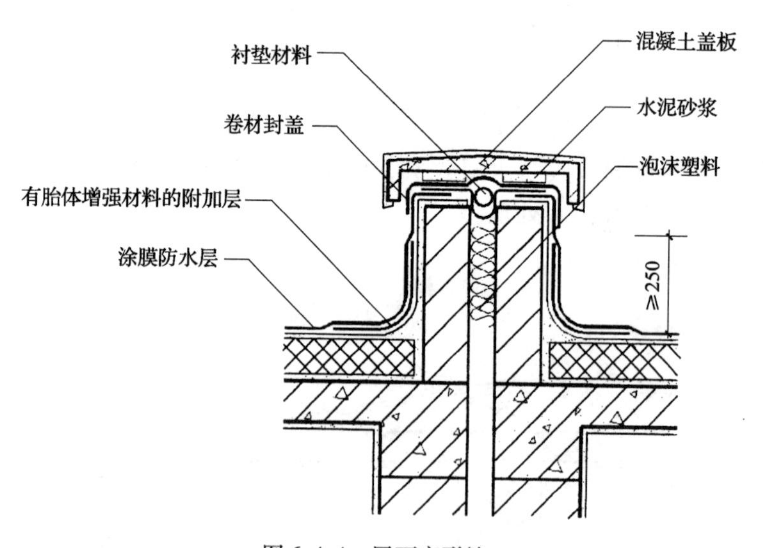

图 6.4.4　屋面变形缝

6.4.5　水落口防水构造应符合本规范第 5.4.5 条的规定。

6.4.6　伸出屋面管道、垂直和水平出入口等处的防水构造，应符合本规范第 5.4.8 条和第 5.4.9 条的规定。

6.5　高聚物改性沥青防水涂膜施工

6.5.1　屋面基层的干燥程度，应视所选用的涂料特性而定。当采用溶剂型、热熔型改性沥青防水涂料时，屋面基层应干燥、干净。

6.5.2　屋面板缝处理应符合下列规定：

1　板缝应清理干净，细石混凝土应浇捣密实，板端缝中嵌填的密封材料应粘结牢固、封闭严密。无保温层屋面的板端缝和侧缝应预留凹槽，并嵌填密封材料。

2　抹找平层时，分格缝应与板端缝对齐、顺直，并嵌填密封材料。

3　涂膜施工时，板端缝部位空铺附加层的宽度宜为100mm。

6.5.3　基层处理剂应配比准确，充分搅拌，涂刷均匀，覆盖完全，干燥后方可进行涂膜施工。

6.5.4　高聚物改性沥青防水涂膜施工应符合下列规定：

1　防水涂膜应多遍涂布，其总厚度应达到设计要求和遵守本规范第6.3.2条的规定。

2　涂层的厚度应均匀，且表面平整。

3　涂层间夹铺胎体增强材料时，宜边涂布边铺胎体；胎体应铺贴平整，排除气泡，并与涂料粘结牢固。在胎体上涂布涂料时，应使涂料浸透胎体，覆盖完全，不得有胎体外露现象。最上面的涂层厚度不应小于1.0mm。

4　涂膜施工应先做好节点处理，铺设带有胎体增强材料的附加层，然后再进行大面积涂布。

5　屋面转角及立面的涂膜应薄涂多遍，不得有流淌和堆积现象。

6.5.5　当采用细砂、云母或蛭石等撒布材料做保护层时，应筛去粉料。在涂布最后一遍涂料时，应边涂布边撒布均匀，不得露底，然后进行辊压粘牢，待干燥后将多余的撒布材料清除。当采用水泥砂浆、块体材料或细石混凝土做保护层时，应符合本规范第5.5.6条4款至8款的规定。

6.5.6　高聚物改性沥青防水涂膜，严禁在雨天、雪天施工；五级风及其以上时不得施工。溶剂型涂料施工环境气温宜为－5～35℃；水乳型涂料施工环境气温宜为5～35℃；热熔型涂料施工环境气温不宜低于－10℃。

6.6　合成高分子防水涂膜施工

6.6.1　屋面基层应干燥、干净，无孔隙、起砂和裂缝。

6.6.2　屋面板缝处理应符合本规范第6.5.2条的规定。

6.6.3　基层处理剂施工应符合本规范第6.5.3条的规定。

6.6.4　合成高分子防水涂膜施工，除应符合本规范第6.5.4条的规定外，尚应符合下列要求：

1　可采用涂刮或喷涂施工。当采用涂刮施工时，每遍涂刮的推进方向宜与前一遍相互垂直。

2　多组分涂料应按配合比准确计量，搅拌均匀，已配成的多组分涂料应及时使用。配料时，可加入适量的缓凝剂或促凝剂来调节固化时间，但不得混入已固化的涂料。

3　在涂层间夹铺胎体增强材料时，位于胎体下面的涂层厚度不宜小于1mm，最上层的涂层不应少于两遍，其厚度不应小于0.5mm。

6.6.5　当采用浅色涂料做保护层时，应在涂膜固化后进行；当采用水泥砂浆、块体材料或细石混凝土做保护层时，应符合本规范第5.5.6条4款至8款的规定。

6.6.6　合成高分子防水涂膜，严禁在雨天、雪天施工；五级风及其以上时不得施工。溶剂型涂料施工环境气温宜为－5～35℃；乳胶型涂料施工环境气温宜为5～35℃；反应型涂料施工环境气温宜为5～35℃。

6.7 聚合物水泥防水涂膜施工

6.7.1 屋面基层应平整、干净，无孔隙、起砂和裂缝。

6.7.2 屋面板缝处理应符合本规范第6.5.2条的规定。

6.7.3 基层处理剂施工应符合本规范第6.5.3条的规定。

6.7.4 聚合物水泥防水涂膜施工，除应符合本规范第6.5.4条的规定外，尚应有专人配料、计量，搅拌均匀，不得混入已固化或结块的涂料。

6.7.5 当采用浅色涂料做保护层时，应待涂膜干燥后进行；当采用水泥砂浆、块体材料或细石混凝土做保护层时，应符合本规范第5.5.6条4款至8款的规定。

6.7.6 聚合物水泥防水涂膜，严禁在雨天和雪天施工；五级风及其以上时不得施工；聚合物水泥防水涂料的施工环境气温宜为5～35℃。

7 刚性防水屋面

7.1 一 般 规 定

7.1.1 刚性防水屋面主要适用于防水等级为Ⅲ级的屋面防水，也可用作Ⅰ、Ⅱ级屋面多道防水设防中的一道防水层；刚性防水层不适用于受较大振动或冲击的建筑屋面。

7.1.2 屋面板缝处理应符合本规范第4.2.1条的规定。

7.1.3 刚性防水层与山墙、女儿墙以及突出屋面结构的交接处应留缝隙，并应做柔性密封处理。

7.1.4 细石混凝土防水层与基层间宜设置隔离层。

7.1.5 防水层的细石混凝土宜掺外加剂（膨胀剂、减水剂、防水剂）以及掺合料、钢纤维等材料，并应用机械搅拌和机械振捣。

7.1.6 刚性防水层应设置分格缝，分格缝内应嵌填密封材料。

7.1.7 天沟、檐沟应用水泥砂浆找坡，找坡厚度大于20mm时宜采用细石混凝土。

7.1.8 刚性防水层内严禁埋设管线。

7.1.9 刚性防水层施工环境气温宜为5~35℃，并应避免在负温度或烈日暴晒下施工。

7.2 材 料 要 求

7.2.1 防水层的细石混凝土宜用普通硅酸盐水泥或硅酸盐水泥，不得使用火山灰质硅酸盐水泥；当采用矿渣硅酸盐水泥时，应采取减少泌水性的措施。

7.2.2 防水层内配置的钢筋宜采用冷拔低碳钢丝。

7.2.3 防水层的细石混凝土中，粗骨料的最大粒径不宜大于15mm，含泥量不应大于1%；细骨料应采用中砂或粗砂，含泥量不应大于2%。

7.2.4 防水层细石混凝土使用的外加剂，应根据不同品种的适用范围、技术要求选择。

7.2.5 水泥贮存时应防止受潮，存放期不得超过三个月。当超过存放期限时，应重新检验确定水泥强度等级。受潮结块的水泥不得使用。

7.2.6 外加剂应分类保管，不得混杂，并应存放于阴凉、通风、干燥处。运输时应避免雨淋、日晒和受潮。

7.3 设 计 要 点

7.3.1 选择刚性防水设计方案时，应根据屋面防水设防要求、地区条件和建筑结构特点等因素，经技术经济比较确定。

7.3.2 刚性防水屋面应采用结构找坡，坡度宜为2%~3%。

7.3.3 细石混凝土防水层的厚度不应小于40mm，并应配置直径为4~6mm、间距为100~200mm的双向钢筋网片；钢筋网片在分格缝处应断开，其保护层厚度不应小于10mm。

7.3.4 防水层的分格缝应设在屋面板的支承端、屋面转折处、防水层与突出屋面结构的交接处。并应与板缝对齐。

普通细石混凝土和补偿收缩混凝土防水层的分格缝，其纵横间距不宜大于6m。

7.3.5 补偿收缩混凝土的自由膨胀率应为0.05%~0.1%。

7.4 细部构造

7.4.1 普通细石混凝土和补偿收缩混凝土防水层，分格缝的宽度宜为5~30mm，分格缝内应嵌填密封材料，上部应设置保护层（图7.4.1）。

7.4.2 刚性防水层与山墙、女儿墙交接处，应留宽度为30mm的缝隙，并应用密封材料嵌填；泛水处应铺设卷材或涂膜附加层（图7.4.2）。卷材或涂膜的收头处理，应符合本规范第5.4.3条和第6.4.3条的规定。

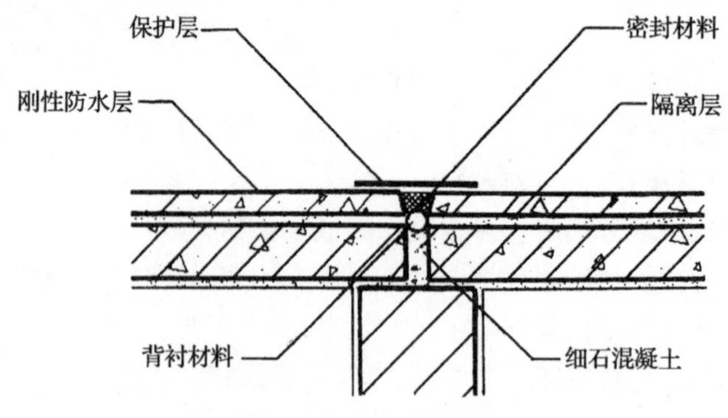

图7.4.1 屋面分格缝

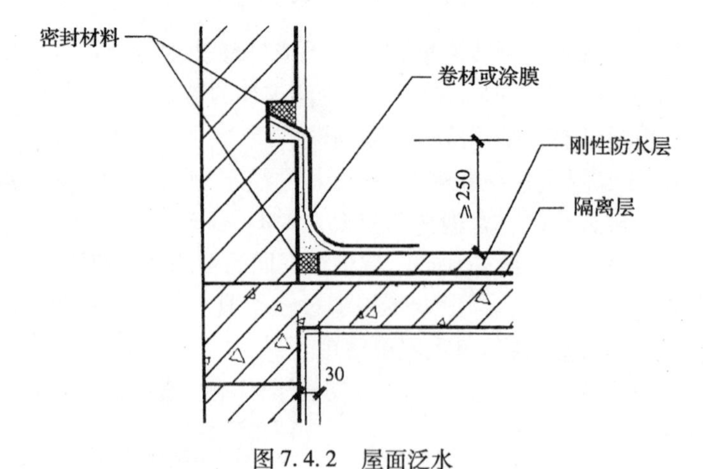

图7.4.2 屋面泛水

7.4.3 刚性防水层与变形缝两侧墙体交接处应留宽度为30mm的缝隙，并应用密封材料嵌填；泛水处应铺设卷材或涂膜附加层；变形缝中应填充泡沫塑料，其上填放衬垫材料，并应用卷材封盖，顶部应加扣混凝土盖板或金属盖板（图7.4.3）。

7.4.4 水落口防水构造应符合本规范第5.4.5条的规定。

7.4.5 伸出屋面管道与刚性防水层交接处应留设缝隙，用密封材料嵌填，并应加设卷材或涂膜附加层；收头处应固定密封（图7.4.5）。

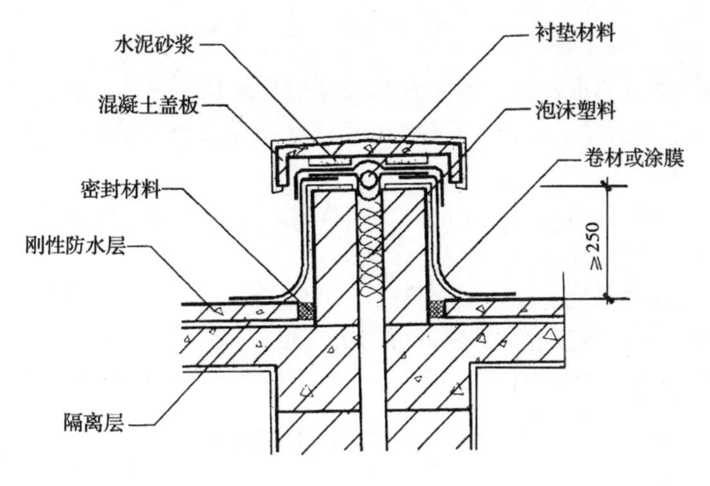

图 7.4.3　屋面变形缝

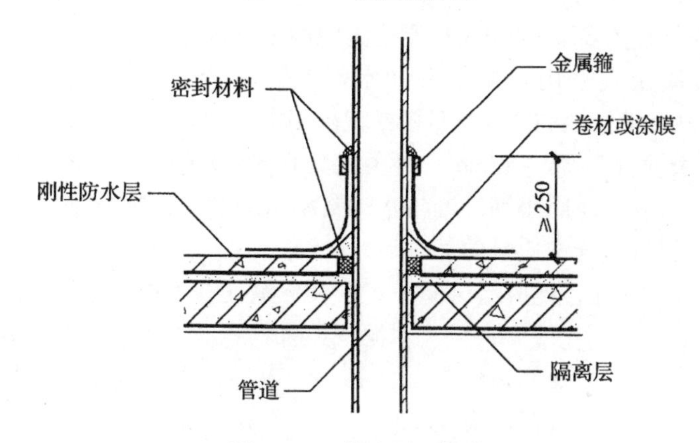

图 7.4.5　伸出屋面管道

7.5　普通细石混凝土防水层施工

7.5.1　混凝土水灰比不应大于 0.55，每立方米混凝土的水泥和掺合料用量不应小于 330kg，砂率宜为 35% ~40%，灰砂比宜为 1∶2 ~1∶2.5。

7.5.2　细石混凝土防水层中的钢筋网片，施工时应放置在混凝土中的上部。

7.5.3　分格条安装位置应准确，起条时不得损坏分格缝处的混凝土；当采用切割法施工时，分格缝的切割深度宜为防水层厚度的 3/4。

7.5.4　普通细石混凝土中掺入减水剂、防水剂时，应准确计量、投料顺序得当、搅拌均匀。

7.5.5　混凝土搅拌时间不应少于 2min，混凝土运输过程中应防止漏浆和离析；每个分格板块的混凝土应一次浇筑完成，不得留施工缝；抹压时不得在表面洒水、加水泥浆或撒干水泥，混凝土收水后应进行二次压光。

7.5.6　防水层的节点施工应符合设计要求。预留孔洞和预埋件位置应准确；安装管件后，其周围应按设计要求嵌填密实。

7.5.7　混凝土浇筑后应及时进行养护，养护时间不宜少于 14d；养护初期屋面不得上人。

7.6 补偿收缩混凝土防水层施工

7.6.1 补偿收缩混凝土的水灰比、每立方米混凝土水泥最小用量、含砂率和灰砂比，应符合本规范第7.5.1条的规定。分格缝和节点施工，应符合本规范第7.5.3和第7.5.6条的规定。

7.6.2 用膨胀剂拌制补偿收缩混凝土时，应按配合比准确计量；搅拌投料时膨胀剂应与水泥同时加入，混凝土搅拌时间不应少于3min。

7.6.3 每个分格板块的混凝土应一次浇筑完成，不得留施工缝；抹压时不得在表面洒水、加水泥浆或撒干水泥，混凝土收水后应进行二次压光。

7.6.4 补偿收缩混凝土防水层的养护，应符合本规范第7.5.7条的规定。

7.7 钢纤维混凝土防水层施工

7.7.1 钢纤维混凝土的水灰比宜为0.45～0.50；砂率宜为40%～50%；每立方米混凝土的水泥和掺合料用量宜为360～400kg；混凝土中的钢纤维体积率宜为0.8%～1.2%。

7.7.2 钢纤维混凝土宜采用普通硅酸盐水泥或硅酸盐水泥。粗骨料的最大粒径宜为15mm，且不大于钢纤维长度的2/3；细骨料宜采用中粗砂。

7.7.3 钢纤维的长度宜为25～50mm，直径宜为0.3～0.8mm，长径比宜为40～100。钢纤维表面不得有油污或其他妨碍钢纤维与水泥浆粘结的杂质，钢纤维内的粘连团片、表面锈蚀及杂质等不应超过钢纤维质量的1%。

7.7.4 钢纤维混凝土的配合比应经试验确定，其称量偏差不得超过以下规定：

钢纤维	±2%；	水泥或掺合料	±2%；
粗、细骨料	±3%；	水	±2%；
外加剂	±2%。		

7.7.5 钢纤维混凝土宜采用强制式搅拌机搅拌，当钢纤维体积率较高或拌合物稠度较大时，一次搅拌量不宜大于额定搅拌量的80%。搅拌时宜先将钢纤维、水泥、粗细骨料干拌1.5min，再加入水湿拌，也可采用在混合料拌合过程中加入钢纤维拌合的方法。搅拌时间应比普通混凝土延长1～2min。

7.7.6 钢纤维混凝土拌合物应拌合均匀，颜色一致，不得有离析、泌水、钢纤维结团现象。

7.7.7 钢纤维混凝土拌合物，从搅拌机卸出到浇筑完毕的时间不宜超过30min；运输过程中应避免拌合物离析，如产生离析或坍落度损失，可加入原水灰比的水泥浆进行二次搅拌，严禁直接加水搅拌。

7.7.8 浇筑钢纤维混凝土时，应保证钢纤维分布的均匀性和连续性，并用机械振捣密实。每个分格板块的混凝土应一次浇筑完成，不得留施工缝。

7.7.9 钢纤维混凝土振捣后，应先将混凝土表面抹平，待收水后再进行二次压光，混凝土表面不得有钢纤维露出。

7.7.10 钢纤维混凝土防水层应设分格缝，其纵横间距不宜大于10m，分格缝内应用密封材料嵌填密实。

7.7.11 钢纤维混凝土防水层的养护，应符合本规范第7.5.7条的规定。

8 屋面接缝密封防水

8.1 一 般 规 定

8.1.1 屋面接缝密封防水适用于屋面防水工程的密封处理，并与刚性防水屋面、卷材防水屋面、涂膜防水屋面等配套使用。

8.1.2 密封防水部位的基层应符合下列要求：

1 基层应牢固，表面应平整、密实，不得有裂缝、蜂窝、麻面、起皮和起砂现象；

2 嵌填密封材料前，基层应干净、干燥。

8.1.3 对嵌填完毕的密封材料，应避免碰损及污染；固化前不得踩踏。

8.2 材 料 要 求

8.2.1 采用的背衬材料应能适应基层的膨胀和收缩，具有施工时不变形、复原率高和耐久性好等性能。

8.2.2 背衬材料的品种有聚乙烯泡沫塑料棒、橡胶泡沫棒等。

8.2.3 采用的密封材料应具有弹塑性、粘结性、施工性、耐候性、水密性、气密性和位移性。

8.2.4 改性石油沥青密封材料的物理性能应符合表8.2.4的要求。

表8.2.4 改性石油沥青密封材料物理性能

项目		性能要求	
		Ⅰ类	Ⅱ类
耐热度	温度（℃）	70	80
	下垂值（mm）	≤4.0	
低温柔性	温度（℃）	-20	-10
	粘结状态	无裂纹和剥离现象	
拉伸粘结性（%）		≥125	
浸水后拉伸粘结性（%）		125	
挥发性（%）		≤2.8	
施工度（mm）		≥22.0	≥20.0

注：改性石油沥青密封材料按耐热度和低温柔性分为Ⅰ类和Ⅱ类。

8.2.5 合成高分子密封材料的物理性能应符合表8.2.5的要求。

8.2.6 密封材料的贮运、保管应符合下列规定：

1 密封材料的贮运、保管应避开火源、热源，避免日晒、雨淋，防止碰撞，保持包装完好无损；

表 8.2.5 合成高分子密封材料物理性能

<table>
<tr><td colspan="2" rowspan="2">项　目</td><td colspan="7">技术指标</td></tr>
<tr><td>25LM</td><td>25HM</td><td>20LM</td><td>20HM</td><td>12.5E</td><td>12.5P</td><td>7.5P</td></tr>
<tr><td>拉伸模量（MPa）</td><td>23℃
-20℃</td><td>≤0.4 和
≤0.6</td><td>>0.4 或
>0.6</td><td>≤0.4 和
≤0.6</td><td>>0.4 或
>0.6</td><td colspan="3">—</td></tr>
<tr><td colspan="2">定伸粘结性</td><td colspan="4">无破坏</td><td colspan="3">—</td></tr>
<tr><td colspan="2">浸水后定伸粘结性</td><td colspan="4">无破坏</td><td colspan="3">—</td></tr>
<tr><td colspan="2">热压冷拉后粘结性</td><td colspan="4">无破坏</td><td colspan="3">—</td></tr>
<tr><td colspan="2">拉伸压缩后粘结性</td><td colspan="4">—</td><td colspan="3">无破坏</td></tr>
<tr><td colspan="2">断裂伸长率（%）</td><td colspan="4">—</td><td>≥100</td><td colspan="2">≥20</td></tr>
<tr><td colspan="2">浸水后断裂伸长率（%）</td><td colspan="4">—</td><td>≥100</td><td colspan="2">≥20</td></tr>
<tr><td colspan="9">注：合成高分子密封材料按拉伸模量分为低模量（LM）和高模量（HM）两个次级别；按弹性恢复率分为弹性（E）和塑性（P）两个次级别。</td></tr>
</table>

2 密封材料应分类贮放在通风、阴凉的室内，环境温度不应高于50℃。

8.2.7 进场的改性石油沥青密封材料抽样复验应符合下列规定：

1 同一规格、品种的材料应每2t为一批，不足2t者按一批进行抽样；

2 改性石油沥青密封材料物理性能，应检验耐热度、低温柔性、拉伸粘结性和施工度。

8.2.8 进场的合成高分子密封材料抽样复验应符合下列规定：

1 同一规格、品种的材料应每1t为一批，不足1t者按一批进行抽样；

2 合成高分子密封材料物理性能，应检验拉伸模量、定伸粘结性和断裂伸长率。

8.3 设计要点

8.3.1 屋面接缝密封防水设计，应保证密封部位不渗水，并满足防水层合理使用年限的要求。

8.3.2 屋面密封防水的接缝宽度宜为5~30mm，接缝深度可取接缝宽度的0.5~0.7倍。

8.3.3 密封材料品种选择应符合下列规定：

1 根据当地历年最高气温、最低气温、屋面构造特点和使用条件等因素，应选择耐热度、柔性相适应的密封材料；

2 根据屋面接缝位移的大小和特征，应选择位移能力相适应的密封材料。

8.3.4 接缝处的密封材料底部应设置背衬材料，背衬材料宽度应比接缝宽度大20%，嵌入深度应为密封材料的设计厚度。背衬材料应选择与密封材料不粘结或粘结力弱的材料；采用热灌法施工时，应选用耐热性好的背衬材料。

8.3.5 密封防水处理连接部位的基层，应涂刷基层处理剂；基层处理剂应选用与密封材料材性相容的材料。

8.3.6 接缝部位外露的密封材料上应设置保护层。

8.4 细部构造

8.4.1 结构层板缝中浇灌的细石混凝土上应填放背衬材料，上部嵌填密封材料，并应设置保护层。

8.4.2 天沟、檐沟节点密封防水处理，应符合本规范第5.4.1条的规定。

8.4.3 檐口、泛水卷材收头节点密封防水处理；应符合本规范第5.4.2条和第5.4.3条的规定。

8.4.4 水落口节点密封防水处理，应符合本规范第5.4.5条3款的规定。

8.4.5 伸出屋面管道根部节点密封防水处理，应符合本规范第5.4.8条的规定。

8.4.6 刚性防水屋面密封防水处理，应符合本规范第7.4.1条至第7.4.5条的规定。

8.5 改性石油沥青密封材料防水施工

8.5.1 密封防水施工前，应检查接缝尺寸，符合设计要求后，方可进行下道工序施工。

8.5.2 背衬材料的嵌入可使用专用压轮，压轮的深度应为密封材料的设计厚度，嵌入时背衬材料的搭接缝及其与缝壁间不得留有空隙。

8.5.3 基层处理剂应配比准确，搅拌均匀。采用多组分基层处理剂时，应根据有效时间确定使用量。

基层处理剂的涂刷宜在铺放背衬材料后进行，涂刷应均匀，不得漏涂。待基层处理剂表干后，应立即嵌填密封材料。

8.5.4 改性石油沥青密封材料防水施工应符合下列规定：

1 采用热灌法施工时，应由下向上进行，尽量减少接头。垂直于屋脊的板缝宜先浇灌，同时在纵横交叉处宜沿平行于屋脊的两侧板缝各延伸浇灌150mm，并留成斜槎。密封材料熬制及浇灌温度应按不同材料要求严格控制。

2 采用冷嵌法施工时，应先将少量密封材料批刮在缝槽两侧，分次将密封材料嵌填在缝内，并防止裹入空气。接头应采用斜槎。

8.5.5 改性石油沥青密封材料，严禁在雨天、雪天施工；五级风及其以上时不得施工；施工环境气温宜为0~35℃。

8.6 合成高分子密封材料防水施工

8.6.1 密封防水施工前，接缝尺寸的检查应符合本规范第8.5.1条的规定。

8.6.2 背衬材料的嵌入，应符合本规范第8.5.2条的规定。

8.6.3 基层处理剂的配制、涂刷和开始嵌缝时间，应符合本规范第8.5.3条的规定。

8.6.4 合成高分子密封材料防水施工应符合下列规定：

1 单组分密封材料可直接使用。多组分密封材料应根据规定的比例准确计量，拌合均匀。每次拌合量、拌合时间和拌合温度，应按所用密封材料的要求严格控制。

2 密封材料可使用挤出枪或腻子刀嵌填，嵌填应饱满，不得有气泡和孔洞。

3 采用挤出枪嵌填时，应根据接缝的宽度选用口径合适的挤出嘴，均匀挤出密封材料嵌填，并由底部逐渐充满整个接缝。

4 一次嵌填或分次嵌填应根据密封材料的性能确定。

5 采用腻子刀嵌填时，应符合本规范第8.5.4条2款的规定。

6 密封材料嵌填后，应在表干前用腻子刀进行修整。

7 多组分密封材料拌合后，应在规定时间内用完，未混合的多组分密封材料和未用完的单组分密封材料应密封存放。

8 嵌填的密封材料表干后，方可进行保护层施工。

8.6.5 合成高分子密封材料，严禁在雨天或雪天施工；五级风及其以上时不得施工；溶剂型密封材料施工环境气温宜为0～35℃，乳胶型及反应固化型密封材料施工环境气温宜为5～35℃。

9　保温隔热屋面

9.1　一般规定

9.1.1　保温隔热屋面适用于具有保温隔热要求的屋面工程。当屋面防水等级为Ⅰ级、Ⅱ级时，不宜采用蓄水屋面。

屋面保温可采用板状材料或整体现喷保温层，屋面隔热可采用架空、蓄水、种植等隔热层。

9.1.2　封闭式保温层的含水率，应相当于该材料在当地自然风干状态下的平衡含水率。

9.1.3　架空屋面宜在通风较好的建筑物上采用；不宜在寒冷地区采用。

9.1.4　蓄水屋面不宜在寒冷地区、地震地区和振动较大的建筑物上采用。

9.1.5　种植屋面应根据地域、气候、建筑环境、建筑功能等条件，选择相适应的屋面构造形式。

9.1.6　当保温隔热屋面的基层为装配式钢筋混凝土板时，板缝处理应符合本规范第4.2.1条的规定。

9.1.7　对正在施工或施工完的保温隔热层应采取保护措施。

9.2　材料要求

9.2.1　板状保温材料的质量应符合表9.2.1的要求。

表9.2.1　板状保温材料质量要求

项　　目	质量要求					
	聚苯乙烯泡沫塑料		硬质聚氨酯泡沫塑料	泡沫玻璃	加气混凝土类	膨胀珍珠岩类
	挤压	模压				
表观密度（kg/m^3）	—	15～30	≥30	≥150	400～600	200～350
压缩强度（kPa）	≥250	60～150	≥150	—	—	—
抗压强度（MPa）	—	—	—	≥0.4	≥2.0	≥0.3
导热系数（W/m·K）	≤0.030	≤0.041	≤0.027	≤0.062	≤0.220	≤0.087
70℃，48h后尺寸变化率（%）	≤2.0	≤4.0	≤5.0	—	—	—
吸水率（v/v,%）	≤1.5	≤6.0	≤3.0	≤0.5	—	—
外　　观	板材表面基本平整，无严重凹凸不平					

9.2.2　现喷硬质聚氨酯泡沫塑料的表观密度宜为35～40kg/m^3，导热系数小于0.030W/m·K，压缩强度大于150kPa，闭孔率大于92%。

9.2.3　架空隔热制品及其支座材料的质量应符合设计要求及有关材料标准。

9.2.4　蓄水屋面应采用刚性防水层，或在卷材、涂膜防水层上再做刚性复合防水层；卷材、涂膜防水层应采用耐腐蚀、耐霉烂、耐穿刺性能好的材料。

9.2.5 种植屋面的防水层应采用耐腐蚀、耐霉烂、防植物根系穿刺、耐水性好的防水材料；卷材、涂膜防水层上部应设置刚性保护层。

9.2.6 进场的保温隔热材料抽样数量，应按使用的数量确定，同一批材料至少应抽样一次。

9.2.7 进场后的保温隔热材料物理性能应检验下列项目：

1 板状保温材料：表观密度，压缩强度，抗压强度；

2 现喷硬质聚氨酯泡沫塑料应先在试验室试配，达到要求后再进行现场施工。

9.2.8 保温隔热材料的贮运、保管应符合下列规定：

1 保温材料应采取防雨、防潮的措施，并应分类堆放，防止混杂；

2 板状保温材料在搬运时应轻放，防止损伤断裂、缺棱掉角，保证板的外形完整。

9.3 设计要点

9.3.1 保温隔热屋面的类型和构造设计，应根据建筑物的使用要求、屋面的结构形式、环境气候条件、防水处理方法和施工条件等因素，经技术经济比较确定。

9.3.2 保温层厚度设计应根据所在地区按现行建筑节能设计标准计算确定。

9.3.3 保温层的构造应符合下列规定：

1 保温层设置在防水层上部时，保温层的上面应做保护层；

2 保温层设置在防水层下部时，保温层的上面应做找平层；

3 屋面坡度较大时，保温层应采取防滑措施；

4 吸湿性保温材料不宜用于封闭式保温层，当需要采用时应符合本规范第5.3.4条的规定。

9.3.4 架空屋面的设计应符合下列规定：

1 架空屋面的坡度不宜大于5%；

2 架空隔热层的高度，应按屋面宽度或坡度大小的变化确定；

3 当屋面宽度大于10m时，架空屋面应设置通风屋脊；

4 架空隔热层的进风口，宜设置在当地炎热季节最大频率风向的正压区，出风口宜设置在负压区。

9.3.5 蓄水屋面的设计应符合下列规定：

1 蓄水屋面的坡度不宜大于0.5%；

2 蓄水屋面应划分为若干蓄水区，每区的边长不宜大于10m，在变形缝的两侧应分成两个互不连通的蓄水区；长度超过40m的蓄水屋面应设分仓缝，分仓隔墙可采用混凝土或砖砌体；

3 蓄水屋面应设排水管、溢水口和给水管，排水管应与水落管或其他排水出口连通；

4 蓄水屋面的蓄水深度宜为150～200mm；

5 蓄水屋面泛水的防水层高度，应高出溢水口100mm；

6 蓄水屋面应设置人行通道。

9.3.6 种植屋面的设计应符合下列规定：

1 在寒冷地区应根据种植屋面的类型，确定是否设置保温层。保温层的厚度，应根据屋面的热工性能要求，经计算确定。

2 种植屋面所用材料及植物等应符合环境保护要求。

3 种植屋面根据植物及环境布局的需要，可分区布置，也可整体布置。分区布置应设挡墙（板），其形式应根据需要确定。

4 排水层材料应根据屋面功能、建筑环境、经济条件等进行选择。

5 介质层材料应根据种植植物的要求，选择综合性能良好的材料。介质层厚度应根据不同介质和植物种类等确定。

6 种植屋面可用于平屋面或坡屋面。屋面坡度较大时，其排水层、种植介质应采取防滑措施。

9.3.7 倒置式屋面的设计应符合下列规定：

1 倒置式屋面坡度不宜大于3%；

2 倒置式屋面的保温层，应采用吸水率低且长期浸水不腐烂的保温材料；

3 保温层可采用干铺或粘贴板状保温材料，也可采用现喷硬质聚氨酯泡沫塑料；

4 保温层的上面采用卵石保护层时，保护层与保温层之间应铺设隔离层；

5 现喷硬质聚氨酯泡沫塑料与涂料保护层间应具相容性；

6 倒置式屋面的檐沟、水落口等部位，应采用现浇混凝土或砖砌堵头，并做好排水处理。

9.4 细部构造

9.4.1 保温屋面在与室内空间有关联的天沟、檐沟处，均应铺设保温层；天沟、檐沟、檐口与屋面交接处，屋面保温层的铺设应延伸到墙内，其伸入的长度不应小于墙厚的1/2。

9.4.2 屋面的排汽出口应埋设排汽管，排汽管宜设置在结构层上，穿过保温层及排汽道的管壁四周应打排汽孔，排汽管应做防水处理（图9.4.2-1和图9.4.2-2）。

9.4.3 架空屋面的架空隔热层高度宜为180～300mm，架空板与女儿墙的距离不宜小于250mm（图9.4.3）。

9.4.4 倒置式屋面的保温层上面，可采用块体材料、水泥砂浆或卵石做保护层；卵石保护层与保温层之间应铺设聚酯纤维无纺布或纤维织物进行隔离保护。（图9.4.4-1和图9.4.4-2）。

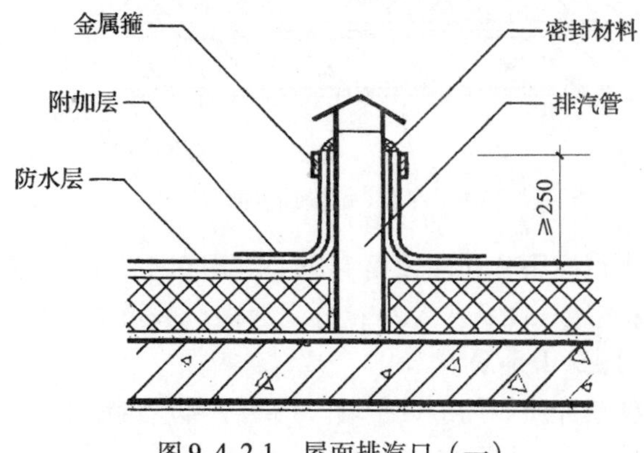

图9.4.2-1 屋面排汽口（一）

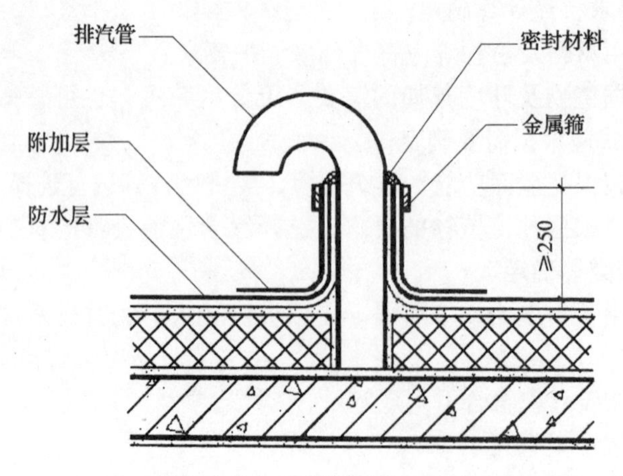

图 9.4.2-2 屋面排汽口（二）

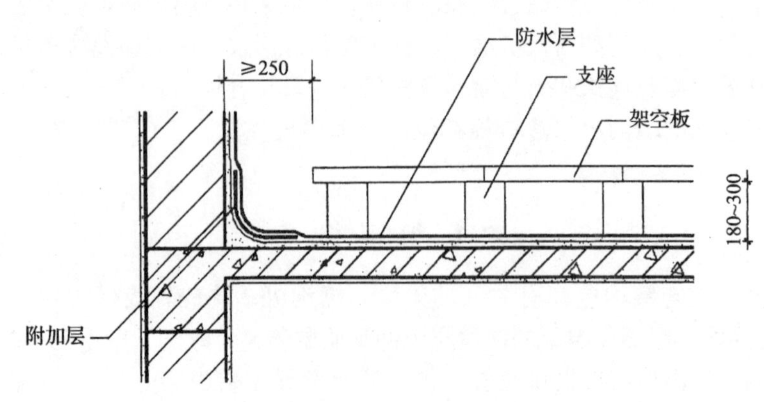

图 9.4.3 架空屋面

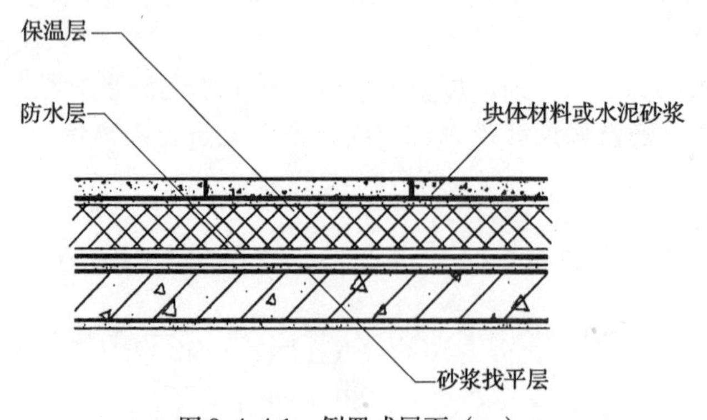

图 9.4.4-1 倒置式屋面（一）

9.4.5 蓄水屋面的溢水口应距分仓墙顶面 100mm（图 9.4.5-1）；过水孔应设在分仓墙底部，排水管应与水落管连通（图 9.4.5-2）；分仓缝内应嵌填泡沫塑料，上部用卷材封盖，然后加扣混凝土盖板（图 9.4.5-3）。

9.4.6 种植屋面上的种植介质四周应设挡墙，挡墙下部应设泄水孔（图 9.4.6）。

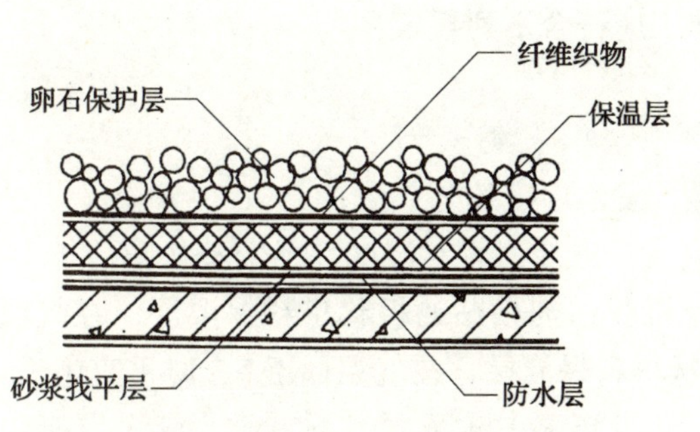

图 9.4.4-2 倒置式屋面（二）

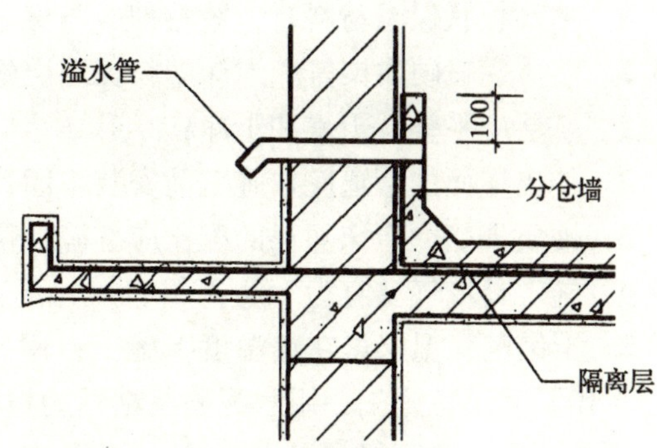

图 9.4.5-1 蓄水屋面溢水口

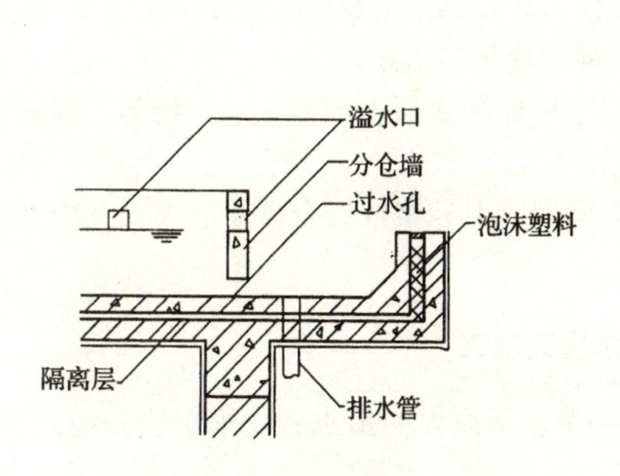

图 9.4.5-2 蓄水屋面排水管、过水孔

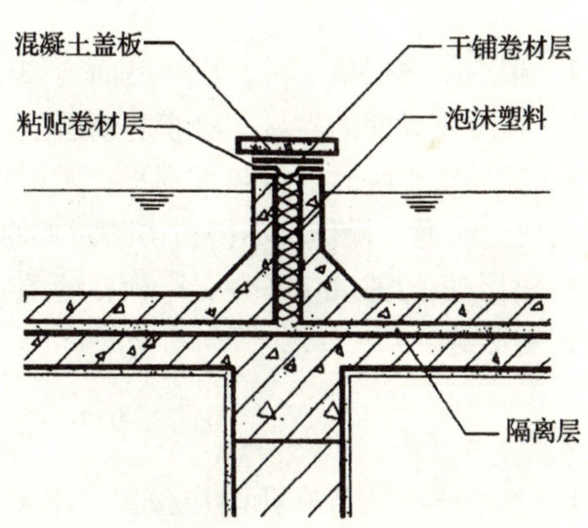

图 9.4.5-3 蓄水屋面分仓缝

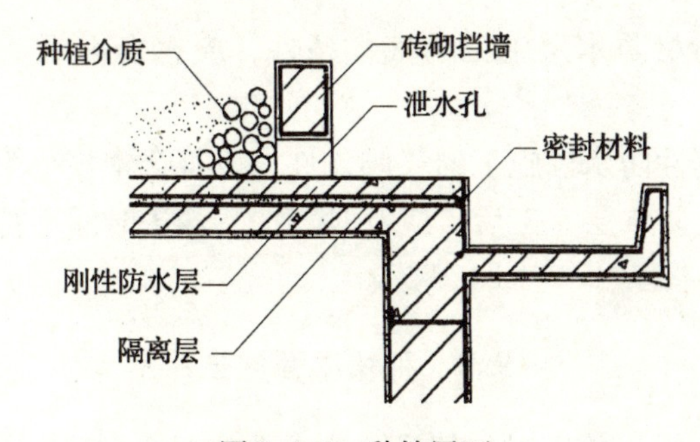

图 9.4.6 种植屋面

9.5 保温层施工

9.5.1 板状材料保温层施工应符合下列规定：

1 基层应平整、干燥和干净；

2 干铺的板状保温材料，应紧靠在需保温的基层表面上，并应铺平垫稳；

3 分层铺设的板块上下层接缝应相互错开，板间缝隙应采用同类材料嵌填密实；

4 粘贴板状保温材料时，胶粘剂应与保温材料材性相容，并应贴严、粘牢。

9.5.2 整体现喷硬质聚氨酯泡沫塑料保温层施工应符合下列规定：

1 基层应平整、干燥和干净；

2 伸出屋面的管道应在施工前安装牢固；

3 硬质聚氨酯泡沫塑料的配比应准确计量，发泡厚度均匀一致；

4 施工环境气温宜为15~30℃，风力不宜大于三级，相对湿度宜小于85%。

9.5.3 干铺的保温层可在负温度下施工；用有机胶粘剂粘贴的板状材料保温层，在气温低于-10℃时不宜施工；用水泥砂浆粘贴的板状材料保温层，在气温低于5℃时不宜施工。

雨天、雪天和五级风及其以上时不得施工；当施工中途下雨、下雪时，应采取遮盖措施。

9.6 架空屋面施工

9.6.1 架空隔热层施工时，应将屋面清扫干净，并根据架空板的尺寸弹出支座中线。

9.6.2 在支座底面的卷材、涂膜防水层上，应采取加强措施。

9.6.3 铺设架空板时应将灰浆刮平，随时扫净屋面防水层上的落灰、杂物等，保证架空隔热层气流畅通。操作时不得损伤已完工的防水层。

9.6.4 架空板的铺设应平整、稳固；缝隙宜采用水泥砂浆或混合砂浆嵌填，并应按设计要求留变形缝。

9.7 蓄水屋面施工

9.7.1 蓄水屋面的所有孔洞应预留，不得后凿。所设置的给水管、排水管和溢水管等，应在防水层施工前安装完毕。

9.7.2 每个蓄水区的防水混凝土应一次浇筑完毕，不得留施工缝；立面与平面的防水层应同时做好。

9.7.3 蓄水屋面采用卷材防水层施工的气候条件，应符合本规范第5.6.8条和第5.7.7条的规定。

9.7.4 蓄水屋面采用刚性防水层施工的气候条件，应符合本规范第7.1.9条的规定。

9.7.5 蓄水屋面的刚性防水层完工后，应及时养护，养护时间不得少于14d。蓄水后不得断水。

9.8 种植屋面施工

9.8.1 种植屋面挡墙（板）施工时，留设的泄水孔位置应准确，并不得堵塞。

9.8.2 施工完的防水层，应按相关材料特性进行养护，并进行蓄水或淋水试验。平屋面宜进行蓄水试验，其蓄水时间不应少于24h；坡屋面宜进行淋水试验。

9.8.3 经蓄水或淋水试验合格后，应尽快进行介质铺设及种植工作。介质层材料和种植植物的质（重）量应符合设计要求，介质材料、植物等应均匀堆放，并不得损坏防水层。

9.8.4 植物的种植时间，应根据植物对气候条件的要求确定。

9.9 倒置式屋面施工

9.9.1 施工完的防水层，应进行蓄水或淋水试验，合格后方可进行保温层的铺设。

9.9.2 板状保温材料的铺设应平稳，拼缝应严密。

9.9.3 保护层施工时，应避免损坏保温层和防水层。

9.9.4 当保护层采用卵石铺压时，卵石的质（重）量应符合设计规定。

10 瓦 屋 面

10.1 一 般 规 定

10.1.1 平瓦屋面适用于防水等级为Ⅱ级、Ⅲ级、Ⅳ级的屋面防水，油毡瓦屋面适用于防水等级为Ⅱ级、Ⅲ级的屋面防水，金属板材屋面适用于防水等级为Ⅰ级、Ⅱ级、Ⅲ级的屋面防水。

10.1.2 平瓦、油毡瓦可铺设在钢筋混凝土或木基层上，金属板材可直接铺设在檩条上。

10.1.3 平瓦、油毡瓦屋面与山墙及突出屋面结构的交接处，均应做泛水处理。

10.1.4 在大风或地震地区，应采取措施使瓦与屋面基层固定牢固。

10.1.5 瓦屋面严禁在雨天或雪天施工，五级风及其以上时不得施工。油毡瓦的施工环境气温宜为5～35℃。

10.1.6 瓦屋面完工后，应避免屋面受物体冲击。严禁任意上人或堆放物件。

10.2 材 料 要 求

10.2.1 平瓦及其脊瓦的质量及贮运、保管应符合下列规定：

1 平瓦及其脊瓦应边缘整齐，表面光洁，不得有分层、裂纹和露砂等缺陷，平瓦的瓦爪与瓦槽的尺寸应准确；

2 平瓦运输时应轻拿轻放，不得抛扔、碰撞，进入现场后应堆垛整齐。

10.2.2 油毡瓦的质量及贮运、保管应符合下列规定：

1 油毡瓦应边缘整齐，切槽清晰，厚薄均匀，表面无孔洞、楞伤、裂纹、折皱和起泡等缺陷；

2 油毡瓦应在环境温度不高于45℃的条件下保管，避免雨淋、日晒、受潮，并应注意通风和避免接近火源。

10.2.3 金属板材的质量及贮运、保管应符合下列规定：

1 金属板材应边缘整齐，表面光滑，色泽均匀，外形规则，不得有扭翘、脱膜和锈蚀等缺陷；

2 金属板材堆放地点宜选择在安装现场附近，堆放场地应平坦、坚实且便于排除地面水。

10.2.4 各种瓦的规格和技术性能，应符合国家现行标准的要求。进场后应进行外观检验，并按有关规定进行抽样复验。

10.3 设 计 要 点

10.3.1 平瓦单独使用时，可用于防水等级为Ⅲ级、Ⅳ级的屋面防水；平瓦与防水卷材或防水涂膜复合使用时，可用于防水等级为Ⅱ级、Ⅲ级的屋面防水。

油毡瓦单独使用时，可用于防水等级为Ⅲ级的屋面防水；油毡瓦与防水卷材或防水涂膜复合使用时，可用于防水等级为Ⅱ级的屋面防水。

金属板材应根据屋面防水等级选择性能相适应的板材。

10.3.2 具有保温隔热的平瓦、油毡瓦屋面，保温层可设置在钢筋混凝土结构基层的上部；金属板材屋面的保温层可选用复合保温板材等形式。

10.3.3 瓦屋面的排水坡度，应根据屋架形式、屋面基层类别、防水构造形式、材料性能以及当地气候条件等因素，经技术经济比较后确定，并宜符合表10.3.3的规定。

表10.3.3 瓦屋面的排水坡度（%）

材料种类	屋面排水坡度
平 瓦	≥20
油毡瓦	≥20
金属板材	≥10

10.3.4 基层与突出屋面结构的交接处以及屋面的转角处，应绘出细部构造详图。

10.3.5 当平瓦屋面坡度大于50%或油毡瓦屋面坡度大于150%时，应采取固定加强措施。

10.3.6 平瓦屋面应在基层上面先铺设一层卷材，其搭接宽度不宜小于100mm，并用顺水条将卷材压钉在基层上；顺水条的间距宜为500mm，再在顺水条上铺钉挂瓦条。

10.3.7 平瓦可采用在基层上设置泥背的方法铺设，泥背厚度宜为30~50mm。

10.3.8 油毡瓦屋面应在基层上面先铺设一层卷材，卷材铺设在木基层上时，可用油毡钉固定卷材；卷材铺设在混凝土基层上时，可用水泥钉固定卷材。

10.3.9 天沟、檐沟的防水层，可采用防水卷材或防水涂膜，也可采用金属板材。

10.4 细部构造

10.4.1 平瓦屋面的瓦头挑出封檐的长度宜为50~70mm（图10.4.1-1和图10.4.1-2），油毡瓦屋面的檐口应设金属滴水板（图10.4.1-3和图10.4.1-4）。

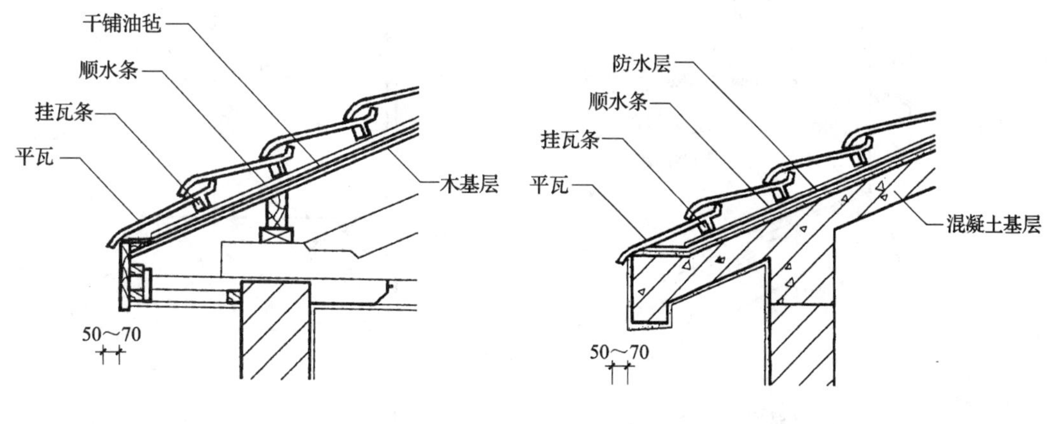

图10.4.1-1 平瓦屋面檐口（一）　　图10.4.1-2 平瓦屋面檐口（二）

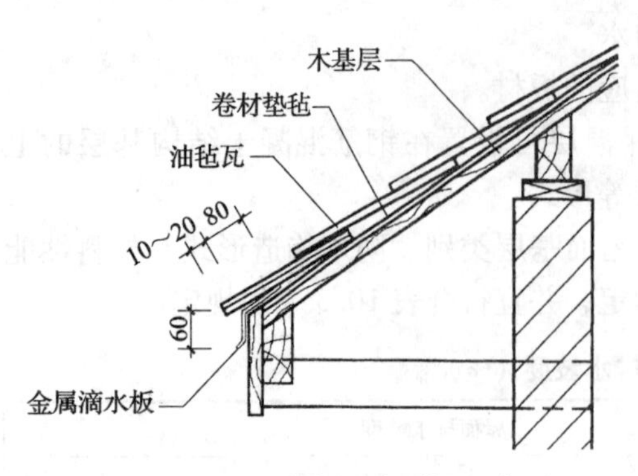

图 10.4.1-3　油毡瓦屋面檐口（一）

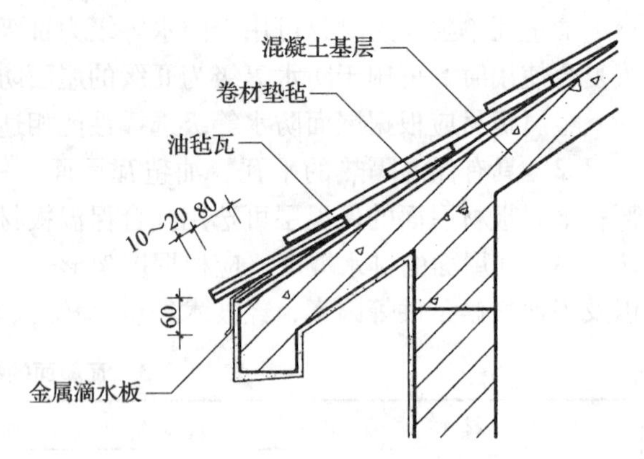

图 10.4.1-4　油毡瓦屋面檐口（二）

10.4.2　平瓦屋面的泛水，宜采用聚合物水泥砂浆或掺有纤维的混合砂浆分次抹成；烟囱与屋面的交接处，在迎水面中部应抹出分水线，并应高出两侧各 30mm（图 10.4.2-1）。油毡瓦屋面和金属板材屋面的泛水板，与突出屋面的墙体搭接高度不应小于 250mm（图 10.4.2-2 和图 10.4.2-3）。

10.4.3　平瓦伸入天沟、檐沟的长度宜为 50~70mm（图 10.4.3-1）；檐口油毡瓦与卷材之间，应采用满粘法铺贴（图 10.4.3-2）。

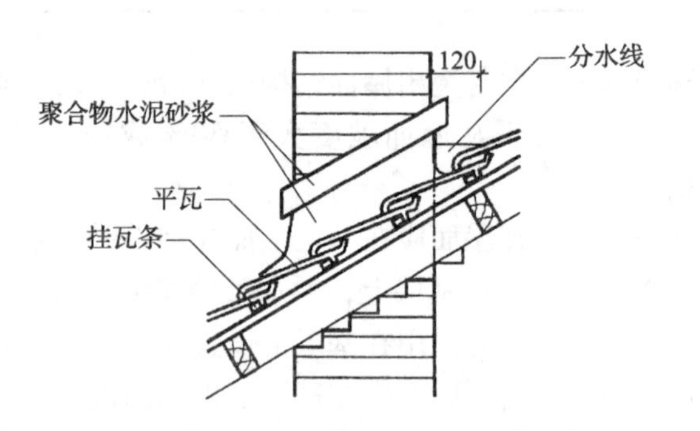

图 10.4.2-1　平瓦屋面烟囱泛水

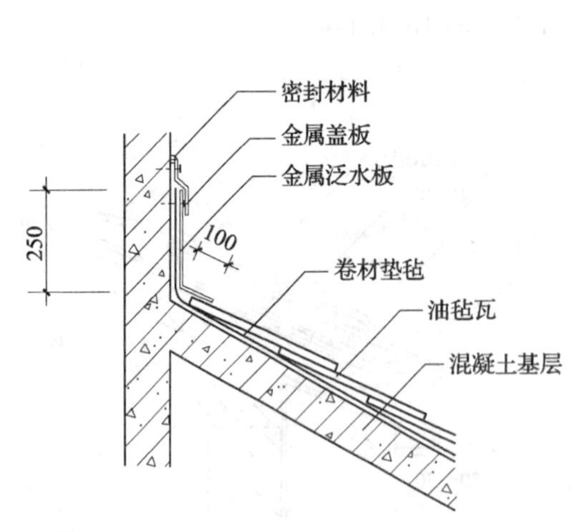

图 10.4.2-2　油毡瓦屋面泛水

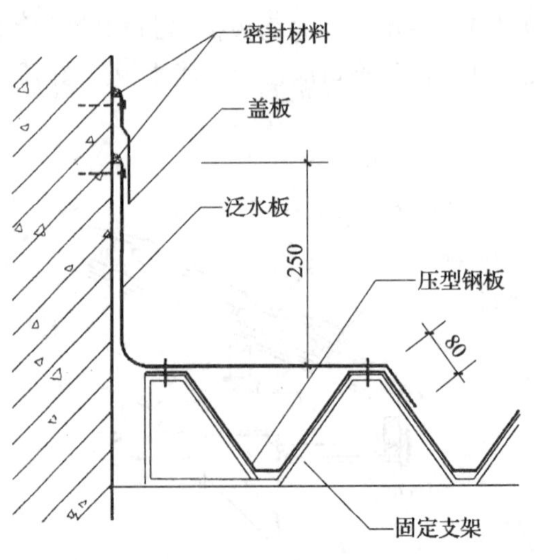

图 10.4.2-3　压型钢板屋面泛水

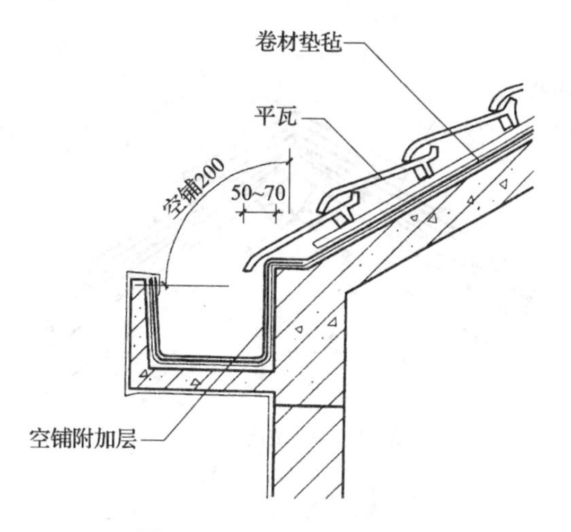

图 10.4.3-1　平瓦屋面檐沟

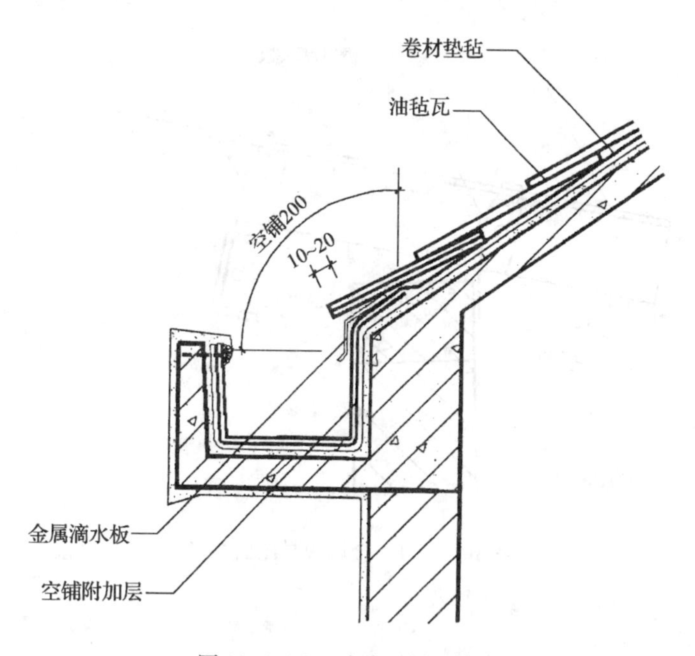

图 10.4.3-2　油毡瓦屋面檐沟

10.4.4　平瓦屋面的脊瓦下端距坡面瓦的高度不宜大于 80mm，脊瓦在两坡面瓦上的搭盖宽度，每边不应小于 40mm。油毡瓦屋面的脊瓦在两坡面瓦上的搭盖宽度，每边不应小于 150mm（图 10.4.4）。

10.4.5　金属板材屋面檐口挑出的长度不应小于 200mm（图 10.4.5-1）；屋面脊部应用金属屋脊盖板，并在屋面板端头设置泛水挡水板和泛水堵头板（图 10.4.5-2）。

10.4.6　平瓦、油毡瓦屋面与屋顶窗交接处，应采用金属排水板、窗框固定铁角、窗口防水卷材、支瓦条等连接（图 10.4.6-1 和图 10.4.6-2）。

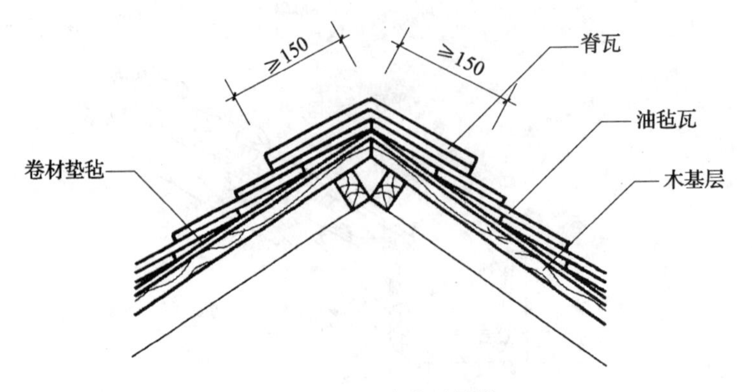

图 10. 4. 4　油毡瓦屋脊

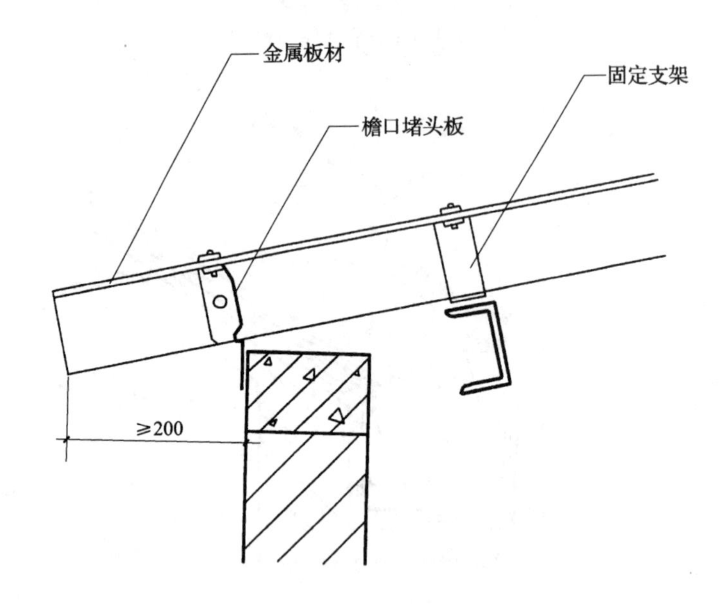

图 10. 4. 5-1　金属板材屋面檐口

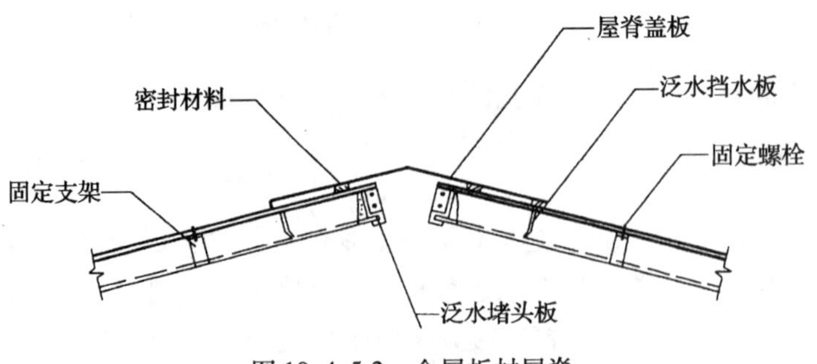

图 10. 4. 5-2　金属板材屋脊

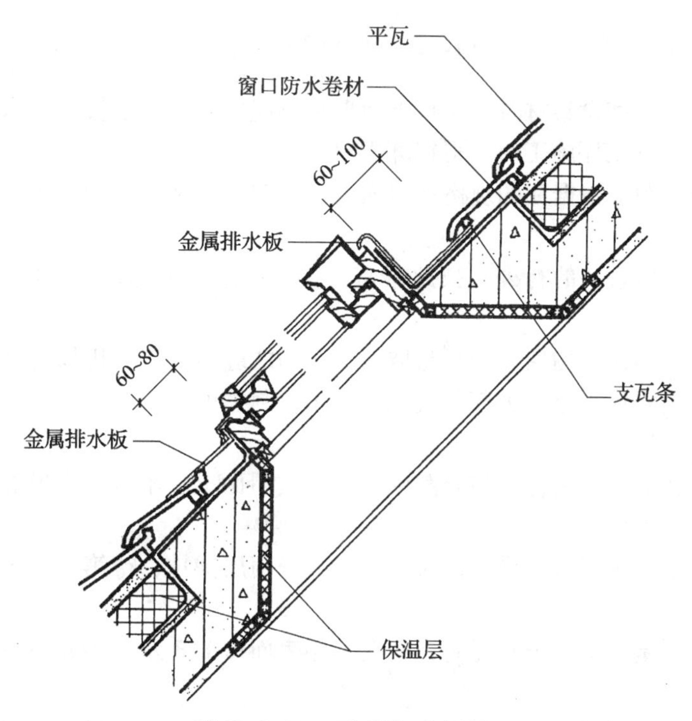

图 10.4.6-1　平瓦屋面屋顶窗

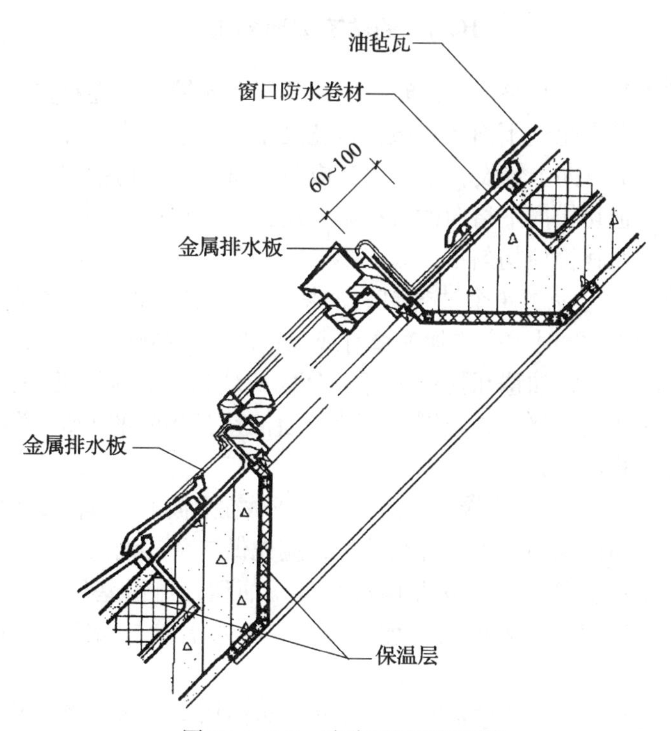

图 10.4.6-2　油毡瓦屋面屋顶窗

10.5 平瓦屋面施工

10.5.1 在木基层上铺设卷材时，应自下而上平行屋脊铺贴，搭接顺流水方向。卷材铺设时应压实铺平，上部工序施工时不得损坏卷材。

10.5.2 挂瓦条间距应根据瓦的规格和屋面坡长确定。挂瓦条应铺钉平整、牢固，上棱应成一直线。

10.5.3 平瓦应铺成整齐的行列，彼此紧密搭接，并应瓦榫落槽，瓦脚挂牢，瓦头排齐，檐口应成一直线。

10.5.4 脊瓦搭盖间距应均匀；脊瓦与坡面瓦之间的缝隙，应采用掺有纤维的混合砂浆填实抹平；屋脊和斜脊应平直，无起伏现象。沿山墙封檐的一行瓦，宜用1∶2.5的水泥砂浆做出坡水线将瓦封固。

10.5.5 铺设平瓦时，平瓦应均匀分散堆放在两坡屋面上，不得集中堆放。铺瓦时，应由两坡从下向上同时对称铺设。

10.5.6 在基层上采用泥背铺设平瓦时，泥背应分两层铺抹，待第一层干燥后再铺抹第二层，并随铺平瓦。

10.5.7 在混凝土基层上铺设平瓦时，应在基层表面抹1∶3水泥砂浆找平层，钉设挂瓦条挂瓦。

当设有卷材或涂膜防水层时，防水层应铺设在找平层上；当设有保温层时，保温层应铺设在防水层上。

10.6 油毡瓦屋面施工

10.6.1 油毡瓦的木基层应平整。铺设时，应在基层上先铺一层卷材垫毡，从檐口往上用油毡钉铺钉，钉帽应盖在垫毡下面，垫毡搭接宽度不应小于50mm。

10.6.2 油毡瓦应自檐口向上铺设，第一层瓦应与檐口平行，切槽向上指向屋脊；第二层瓦应与第一层叠合，但切槽向下指向檐口；第三层瓦应压在第二层上，并露出切槽。相邻两层油毡瓦，其拼缝及瓦槽应均匀错开。

10.6.3 每片油毡瓦不应少于4个油毡钉，油毡钉应垂直钉入，钉帽不得外露油毡瓦表面。当屋面坡度大于150%时，应增加油毡钉或采用沥青胶粘贴。

10.6.4 铺设脊瓦时，应将油毡瓦切槽剪开，分成四块做为脊瓦，并用两个油毡钉固定；脊瓦应顺年最大频率风向搭接，并应搭盖住两坡面油毡瓦接缝的1/3；脊瓦与脊瓦的压盖面，不应小于脊瓦面积的1/2。

10.6.5 屋面与突出屋面结构的交接处，油毡瓦应铺贴在立面上，其高度不应小于250mm。

在屋面与突出屋面的烟囱、管道等交接处，应先做二毡三油防水层，待铺瓦后再用高聚物改性沥青卷材做单层防水。在女儿墙泛水处，油毡瓦可沿基层与女儿墙的八字坡铺贴，并用镀锌薄钢板覆盖，钉入墙内预埋木砖上；泛水上口与墙间的缝隙应用密封材料封严。

10.6.6 在混凝土基层上铺设油毡瓦时，应在基层表面抹1∶3水泥砂浆找平层，按本规范第10.6.1条至第10.6.5条的规定，铺设卷材垫毡和油毡瓦。

当与卷材或涂膜防水层复合使用时，防水层应铺设在找平层上，防水层上再做细石混凝土找平层，然后铺设卷材垫毡和油毡瓦。

当设有保温层时，保温层应铺设在防水层上，保温层上再做细石混凝土找平层，然后铺设卷材垫毡和油毡瓦。

10.7 金属板材屋面施工

10.7.1 金属板材应用专用吊具吊装，吊装时不得损伤金属板材。

10.7.2 金属板材应根据板型和设计的配板图铺设；铺设时，应先在檩条上安装固定支架，板材和支架的连接，应按所采用板材的质量要求确定。

10.7.3 铺设金属板材屋面时，相邻两块板应顺年最大频率风向搭接；上下两排板的搭接长度，应根据板型和屋面坡长确定，并应符合板型的要求，搭接部位用密封材料封严；对接拼缝与外露钉帽应做密封处理。

10.7.4 天沟用金属板材制作时，应伸入屋面金属板材下不小于100mm；当有檐沟时，屋面金属板材应伸入檐沟内，其长度不应小于50mm；檐口应用异型金属板材的堵头封檐板；山墙应用异型金属板材的包角板和固定支架封严。

10.7.5 每块泛水板的长度不宜大于2m，泛水板的安装应顺直；泛水板与金属板材的搭接宽度，应符合不同板型的要求。

附录A　屋面工程建筑材料标准目录

A.0.1　现行建筑防水材料标准应按表A.0.1的规定选用。

表A.0.1　现行建筑防水材料标准

类　别	标准名称	标　准　号
沥青和改性沥青防水卷材	1. 石油沥青纸胎油毡、油纸	GB 326—89
	2. 石油沥青玻璃纤维胎油毡	GB/T 14686—93
	3. 石油沥青玻璃布胎油毡	JC/T 84—1996
	4. 铝箔面油毡	JC 504—92（1996）
	5. 改性沥青聚乙烯胎防水卷材	GB 18967—2003
	6. 沥青复合胎柔性防水卷材	JC/T 690—1998
	7. 自粘橡胶沥青防水卷材	JC 840—1999
	8. 弹性体改性沥青防水卷材	GB 18242—2000
	9. 塑性体改性沥青防水卷材	GB 18243—2000
	10. 自粘聚合物改性沥青聚酯胎防水卷材	JC 898—2002
高分子防水卷材	1. 聚氯乙烯防水卷材	GB 12952—2003
	2. 氯化聚乙烯防水卷材	GB 12953—2003
	3. 氯化聚乙烯一橡胶共混防水卷材	JC/T 684—1997
	4. 高分子防水材料（第一部分片材）	GB 18173.1—2000
	5. 高分子防水卷材胶粘剂	JC 863—2000
防水涂料	1. 水性沥青基防水涂料	JC 408—91（1996）
	2. 聚氨酯防水涂料	GB/T 19250—2003
	3. 溶剂型橡胶沥青防水涂料	JC/T 852—1999
	4. 聚合物乳液建筑防水涂料	JC/T 864—2000
	5. 聚合物水泥防水涂料	JC/T 894—2001
密封材料	1. 聚氨酯建筑密封膏	JC/T 482—92（1996）
	2. 聚硫建筑密封膏	JC/T 483—92（1996）
	3. 丙烯酸酯建筑密封膏	JC/T 484—92（1996）
	4. 硅酮建筑密封膏	GB/T 14683—93
	5. 建筑防水沥青嵌缝油膏	JC/T 207—1996
	6. 混凝土建筑接缝用密封胶	JC/T 881—2001
刚性防水材料	1. 砂浆、混凝土防水剂	JC 474—92（1999）
	2. 混凝土膨胀剂	JC 476—2001
	3. 水泥基渗透结晶型防水材料	GB 18445—2001
瓦	1. 油毡瓦	JC/T 503—92（1996）
	2. 烧结瓦	JC 709—1998
	3. 混凝土瓦	JC 746—1999

续表 A.0.1

类　别	标 准 名 称	标 准 号
防水材料试验方法	1. 沥青防水卷材试验方法 2. 建筑胶粘剂通用试验方法 3. 建筑密封材料试验方法 4. 建筑防水涂料试验方法 5. 建筑防水材料老化试验方法	GB 328—89 GB/T 12954—91 GB/T 13477—92 GB/T 16777—1997 GB/T 18244—2000

A.0.2 现行建筑保温隔热材料标准应按表 A.0.2 的规定选用。

表 A.0.2 现行建筑保温隔热材料标准

类　别	标 准 名 称	标 准 号
保温隔热材料	1. 建筑物隔热用硬质聚氨酯泡沫塑料 2. 膨胀珍珠岩绝热制品 3. 膨胀蛭石制品 4. 泡沫玻璃绝热制品 5. 绝热用模塑聚苯乙烯泡沫塑料 6. 绝热用挤塑聚苯乙烯泡沫塑料（XPS）	GB 10800—89 GB/T 10303—2001 JC 442—91（1996） JC/T 647—1996 GB/T 10801.1—2002 GB/T 10801.2—2002
保温隔热材料试验方法	1. 保温材料憎水性试验方法 2. 硬质泡沫塑料试验方法 3. 加气混凝土导热系数试验方法 4. 膨胀珍珠岩绝热制品试验方法 5. 塑料燃烧性能试验方法 6. 无机硬质绝热制品试验方法	GB 10299—89 GB/T 8810—8813—88 JC 275—80（1996） GB 5486—85 GB/T 2406—93 GB/T 5486—2001

附录B 沥青玛瑶脂的选用、调制和试验

B.1 标号的选用及技术性能

B.1.1 粘贴各层卷材、粘结绿豆砂保护层的沥青玛瑶脂标号，应根据屋面的使用条件、坡度和当地历年极端最高气温，按表B.1.1的规定选用。

表B.1.1 沥青玛瑶脂选用标号

材料名称	屋面坡度	历年极端最高气温	沥青玛瑶脂标号
沥青玛瑶脂	1%～3%	小于38℃ 38～41℃ 41～45℃	S-60 S-65 S-70
	3%～15%	小于38℃ 38～41℃ 41～45℃	S-65 S-70 S-75
	15%～25%	小于38℃ 38～41℃ 41～45℃	S-75 S-80 S-85

注：1 卷材层上有块体保护层或整体刚性保护层，沥青玛瑶脂标号可按表B.1.1降低5号；

2 屋面受其他热源影响（如高温车间等）或屋面坡度超过25%时，应将沥青玛瑶脂的标号适当提高。

B.1.2 沥青玛瑶脂的质量要求，应符合表B.1.2的规定。

表B.1.2 沥青玛瑶脂的质量要求

指标名称＼标号	S-60	S-65	S-70	S-75	S-80	S-85
耐热度	用2mm厚的沥青玛瑶脂粘合两张沥青油纸，应不低于下列温度（℃）中，1∶1坡度上停放5h的沥青玛瑶脂不应流淌，油纸不应滑动					
	60	65	70	75	80	85
柔韧性	涂在沥青油纸上的2mm厚的沥青玛瑶脂层，在18±2℃时，围绕下列直径（mm）的圆棒，用2s的时间以均衡速度弯成半周，沥青玛瑶脂不应有裂纹					
	10	15	15	20	25	30
粘结力	用手将两张粘贴在一起的油纸慢慢地一次撕开，从油纸和沥青玛瑶脂的粘贴面的任何一面的撕开部分，应不大于粘贴面积的1/2					

B.2 配合成分

B.2.1 配制沥青玛𤧛脂用的沥青，可采用10号、30号的建筑石油沥青和60号甲、60号乙的道路石油沥青或其熔合物。

B.2.2 选择沥青玛𤧛脂的配合成分时，应先选配具有所需软化点的一种沥青或两种沥青的熔合物。当采用两种沥青时，每种沥青的配合量，宜按下列公式计算：

$$\text{石油沥青熔合物} B_g = \left(\frac{t - t_2}{t_1 - t_2}\right) \times 100 \quad (B.2.2\text{-}1)$$

$$B_d = 100 - B_g \quad (B.2.2\text{-}2)$$

式中 B_g——熔合物中高软化点石油沥青含量（%）

B_d——熔合物中低软化点石油沥青含量（%）；

t——熔合物所需的软化点（℃）；

t_1——高软化点石油沥青的软化点（℃）；

t_2——低软化点石油沥青的软化点（℃）。

B.2.3 在配制沥青玛𤧛脂的石油沥青中，可掺入10%～25%的粉状填充料，或掺入5%～10%的纤维填充料。填充料宜采用滑石粉、板岩粉、云母粉、石棉粉。填充料的含水率不宜大于3%。粉状填充料应全部通过0.20mm孔径的筛子，其中大于0.08mm的颗粒不应超过15%。

B.3 调制方法

B.3.1 将沥青放入锅中熔化，应使其脱水并不再起沫为止。

当采用熔化的沥青配料时，可采用体积比；当采用块状沥青配料时，应采用质量比。

当采用体积比配料时，熔化的沥青应用量勺配料，石油沥青的密度，可按1.00计。

B.3.2 调制沥青玛𤧛脂时，应在沥青完全熔化和脱水后，再慢慢地加入填充料，同时不停地搅拌至均匀为止。填充料在掺入沥青前，应干燥并宜加热。

B.4 试验方法

B.4.1 沥青玛𤧛脂的各项试验，每项应至少3个试件，试验结果均应合格。

B.4.2 耐热度测定：应将已干燥的110mm×50mm的350号石油沥青油纸，由干燥器中取出，放在瓷板或金属板上，将熔化的沥青玛𤧛脂均匀涂布在油纸上，其厚度应为2mm，并不得有气泡。但在油纸的一端应留出10mm×50mm空白面积以备固定。以另一块100mm×50mm的油纸平行地置于其上，将两块油纸的三边对齐，同时用热刀将边上多余的沥青玛𤧛脂刮下。将试件置放于15～25℃的空气中，上置一木制薄板，并将2kg重的金属块放在木板中心，使均匀加压1h，然后卸掉试件上的负荷，将试件平置于预先已加热的电烘箱中（电烘箱的温度低于沥青玛𤧛脂软化点30℃）停放30min，再将油纸未涂沥青玛𤧛脂的一端向上，固定在45°角的坡度板上，在电烘箱中继续停放5h，然后取出试件，并仔细察看有无沥青玛𤧛脂流淌和油纸下滑现象。如果未发生沥青玛𤧛脂流淌或油纸下滑，应认为沥青玛𤧛脂的耐热度在该温度下合格，然后将电烘箱温度提高5℃；另取一试件重复以上步骤，直至出现沥青玛𤧛脂流淌或油纸下滑时为止，此时可认为在该温度下沥青玛琋脂的耐热度不合格。

B.4.3 柔韧性测定：应在100mm×50mm的350号石油沥青油纸上，均匀地涂布一层厚约2mm的沥青玛琋脂（每一试件用10g沥青玛琋脂），静置2h以上且冷却至温度为18±2℃后，将试件和规定直径的圆棒放在温度为18±2℃的水中浸泡15min，然后取出并用2s时间以均衡速度弯曲成半周。此时沥青玛琋脂层上不应出现裂纹。

B.4.4 粘结力测定：将已干燥的100mm×50mm的350号石油沥青油纸，由干燥器中取出，放在成型板上，将熔化的沥青玛琋脂均匀涂布在油纸上，厚度宜为2mm，面积为80mm×50mm，并不得有气泡，但在油纸的一端应留出20mm×50mm的空白，以另一块100mm×50mm的沥青油纸平行的置于其上，将两块油纸的四边对齐，同时用热刀把边上多余的沥青玛琋脂刮下。试件置于15~25℃的空气中，上置木制薄板，并将2kg重的金属块放在木板中心，使均匀加压1h，然后除掉试件上的负荷，再将试件置于18±2℃的电烘箱中30min取出，用两手的拇指与食指捏住试件未涂沥青玛琋脂的部分一次慢慢地揭开，若油纸的任何一面被撕开的面积不超过原粘贴面积的1/2时，应认为合格。

本规范用词说明

1 为便于在执行本规范条文时区别对待，对要求严格程度不同的用词说明如下：

1）表示很严格，非这样做不可的用词：

正面词采用“必须”，反面词采用“严禁”；

2）表示严格，在正常情况下均应这样做的用词：

正面词采用“应”，反面词采用“不应”或“不得”；

3）表示允许稍有选择，在条件许可时首先应这样做的用词：

正面词采用“宜”，反面词采用“不宜”；

表示有选择，在一定条件下可以这样做的用词采用“可”。

2 规范中指定按其他有关标准、规范的规定执行时，写法为“应符合……的规定”或“应按……执行”。

主要参考文献

1. 屋面工程技术规范（GB 50345—2004）. 北京：中国建筑工业出版社，2004
2. 屋面工程质量验收规范（GB 50207—2002）. 北京：中国建筑工业出版社，2002
3. 王寿华，王比君编著. 屋面工程设计与施工手册. 北京：中国建筑工业出版社，2003
4. 钢纤维混凝土结构设计与施工规程.（CECS38：92）. 北京：中国计划出版社，1996
5. 王寿华，项桦太，杨扬编著. 建筑工程施工及验收规范讲座. 屋面工程. 北京：中国建筑工业出版社，1996